高等职业教育艺术设计类工作室教学实训教材

# 服装工艺技术

刘英东 编著

中国建筑工业出版社

图书在版编目(CIP)数据

服装工艺技术 / 刘英东编著. —北京：中国建筑工业出版社，2011.12
（高等职业教育艺术设计类工作室教学实训教材）
ISBN 978-7-112-13772-5

Ⅰ.①服… Ⅱ.①刘… Ⅲ.①服装工艺－高等职业教育－教材 Ⅳ.①TS941.6

中国版本图书馆CIP数据核字(2011)第231027号

责任编辑：费海玲　张振光
责任设计：陈　旭
责任校对：张　颖　陈晶晶

**作者简介：**

刘英东（1968—），女，辽宁沈阳人，副教授。辽宁省服装设计师协会会员，沈阳体育学院体育艺术学院教师，沈阳师范大学职业技术学院服装系兼职教师。研究方向为服装设计与工程，长期从事服装结构与工艺的教学与研究工作。发表的主要学术论文与论著有《关于高职服装专业培养实用型人才的思考》、《重视产、学、研结合　加强校企合作实现多赢》、《服装工艺课教学目标的确定及模式类型的选择》、《运动服装的生产、演变与发展》、《服装工艺课注重能力培养的目标教学模式设计》、《服装结构设计制图》、《服装设计定制工》等。

高等职业教育艺术设计类工作室教学实训教材
# 服装工艺技术
刘英东　编著
\*
中国建筑工业出版社出版、发行（北京西郊百万庄）
各地新华书店、建筑书店经销
北京方舟正佳图文设计有限公司制版
北京云浩印刷有限责任公司印刷
\*
开本：880×1230毫米　1/16　印张：$10\frac{3}{4}$　字数：356千字
2012年3月第一版　2012年3月第一次印刷
定价：35.00元
ISBN 978-7-112-13772-5
　　　　(21550)

**版权所有　翻印必究**
如有印装质量问题，可寄本社退换
（邮政编码100037）

# 前　言

　　服装工艺技术是服装设计领域一个专门的方向，它要求从业者有良好的职业素质，不仅具备扎实的服装基础理论知识和工业化生产知识，还要有熟练的服装制版和工艺制作的专业操作技能，能够从事服装纸样设计与制作、服装工艺设计与制作、服装生产管理、服装贸易等岗位工作。

　　本书编写的总体思路是以社会职业需求为基础，以学生就业为导向，以培养学生成为服装行业的准技术人员为目标，重视基础理论与教学实践相结合，系统地介绍了服装生产、加工的具体方法、步骤和工艺操作技巧；在扩充基础工艺内容的同时，增添了部件缝制工艺内容。在实训项目教学中，吸取了国外先进的工艺制作理论，结合服装企业的实际操作，内容力求源于企业、优于企业，分别从服装原料准备到成品出厂的整个流程，服装生产前期准备工作、服装生产相关技术文件的制订、文件编写管理、服装裁剪、服装缝纫、服装整烫包装、流水线的组织与管理、服装生产成本控制、服装的质量控制与检测方法以及服装的运输等方面作了翔实的介绍；并附有理论复习题及答案。操作性、指导性较强，使学生能更快、更顺利地适应成衣工业生产岗位。

　　本书图文并茂、实用性强，既可以作为服装院校的专业教材，亦可作为服装企业技术人员的专业参考书，还可供业余服装制作爱好者自学使用。

# 目录 CONTENTS

前言
一、概述 ············································································································ 01
   （一）服装工艺技术概述 ················································································ 01
   （二）基础工艺实训 ······················································································ 03
   （三）部件制作工艺实训 ················································································ 20
二、工作室教学第一单元——下装工艺的设计与制作 ······································· 26
   项目（一）裙、裤的工艺设计与制作 ······························································· 26
   项目（二）服装企业裙、裤子生产工序分析与制订 ············································ 41
三、工作室教学第二单元——四开身上装的工艺设计与制作 ···························· 56
   项目（一）男衬衫、茄克衫的制作 ·································································· 56
   项目（二）服装企业生产工艺流程 ·································································· 69
四、工作室教学第三单元——三开身上装的工艺设计与制作 ···························· 83
   项目（一）西服的制作 ·················································································· 83
   项目（二）设计制作西服生产企划 ································································ 113
五、工作室教学第四单元——连身结构的工艺设计与制作 ······························ 121
   项目（一）连身结构的制作 ········································································· 121
   项目（二）理论试题及答案 ········································································· 136

参考文献 ······································································································· 165

# 一、概述

## (一) 服装工艺技术概述

服装可以说是一种形象，这种形象和其他形象一样，可以反映现实，也可以反映比现实更典型的社会意识形态。在完成服装设计的过程中，需要用绘画来表达，人称服装设计是活的雕塑，而实现这一雕塑的正是服装工艺技术。一件好的服装，除依赖于款式设计之外，还要看它的做工程度好坏，而做工如何，又依赖于它的工艺设计是否合理。这就要求设计者，在具备服装设计有关知识的同时，掌握服装工艺技术的系统知识和基本技能。

服装工艺技术具有较强的实践性，它的理论产生于实践，也必须经过实践才能充分理解。好的服装，除了要有好的款式外，还要求设计服装工艺的人有扎实的基本功，了解各种工艺手段的效用。这些，只有通过实践才能逐步获得。

服装工艺技术经历了漫长的从低级到高级的发展阶段。从最初的纯手工缝制到分工明确的工业化流水线生产，现在开始向数字化服装生产发展。

服装加工工具的进步，促进了工艺技术的发展。随着19世纪欧洲资本主义近代工业的兴起，缝纫机的发明，使得服装的工业化生产得以实现；此后，各种专业机械的发明，大大提高了服装的生产效率，服装工业进入专业化程度很高的时期；20世纪中后期，随着计算机技术在服装生产中的运用，服装生产工艺发生了质的飞跃，生产工艺更加成熟稳定，自动化程度更高。现今服装生产的机种类型繁多，常见的就多达4000余种。主要缝纫机械有锁缝机、链缝机、包缝机、锁眼机、套结机、钉扣机、开袋机等；裁剪机械有直刀裁剪机、圆刀裁剪机、带刀裁剪机、冲压机、自动裁床等；另外还有粘衬机、各种部件熨烫机和成品熨烫机等熨烫设备。随着计算机技术的引入，CAD、CAM技术的运用，在服装生产中引入服装柔性加工系统、服装计算机集成制造系统，使服装工艺技术向数字化方向发展。

### 1. 服装工艺技术的基本概念

工艺是依据设计，将原料或半成品制成成品的过程。

服装缝制工艺是依据设计要求，采取各种生产手段，将服装裁片组装成衣的过程。

服装工艺技术是服装设计中继款式设计和结构设计之后，即在上述两大设计的基础上，对形成产品的各道工序（如平面裁剪、立体裁剪、机缝、手缝、整烫、包装等）、各类工具（如电动和激光裁剪机、包缝机、扎驳机、翻领机、整烫机等）的应用与筹划，是指服装企业在成衣加工成形中的整个工艺过程，它包括工艺技术文件的制订及裁剪工艺、缝纫工艺、熨烫工艺、质量检查、工时定额、原料消耗定额等流程。

### 2. 服装工艺技术的功能

#### 1）服装工艺技术的性质

服装工艺技术与服装结构制板、服装设计共同组成服装设计专业的三大主干课程。服装工艺技术是一门综合性学科，它涉及服装材料学、服装设计学、服装色彩学、市场学、商品学、心理学、社会学、人体工程学等诸多学科，是融艺术和科学为一体的产物，它既有艺术类学科的特征，又有工程类学科的性质，同时又包含人文学科的内容。

服装工艺技术程序不单一，可以说是服装工艺技术的一个特征。同样款式的一件衣服，可以设计出几个不同的工艺程序。工艺程序的编制，要依据款式设计、面料性能、人体形态与人体运动形式，同时也受制于设备条件。工艺程序设计的原则是操作方便、保证质量、节省时间。

服装制作是一项工程，它要借助于机械设备来完成。了解各种机械设备的性能，及各种工艺手段的应用范围，有利于实现工艺设计的合理化、先进化。

服装工艺技术之所以是一门科学，还因为它有自己独特的一系列理论，这种理论是在实践基础上形成的，并能指导实践。它与民间服装制作上的模仿是有区别的。民间的模仿，只有实践没有理论，只有多次重复而得到的实践，而缺乏对这些经验的研究与论证，更谈不上利用这些经验理论去指导创新。民间的经验有其高明之处，但它是单一的、狭隘的，它不允许人们作广泛的交流，传内不传外。而服装工艺技术恰恰相反，它博采众家之所长，吸收民族文化之精华，依据和综合诸多学科之理论，不断发展、创新、提高。

#### 2）服装工艺设计的内容和工艺要求

从服装工艺技术的概念中便可得知，它的内容包括：研究如何制订由平面构成向立体构成转化的程序，以及运用什么手段、采取哪些措施来实现这一转化。服装工艺技术包括服装生产现状、服装生产前期准备工作、文件编写管理、服装裁剪、服装缝纫、服装整烫包装、流水线的组织与管理、服装生产成本控制、质量管理。在服装制作过程中,裁剪、缝制、手工、熨烫是必须熟练掌握的主要工艺,我们把它概括为"四功",即"刀功"、"手功"、"车功"和"烫功"。

"四功"具有各自不同的职能,只有娴熟、合理地运用"四功",才能缝制出合体、舒适、考究的服装。

"刀功"是裁剪时运用剪刀的操作功夫,它要求操作熟练,起刀运刀平稳,裁剪准确。

"车功"是操作缝纫机等各类机械设备的水平。它要求熟悉各类机械设备的结构与性能,操作要熟练,行针进线运用自如。

"手功"指制作服装时,对一些不能直接用缝纫机操作或用缝纫机操作达不到质量要求的部位,需要运用手工进行缝纫的精巧技艺水平。"手功"要求灵巧圆润,势随手转,使加工后的服装不绉不翘、不松不紧、平整服帖、赏心悦目。

"烫功"指用熨斗在服装的不同部位,运用推、归、拔、拢、压等不同手法,在适合的温度和压力下熨烫服装的工艺。熨烫要求在小烫、归拢、大烫时,都能熟练灵活操作,使服装熨烫平整、挺括。

"四功"的关系可以概括为四句话:"四功"以"手功"最难,"烫功"效果最明显,"刀功"是先决条件,"车功"必须很熟练。

此外,为了保证成衣效果,还要掌握原料因气候变化而引起伸缩的规律和缝纫操作的关系、掌握对条格等的操作方法、掌握特殊体形服装的缝制方法、掌握传统的和具有特色工艺的操作方法。

### 3)服装工艺的常用术语及名词

迭门:在衣服门襟上,为了锁纽眼和钉纽扣所留放的部位。

门襟、里襟:衣片锁纽眼处为门襟,钉纽扣处为里襟。

眼档:纽眼位。

褶裥、省:根据体形需要做出的折叠部分,不用缝合的称褶裥,折叠并缝合的称省。

钻眼:用锥子在裁片上定标志,起到上下左右一致的作用。

刀眼:为便于缝合衣领和袖子等,在裁片上剪出的小缺口,作对位记号用。

对档:装配时,两片裁片对准应对的部位的标记称对档。

圆顺:弧线不能有折角。

层势:又称吃势,指两片缝纫,一片较另一片稍长,而在缝制中将稍长的一片在一定部位层进在稍短的一片中,使两片缝物经层进缝合后,不仅长短一致,而且有一定的丰满圆顺感。

劈势:衣片的门襟部位与其基本线劈剪距离。

翘势:向上偏高出现弧线。

捆势:裤后片与前片的倾斜程度。

窝势:缝制双层以上衣片时所采用的一种工艺方式。就是外层均匀地比里层长宽一点,使两层衣料相贴成自然卷曲状态。

坐势:把多余部分坐进折平。

凹势:衣片袖窿门、裤子窿门、领圈等部位的凹进程度。

回口:衣片的横料和斜料容易被拉松,这种现象叫回口。

缝合:缉线将两层以上衣片缝合到一起,一般缝合多指暗线,而缉线多指明线。

缝型:对缝头的处理形式,缝份分开的叫劈缝,缝份倒向一侧的叫倒缝,缝份是包裹的叫包缝。

缝始点:缝合时的起点为缝始点,除西服省缝缉线的缝始点不许打回针外,其余都打回针。

缝止点:缝合时的终点称缝止点,除省尖部位缝止点不打回针外,其余产品部位都打回针。

剪牙口:在制作挖袋等处时,需要开剪,所开的剪切口称牙口,操作过程叫剪牙口。

推门:平面的前衣片,经收省后变成凹凸形状,还须采用熨烫工艺,使衣片更加符合人的体形,这个过程叫推门。

归拢:是将长度缩短,一般容易还口松宽的地方采用归烫。如前后袖窿边缘,因胸背部位推胖后,袖窿产生回口,就必须归烫。另外,为了防止以后操作时产生还口,也可预先采取归缩一点的方法,这种方法称归拢。

回势:拔开部位的周围边缘处出现的荷叶边形状称为回势。

外弹:一般指有意识地让面料丝绺向外偏出,以防回缩,如前身中腰丝绺向上口方向偏出称外弹。

抹落:是为了防止某部位衣片做好后产生丝绺弯斜而事先采用的一种预防措施。如后肩处需事先抹落0.6cm,否则衣服做好后,肩头丝绺就会歪斜。

劈门:把衬头根据大身的净缝尺寸修净,称为劈门。

扎壳:把衣片根据做缝大小用手工钉成一件衣服,以备试样用,称为扎壳。

耳朵片:用面料拼接在开里袋处的里子上,再与挂面相拼,并开里袋用,这块面料称耳朵片。

戤势:西装类衣服是较合体的服装,袖背处有一定的松度,使手臂活动自如，穿着舒适美观。

吃势：是将某部位收缩一定尺寸。

胖势：凸出的部位称胖势。

吸腰：衣服的腰部吸进，使之符合人体曲线，美观合体。

烫散：向周围推开烫平。

烫煞：熨烫时把面料折缝定型。

平敷：牵带贴上不能有紧有松叫平敷。

余势：为预防缩水，做缝放的余量。

外露：如领脚外露，里子长出外衣等。

极光：熨烫时下面垫布太硬和不用湿布盖烫而产生的亮光。

吐止口：又称止口外吐，止口处挂面不应外露，露出来叫吐止口。

起吊：一般指面和里不符，里子偏短，而造成的不平服称起吊。

### 3. 服装工艺技术的分类

服装工艺技术可分为生产技术、设备技术和管理技术。生产技术按产品成型效果，可分为裁剪技术和缝制技术；按操作特征，又可分为手工技术和机裁、机缝技术。成熟的服装工艺师和技术工人必须掌握不同的技术，以适应高速发展的服装工业大生产的需要。

服装设备在不断更新，激光、电脑、机械手和完整的工业流水线系统设备的应用，改变了服装技术上的落后和设备单一、陈旧的现象，使无数的技术工人从以前繁重的手工劳动中解放出来，重新成为创造更多社会财富的源泉，加速了服装工业发展的速度。

服装管理一般分为技术管理、全面质量管理和劳动力管理等。技术管理是对技术人员、生产技术的具体管理工作，它将直接解决服装工业化大生产中的技术骨干、业务培训、新工艺、新技术、新材料等方面的问题。全面质量管理是产品高质化、标准化、规格化、系列化的重要保证，是保优创优的前提。劳动力管理是对技术工人的劳动进行定量分析，做到合情分配、合理定额，使之发挥最大限度的作用。

## （二）基础工艺实训

### 1. 手缝工艺

手缝工艺，即用手针穿刺衣片进行缝纫的过程。它具有操作灵活方便的特点，现代服装的缝、缲、环、缭、拱、扳、扎、锁、钩等工艺，都体现了高超的手工工艺技能。

最早成形的服装，是人们用手针缝合而成的。经过了漫长的历史，服装生产的手段已经有了极大的发展。缝纫机的问世，各种专用缝纫设备的出现和不断更新换代，促使服装生产得到不断的发展提高。但是，手针缝纫仍然是成衣制作的基本手段之一。在各种各样的服装生产中，手工缝纫是必不可少的，尤其是在丝绸、毛料等高档服装中，手工缝纫还广泛被采用。运用得当的高超手缝技法所缝制的服装在其质量与艺术效果上，都是机缝工艺难以代替的。因此，每个学生都必须勤学苦练各种手缝技能，才能适应各种服装缝制工艺的要求。

#### 1）手缝针的选用

手缝针简称手针，种类较多，既有长短之分，又有粗细之别，共有十几种型号。手针的型号，主要是按号确定长度，号数越小针越长。常用的手针号型是4～8号，同一型号的手针，还有粗细型之别，所以在缝制服装时，应根据服装的品种、结构、部位和面料与辅料的特点来选择不同型号的手针。例如，对丝绸细纺类薄衣料的衫裙缲底摆，或毛料上装缲袖窿里、缲袖口里、缲底边时，选7号或8号中较细的针为宜。因为丝织品或薄料的纱支纤维都较细，粗针不易挑住单根纱，长针也不灵活。在缝较厚呢料服装，或衣料虽不算厚，但手缝部位层次多，如呢大衣的门襟板止口时，应选用较长并较粗的手针，一般毛料上衣锁扣眼、钉纽扣时，需要较为粗长的手针，否则就会出现断针、弯针或不易拔针等现象。常见的手针型号及其用途可参表1-1。

手针型号与用途　　　　表1-1

| 型号 | 长度（mm） | 粗细（mm） | 用途 |
|---|---|---|---|
| 4 | 33.5 | 0.08 | 平针 |
| 5 | 32 | 0.08 | 锁针、钉针 |
| 6 | 30.5 | 0.0071 | 锁针、扎针、滴针 |
| 7 | 29 | 0.061 | 扎针、滴针 |
| 8 | 27 | 0.061 | 缲针、寨针 |
| 9 | 25 | 0.056 | 缲针、寨针、缭针 |
| 长9 | 33 | 0.056 | 通针 |

#### 2）正确使用顶针和手针

（1）手缝时要戴顶针，因为它可以起到协助扎针、运针的作用。顶针戴在右手中指的第一节为宜，如果戴得过上或过下，扎针时，手指会使不上劲。

选用顶针，洞眼要深一些，洞眼浅容易打滑，扎破手指。

（2）巧妙地运用手针，在服装行业来讲，可称是一门技巧，在拿针时,手要轻巧。拇指和食指捏住针的上段,不能大把攥针,小指起挑线的作用。

捏针时针尖部位不要暴露得太多,右手拇指和食指捏住缝针中段,中指中节套顶针抵住针尾,运针时将顶针顶住针鼻,用微力使缝针穿过衣料,下针要稳,拉线要快。见图1-1。

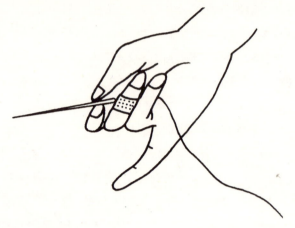

图1-1

### 3) 穿线方法

(1) 穿线

就是要把缝纫线穿入针尾眼中。穿线的方法是左手的拇指和食指捏针,右手的拇指和食指拿线,将线头伸出1.5cm左右,随后右手中指抵住左手中指,稳定针孔和线头,便于顺利穿过针眼(线头可事先捻细、尖、光,便于穿眼)。线过针眼,趁势拉出,然后打结。见图1-2。

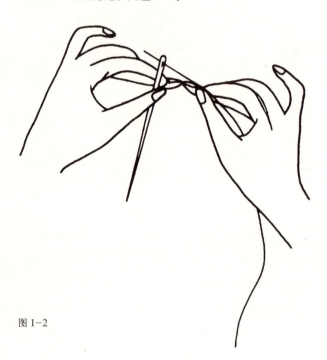

图1-2

(2) 打线结

用途:采用手工缝纫时,一开始要打线结,一般缝线为50cm左右即可满足缝衣时抬手拉线的活动幅度,缝线过长拉线不方便,因此要经常打线结才能继续缝纫。打线结可以防止缝线松散,保证缝纫质量。

要求:每段线在缝纫开始前需打一个结,称为起针结。要求打得光洁,尽量少露线头。缝至结束时也需要打一个结,称为止针结。要求线结正好扣住布面,以免缝线松动。

①打起针结:

a. 右手拿针,左手拇指和食指捏住线头。

b. 左手控制缝线,并将线在食指上绕一圈,形成线圈。

c. 拇指按牢线头和线圈,并向食指尖端用力捻转2~3转,使线头转入线圈。

d. 中指和拇指捏住线圈,食指趁势退出线圈,接着把线圈向线头处捋下,收紧线圈,即成起针结。见图1-3。

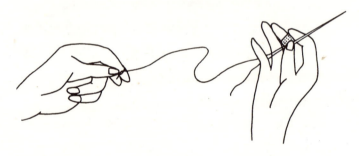

图1-3

②打止针结:

a. 当逢到最后一针时,用右手捏牢针尾缝线,左手的手指捏住缝线2~3cm处。

b. 针套进缝线的圈内。

c. 针套过后,形成的线圈由左手指勾住。

d. 左手捏住线圈,右手将线拉紧成结,食指迅即放脱线圈。止针结要正好扣紧在布面上,以免缝线松动,影响缝纫质量。见图1-4。

### 4) 各种手缝针法及其在服装上的应用

(1) 缝针

缝针也叫平缝、平针、衍针、纳布头等,是针距相等的针法。

缝针是一切手缝针法的基础,要学会手缝工艺,首先要练习缝针,俗称纳布头。纳布头是练习手工缝纫的传统方法,其目的是使手指灵活,配合协调,为缝好各种针法打下基础。初

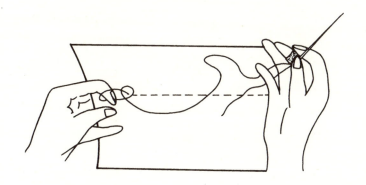

图 1-4

学者必须认真对待，反复练习，熟练掌握。

在缝纫机问世之前，缝针是缝合成衣的主要针法，现今常用于一些衣片的弧线、圆角部位，作辅助性手缝处理。如袖山头吃势（抽袖包）、圆袋角抽缩缝头、手针寨绱袖子等。

操作方法是：左手拇指和小指放在布料上面，食指、中指、无名指放在布料下面，拇指、食指捏住布料，无名指、小指夹住布料。右手无名指、小指也夹住布料，拇指、食指捏针，中指用顶针箍顶住针尾，先在布料上挑起一针，接着将食指移到布料下隔布夹住针杆，一针一针从右向左顺序向前缝，左手向后退，两手捏住的布应配合针的上下而有规律地移动。缝线的长度可根据需要掌握。在连续几针后，针杆上穿进布料较多时，运用顶针箍的推力，将针顶足，拔出针。如此循序渐进。见图1-5。

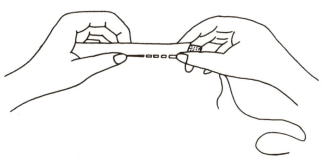

图 1-5

纳布头时，手臂要悬空，手肘不能靠在桌面上，这样比较方便灵活。方法是取两块长30cm、宽15cm的零料，上下重叠。选用6号针穿上线，线头不打结。缝针针距0.3cm。在连续进针5或6针后拔针。如此反复练习，达到手法敏捷、针迹均匀整齐、平服美观的要求。

(2) 寨针

寨针也叫绷缝、定针，是临时固定的针法。用于两层或多层布料缝合工序前的定位，在缝合工序完成后可将寨线抽掉。进针的暗线短，出针的明线长，既达到定位作用，又便于拆除。常用于覆衬、定肩缝、定摆缝、定底边等部位。

寨针可分为单针寨线和双针寨线两种，方向均从右往左向前寨。针距按缝制要求，可疏可密。

操作方法是：左手按住布料，右手垂直向下用针，以防上下层移位，针距2～3cm。见图1-6。

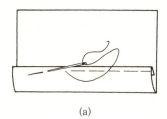 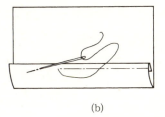

(a)　　　　　　　　　　(b)

图 1-6

(3) 打线钉

打线钉是用白棉线在衣片上作出缝制标记。将衣片表面层所划粉印一丝不变地反映到底层，以保证各部位结构正确，左右对称。

针迹：线钉有单针、双针之别。单针用在一般的制成线上，双针用在纽位或腰节对位处。

操作方法是：先将两层衣片正面相合，边沿依齐摆正，按粉印先外后内，顺序用针，针法同定针，使用双股棉纱线，一长两短，长约3cm左右。再将上下层衣片略微拉开0.5cm，用剪刀头剪开两层衣片间的连线，修短面上长线，并用手掌按一下线钉，让其绒头张开，可防线钉脱落。见图1-7。

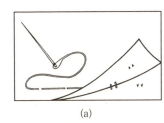 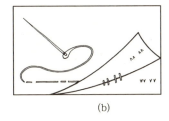

(a)　　　　　　　　　　(b)

图 1-7

(4) 缲针

缲针分明缲和暗缲两种，明缲多用于中西式服装的底边、袖口、袖窿、领里、裤底、膝盖绸等。暗缲用于西服夹里的底边、袖口、毛呢服装下摆贴边的滚边和荡条上。

针迹：要求正面不露针迹，反面针迹整齐，线的松紧适宜。

明缲操作方法：把衣片大身在扣好的贴边处折转，并使贴边折缝露出少许，第一针从贴边中间向左上挑出，把线结藏在中间，第二针在离开第一针约0.15cm处挑过衣片大身和贴边口，针距约0.3cm，针穿过衣片大身时，只能挑起一两根纱丝。见图1-8。

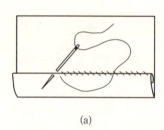 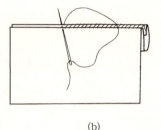

图1-8

暗缲操作方法：先把滚边翻开一点，在滚条缉线旁起针，然后针尖挑起衣片的一两根纱丝，接着向前0.5cm再挑向滚条边上，同时把缝线放宽，使缝线在中间有0.2cm左右的松度。见图1-9。

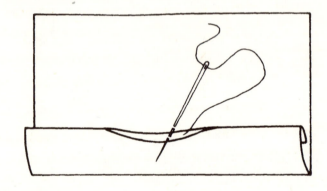

图1-9

（5）环针

环针也叫绕缝、环缝、捆针。是毛缝口环光的针法。服装剪开的省缝或容易散开的毛缝，用缝线环绕住毛边以防织物的纱线松出、脱落，其作用与拷边相同。

针迹：距边0.2～0.5cm，针距1cm左右，距边距离越少，针距越小。

操作方法是：见图1-10。

绕线是用不易滑动的单根白棉线，针法是从省道开口处开始，顺毛边由下向上插出针，再依次向前移适当间距插坐，使缝线斜向均匀地绕住毛边。省尖部位针迹小而密，中间部位针迹大而疏。

还有一种环法，是在从下向上的单环完成后，再由终点从上向下环缝，使环线呈斜线交叉的外形，俗称"循环"或"双环"，多用于男裤门祥的外露内边。

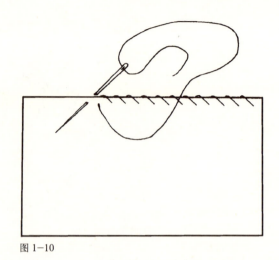

图1-10

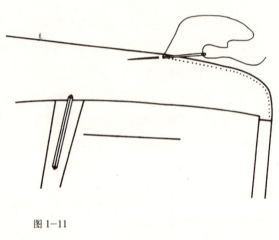

图1-11

（6）拱针

拱针也叫攻针、星点缝。是用于手工拱缝的针法。

拱针用于西服驳头以下的反面止口处。现在也有用作装饰的，拱满西服大身正面止口。拱针针法是暗针，微露小针迹。针迹离开止口0.5cm，针距0.7cm左右。

操作方法是：第一针向上挑出，线结留在夹层中间，第二针退后一根纱，向前0.7cm左右挑出，运针方向为自右向左。注意外露线迹而不显线迹，内层拱连但底面不牵，针要均匀一致，线路顺直。见图1-11。

（7）纳针

纳针是纳驳头用的针法，用于纳驳头、纳领子、纳肩垫等，使之有里外匀窝势。纳驳头时衣片正面朝上，左手将驳头驳转，驳头衬向上，左手中指将顶足，大拇指将驳头衬向里推松。右手扎针时针脚缲牢面子1～2根布丝，使反面见密点状针花，但不能见线迹，面料上不应有漏针和涟形。针距0.8cm左右，行距0.6cm。一针对一针横直对齐，形成八字形。采用纳针后，驳头自然卷起，驳转有弹性。见图1-12。

图 1-12

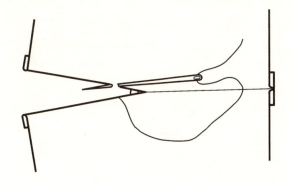

图 1-14

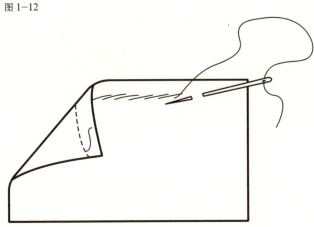

图 1-13

(8) 倒扎针

倒扎针也叫倒勾针，是使布料的斜丝部位不拉训和不松口的一种针法，用于袖窿、领圈等斜丝容易还口的部位，起归拢作用，防止走形；也可用于毛呢料裤子受力较大的后裆缝部位，起加固作用。

操作：从毛边处进去 0.7cm 扎起，第一针起针后倒退 1cm 扎入，缝透布底层后再向前 0.3cm 将针拉出布面，第一针与第二针交触 0.3cm，依次循环操作，就变成倒扎针了。见图 1-13。

针法要求：后退时针迹整齐，松紧适宜，每次缝线的松紧程度可按衣片各部位的需要，即归紧程度灵活掌握。

(9) 串针

串针是对串缝合的针法。用于西服领与挂面串口处的缝合。针迹在缝子夹层内，上下对串，正面不露针迹。针码 0.3cm 左右。注意上下松紧适宜，不涟不涌，串口缝直。此针法尤其适用于领与驳头对格对条要求。见图 1-14。

(10) 三角针

三角针，俗称黄瓜架，是用于服装的毛边处，使毛边丝绺不易脱落，由左向右倒退操作的一种针法，起固定作用。例如：固定衣下摆、裙摆、袖口、裤口贴边等处，也可作为装饰线迹。

操作：第一针起针，要把线结藏在折边里，将针插入距毛边约 0.7cm 的位置，第二针向后退斜缝在折边边沿的下层，即衣料的反面，挑穿一两根布丝，不要缝透针。第三针与第一、二针成斜角形，这样循序退步操作。见图 1-15。

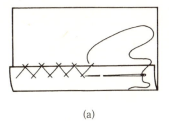  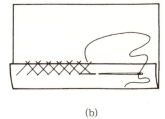

(a)　　　　　　　　(b)

图 1-15

针法要求：针迹整齐、均匀，角与角的大小要相等。拉线松紧要适当，以免正面起针花。一般用细线，例如：蜡光线、涤纶线均可。线的颜色要与面料相同。衣料正面不准露针脚。

(11) 杨树花针

杨树花针是用来装饰女装的一种针法。多用于毛呢服装，如女大衣、女外套的里子底边等。

操作：先绷好、扣好衣里底边，左手捏住底边的正面，右手拿针缝。第一针出针于折边上口边沿 0.2cm 处，第二针入针，扎在出针垂直向下 0.3cm 处，在第一针出针与第二针入针的垂直平分线向前 0.3cm 处出针时，将线顺套在针的前面，然后将针拔出，即完成一个针脚。如此循环向上缝两针，再向下缝两针，向下缝时线往下甩；向上缝时，线往上甩，循环往复，直至所需长度。见图1-16。

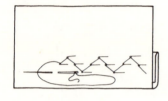 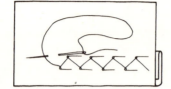

图1-16

针法要求：最好用丝线，其他线也可。线的颜色按要求而定。针码大小要一致。

（12）锁针（锁扣眼）

锁针是各种服装上不可缺少的一种针法，主要用于手锁扣眼、锁钉裤勾以及圆孔等。手锁扣眼有平头和圆头、实用和装饰之分。见图1-17。

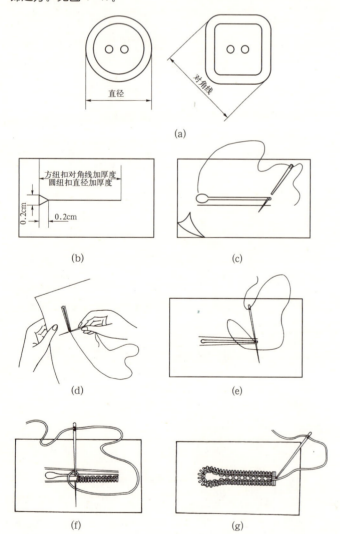

图1-17

操作：①划扣眼：扣眼大于等于扣的直径加上扣的厚度。

②剪眼：将衣片对折，上下线不能歪斜，然后居中剪一小口，约1cm左右，再展开衣片剪至所需大小。

③剪圆形：衣片摊平，在扣眼头部位剪成0.3cm左右的三角形或圆形。

④打衬线：在扣眼周围沿边0.3cm左右处打衬线，第一针的线结藏在夹层中间，线不宜拉得过紧，要平直，以便锁成的扣眼整齐、坚固、美观。

⑤锁扣眼：左手的食指和拇指捏牢扣眼左边，并用食指在扣眼居中处把扣眼撑开，然后针从底下向衬线旁挑出，接着把针尾后的线朝左下方套在针尖下面，针抽出后按45°角向右上方拉紧，以次循环，针迹要密、要齐，锁到圆头端时，挑针与拉线要对准圆心，拉线用力要均匀，倾斜度要一致。锁至尾端时，把针穿过左边第一针锁线圈内向左边衬线旁挑出，使尾端锁线相接，并且在尾端缝两行封线，然后从扣眼中间空隙处穿出，再挑向反面打结，并将线结抽入夹层内。

要求：眼位正确，扣眼大小适当，锁针整齐坚固、光洁、美观。

（13）钉针

钉针主要用于钉纽扣。服装上的纽扣有实用和装饰两种，钉实用纽扣时，线要松些，以便缠绕纽柄，一般缠绕4～6圈，高约0.3cm左右，与服装门襟的厚薄相对应。装饰性纽扣一般不扣入扣眼，因而不需要缠绕纽柄，只要平服地钉在衣服上即可。

①钉纽扣

纽扣的钉法可多样化，两孔纽扣可钉成"一"字形，四孔纽扣有三种钉法。见图1-18。

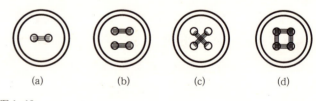

图1-18

操作：钉扣前先在衣片上用铅笔点上符号，作为钉扣的标记。线头从正面下去，虽然线头留在正面，但钉扣后全被遮盖；而在挂面上就光洁、清爽。然后开始钉扣，一般用锁眼线钉四针，即上四针、下四针，线要稍松一些，以容缠绕纽柄。然后将线穿入纽扣背面，由上向下缠绕纽柄（扣角），一般绕四次左右，纽柄（扣角）高矮一般为0.3cm左右，最后将针缝出反面打上线结。见图1-19。

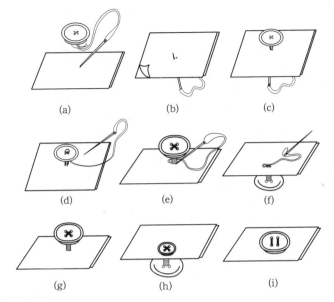

图1-19

要求：纽柄要紧凑，高矮要适合，扣眼要平服。

②钉按扣

见图1-20。

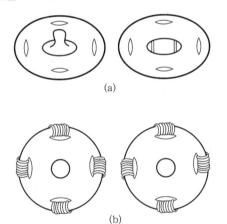

图1-20

③钉裤勾

见图1-21。

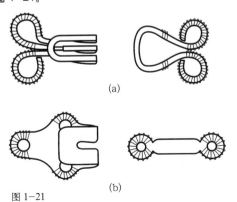

图1-21

④包纽扣

见图1-22。

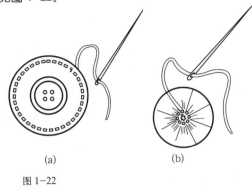

图1-22

（14）拉线袢

拉线袢也称扯线袢，可用作纽袢及夹服装的贴边处连接夹里用。作纽袢的长短可按扣子的直径而定；用来连接面料和夹里时可根据自己的需要而定。

操作：操作方法可分套、勾、拉、放等几个步骤。

① 在需要拉线袢的部位，将线结藏在衣片的夹层中，在原处反复钉两针之后，把线拉出成套，套进食指中，左手中指勾。

② 右手拿针，线放松。

③ 用中指将勾住的线拉到根底。

④ 右手将线拉紧，这样反复多次就成为线袢了。

⑤ 线袢达到所需长度后，将针穿入末尾圈内封死，使线袢的长度固定。见图1-23。

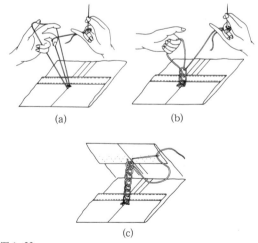

图1-23

（15）打套结

打套结主要用于中式服装摆线开衩、插袋口两端，也有用在毛呢料裤子的口袋和门襟封口等部位的，既牢固又美观。

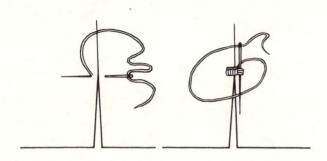

图 1-24

操作：见图 1-24。

起针时从反面挑出，横向平缝四行，然后沿缝好的衬线两侧上下递针套缝，使套结全长缝透缝牢，此结牢固度最强，故称实结。也叫真套结。

如上所述，先缝好衬线，然后针尖插入衬线，连同衬线下面的布面，缝线套入针上，似锁扣眼方法，只是拉线角度与布面垂直，衬线锁满后，把针扎入反面打结。

（16）盘扣制作

近几年，盘扣作为一种传统的服饰手段又风靡一时。长袖盘扣、短袖盘扣、对襟盘扣、斜襟盘扣……就连后开衩的直筒连衣裙也缀上了几颗盘扣，恰似一只只欲飞未飞的"蜻蜓"。

盘扣的种类很多，常见的有蝴蝶盘扣、蓓蕾盘扣、缠丝盘扣、镂花盘扣等。同样一个盘扣，缀在不同款式的服装上却表达着不同的服饰语言。立领配盘扣，氤氲着张爱玲时代的含蓄和典雅；低领配盘扣，洋溢着20世纪90年代都市女性的浪漫和娇俏；短坎长裙中间密密地缀一排平行盘扣，于端庄之中见美感；斜襟短衫缀上几对似花非花的缠丝盘扣，于古雅之中见清纯……

形形色色的盘扣中尤以古老的手工盘扣最为精巧细致，它融进了制作者的心性和智慧，有着极高的审美价值。然而，随着都市生活节奏的加快和生活社会化程度的提高，已经很少有都市女性学习盘扣手艺。于是，机器生产的盘扣便应运而生，白的、蓝的、黑的，同样缠丝，同样镂花，同样像蜻蜓点水，同样像蝴蝶恋花，然而却总让人感到少了一种灵气，少了"柔情不断似春水"的那份婉约。

其制作方法如下。

①做袢条

裁剪 2cm 宽的斜条，然后把斜条反面朝上用大头针固定在操作台上，并把斜条两边向中间折转 0.7cm，把边折光，用缲针缲袢条。如果是薄料，则需在中间衬棉纱线，使袢条圆而结实，直缲到所需长度为止。见图 1-25。

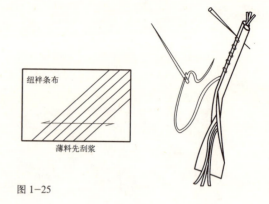

图 1-25

②盘纽珠

按图示顺序盘纽珠，要求盘得结实、匀称。缲针线要盘在下面。初盘时的纽珠较松，可用镊子或锥子逐步盘紧。见图 1-26。

纽珠和纽襻应当注意图 1-26（a）中以距纽条 10cm 左右为起点开始盘制；图 1-26（e）和图 1-26（g）中细绳的作用是确定纽条最中心的位置，完成后将作为纽头鼓出的中心点，需防止这一纽条向下滑脱。另外，30cm 长的纽条需同时提供一对纽头和纽襻。

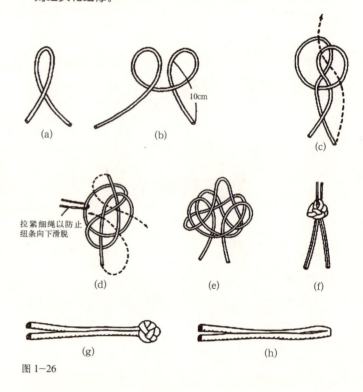

图 1-26

## 2. 机缝工艺

机缝，也叫车缝，是指用机械来完成缝制加工服装的过程。

机缝设备种类繁多，有平缝机（包括家用缝纫机和电动缝纫机）、拷边机、锁眼机、钉扣机、开袋机、装袖机等。除此之外，在车缝时还需机针、剪刀、镊子、锥子、划粉、尺等辅助工具。

### 1）机缝前的准备工作

**（1）选配机针**

机针有家用和工业用（电动缝纫机）两种，粗细是以号型来区别的，有7～20号。机针的号型越大，针就越粗，常用的机针号型有11、12、13、14、15、16号。使用时要根据面料的性质、薄厚来选择。一般精纺薄料用针需细些，粗纺厚料用针则需粗些。如果薄料子错用粗针，不仅针迹不美，而且容易戳坏面料，粗厚料子错用细针，则容易断针。面料与针的关系参见表1-2。

面料与机针的关系　　　　　表1-2

| 面料 | | 机针号 | 面料 | | 机针号 |
|---|---|---|---|---|---|
| 棉麻 | 薄料 | 9、11 | 丝 | 薄料 | 9 |
| | 厚料 | 11、14 | | 厚料 | 11 |
| 化纤 | 仿麻 | 9、11、14 | 毛 | 薄料 | 11、14 |
| | 仿丝 | 9、11 | | 厚料 | 14、16 |
| | 仿毛 | 14 | | | |

**（2）正确安装机针**

车缝前应首先检查机针有无弯曲，针尖是否起毛或变钝，如有，则需更换机针。机针一侧扁平，一侧有凹槽（即线槽），装针时应将线槽一侧置于自身左手一边，针杆向上顶足，将针装直、装正。见图1-27。

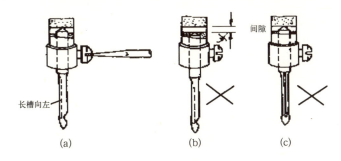

注：(a) 正确，(b)、(c) 错误。

图1-27 安装机针

**（3）正确安装梭芯、梭壳**

将梭芯装到倒线架上倒线，倒线时应将压脚抬起，线应倒得均匀、平整，不能歪斜，不能太满。将梭芯装入梭壳，线从梭壳弹簧皮下拉出时，梭芯应顺时针方向旋转，即梭芯旋转方向与梭壳弹簧皮指向相反。梭壳缺口向上，梭闩对准自身，将梭芯、梭壳装到转轴上，向内推进至听到咔嚓一声才算装牢，提起梭壳门闩，即可取出。见图1-28。

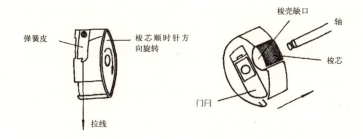

图1-28 安装梭芯、梭壳

**（4）确定针号和针距**

机针的粗细和针距的大小通常是根据所缝制面料的厚薄和性能来确定的（表1-3）。一般情况下，缝制粗厚的面料，针要粗些，针距大些；缝制轻薄的面料，针要细些，针距小些。所以，应在正式缝制之前用碎料进行试缝，然后再确定针号和针距。

常用面料的机针和针距配置　　　　　表1-3

| 面料 | 针号 | 针距（针/3cm） |
|---|---|---|
| 丝绸织物等轻薄面料 | 11～13 | 14～16 |
| 府绸、平布、薄型毛织物等普通面料 | 14 | 12～14 |
| 厚牛仔布、厚帆布、中厚型毛织物等 | 16～18 | 10～12 |

**（5）调节底、面线松紧**

由于织物有厚薄之分，缝制时就需要根据用料的厚薄和缝线的粗细来调节缝纫机的梭皮螺钉和夹线弹簧螺栓，使底面线张力平衡，松紧适度，以保证成衣针迹整齐、紧密、牢固、美观。

车缝的缝迹（线迹）是由面线和底线咬合而成的。如果底面线松紧适宜，则底面线的线结处于两层面料之间，线迹均匀整齐。如果底面线配合不好，不仅线迹不够美观，有时还会出现断针、跳线现象。因此，在每次上机车缝前，应先用碎料试好线迹，满意后方可车缝。

调节底面线松紧的方法是：夹紧或夹松底线梭壳螺钉以及夹紧或夹松面线夹线弹簧螺栓。缝迹出现面线松，可夹紧面线或放松底线；缝迹出现底线松，可夹紧底线或放松面线；通过底面线松紧的反复调节，直至缝料两面线迹都呈均匀整齐状态。见图1-29。

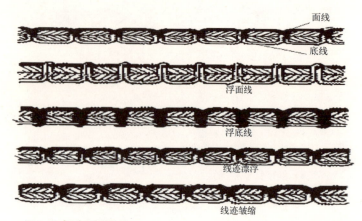

图 1-29 调节底面线松紧

（6）调节缝纫机的吃硬性能

缝纫机的吃硬（厚）性能可以通过调节送布牙的高度和压脚的压力加以控制。

①送布牙高度要适当

缝厚料时，送布牙应抬高，以增加推送料子前进的力量，缝薄料时，送布牙需降低，使推送力相应减小，缝一般料，送布牙高度要适中，使用时可按缝纫机说明书介绍的方法调节。

②适当调整压脚压力

压脚的压力要与送布牙的高度相适应。如抬高送布牙能增加推送力，这时就须加大压脚的压力，才能使厚料通过。

（7）保养机械

缝纫机用久后，皮带会逐渐松弛，缝厚料时会使送料呆滞，甚至上轮打滑不转动，这时需适当调节皮带长度，把皮带减去一小截后重新接上。但不能把皮带剪得过短，皮带过短会影响轮子旋转，踏动时费力。

要经常给机械上油，以防磨损零件，影响机械精度。加油时要小心，不要加得过多，加油完毕要把露在外面的油擦干净，防止污染衣料。

常用的缝纫机会粘上灰尘和料屑，应及时加以清理，以免扎线、断线、断针等，也有利于提高工作效率。

（8）电动缝纫机的使用注意事项

①每次操作前，要做到认真检查机器的每个连接件，发现问题，排除后再用。

②操作时，机器出现不正常的声音时，要停机处理，以免造成重大事故。

③操作时，手和机针要保持一定的距离，以免机针扎伤手。

④操作时，要戴上工作帽，以免皮带传动时，把头发绞进去，造成不应有的事故。

⑤保持工作环境干燥，避免工作环境潮湿造成漏电现象，或出现机器生锈现象。

⑥不用时，要给机器注油，空转一段时间后，擦好，用罩布盖上。

⑦连续工作时，要有间歇时间，以免电机温度过高，损坏机器。

⑧在操作时，出现事故，要果断拉闸断电，停机检查处理。

⑨不要带电检修缝纫机，以免触电造成伤亡。

⑩电器开关，要做到用时开，不用时关，以免出现事故。

⑪保持电器设备、电源线完好，以免发生漏电现象。

⑫拆卸机器时，先把电源接头拆开，装配或接上电源时，注意不能把电线接错，以免出现倒车或发生危险。

⑬使用电动式缝纫机工作时，要先合总开关，再开机台上的开关，以免发生意外。

### 2）机缝要领和技巧

使用电动平缝机，关键是要掌握好车速。初踏缝纫机常因手、脚、眼的动作不协调，会出现转速忽快忽慢。为了做到能随意控制转速快慢，使机器正常运转，各种针迹符合工艺要求，初学者应该先进行空车训练、空车缉纸训练。在空车缉纸比较熟练的基础上再作引线缉布练习，学习各种缝制方法。达到能掌握缝料走向，缝直线针迹顺直，沿边缉线针迹匀直，缉弧线针迹圆顺无棱角，缉转角线针迹方正无缺口等要求。然后方可进入部件的缝制、最后整件缝制。

（1）机缝姿势

身体中心对准缝纫机机针位置，伸直背肌，端坐在凳子上。

①手势：右手稍稍拉紧下层，对齐上层，左手将两层一起推送。见图 1-30。

②脚法：左脚踏地，稳定重心，右脚踏板，抖动控制，经训练后，达到要一针就一针的水平。

③缝头：缝头的宽窄通常以压脚右侧边沿缝料露出多少来确定，因机针至压脚右侧边沿距离为 0.6cm，若缝料露出压脚边沿 0.2cm，则缝头为 0.8cm。见图 1-31。

（2）空机训练

练习前应先扳起压紧杆扳手，避免压脚与送布牙相互摩擦。

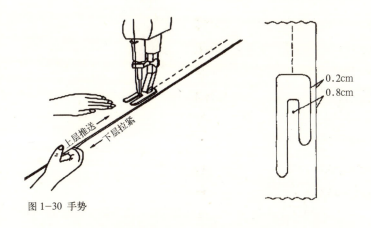

图 1-30 手势

然后按车缝姿势摆正身体、手、脚位置。初学者不必求快,而要求稳,直线匀速运动是入门的起点。进行慢转、快转和随意停转的空车练习,直到操作自如。

(3) 空机缉纸训练

在较好地掌握空车运转的基础上,进行不引线的缉纸练习。练习前应先扳起压紧杆扳手,避免压脚与送布牙相互摩擦。先缉直线,后缉弧线,然后进行不同距离的平行直线、弧线的练习,还可以练习不同形状的几何图形。使手、脚、眼协调配合,做到纸上的针孔整齐,直线不弯,弧线圆顺,短针迹或转弯不出头。

(4) 引线缉鞋垫训练

①缉圆弧线形鞋垫。

②缉菱形线形鞋垫。

(5) 送布原理

缝纫机普遍存在不同程度的"坡势",这是因为缝缉时布料是靠送布牙推送而前进的,下层布料直接推送走得比较快,上层布料靠与下层布料间的摩擦力推送走得比较慢,如不加控制,就会出现上层长于下层的"坡势"现象。故在车缝时应注意自己的手势:下层布料适当拖紧,上层布料随势推送,通过手势上的下紧上松使缝出的上下衣片长短一致。

(6) 起止点回针

开始车缝前先将底线勾起,把底、面线拉至压脚的右前方;抬起压脚,把布料放到压脚下,确定缝头大小并开始车缝,并注意打好回针。车缝结束时,也要打好回针,然后将缝线拉到压脚左前方,将缝线剪断。

起止点回车需缉3道,0.5cm长,3道回车要重合在一条直线上。

(7) 哪片放上层

①利用车缝时下层会自然产生缩缝的现象,把需要产生缩缝的那一片放下层较为合理。

②当皱缩量较大,且皱缩量的分布有一定要求时,应将需皱缩的那一片放上层,一边用锥子推送一边车缝。例如装袖子时通常将袖子放上层,袖窿放下层。

③当一片为斜料时,将它放下层会产生缩缝,将它放上层又容易伸长,但通常还是将它放上层,然后再垫一层硬纸板进行车缝。事实上,在车缝拉链、裤子门襟止口、皮革面料时,垫一层硬纸板车缉均可收到十分理想的效果。见图1-32。

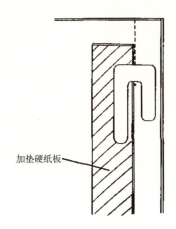

图 1-32 加垫

(8) 巧用专用件

在缝制中要善于利用各种缝纫专用零件,如导向压脚、单边压脚、嵌线压脚、卷边压脚、镶边器等。见图1-33。

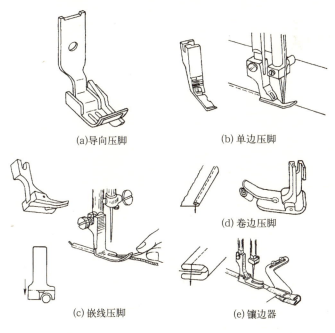

(a) 导向压脚  (b) 单边压脚
(c) 嵌线压脚  (d) 卷边压脚
              (e) 镶边器

图 1-33 专用压脚

(9) 机缝工的基本常识

①明线必须正面压缉，明线的宽度要一致，其弯曲度不得大于0.1cm。

②衣缝内的缝头不得外露，亦不得有线头、毛漏等；反面缝头若有毛茬的，均需用锁边机锁。

③部件里布的拼接缝，匀为勾缉一道线，将缝劈开。

④1cm以内的方格，可不对纵横条格。

⑤缝纫起止均须缉回针3道，0.5cm长，3道回针要重合在一条直线上。

### 3) 机缝各种缉线基本技能的训练

(1) 平缝（平缉缝）

平缝是服装缝纫中最基本的缝制方法，应用最广泛。缝制时，把两层衣片正面叠合，沿着所留缝头进行缝合。它适应于摆缝、侧缝等。

此种方法比较容易，但缉线时也要掌握它的技巧。缝合时，下层衣料由于压脚的阻力和间接的推送而走得较慢，所以会产生上层长、下层短的现象。缝合时右手可稍拉下层，左手稍推上层，达到两层衣料长短一致。见图1-34。

(2) 分开缝（分缝）、分缉缝

两层衣片平缝后，用熨斗或手指甲朝两面分开。用于衣片的拼接部位。见图1-35。

在分开缝的正面压缉明线，为分缉缝。见图1-36。

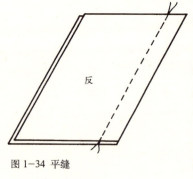

图1-34 平缝

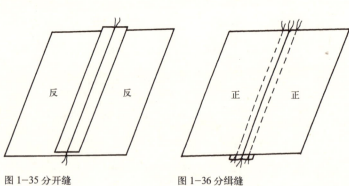

图1-35 分开缝　　图1-36 分缉缝

(3) 坐倒缝

两次衣片平缝后，将缝头倒向一边。用于夹里与衬布的拼接部位。见图1-37。

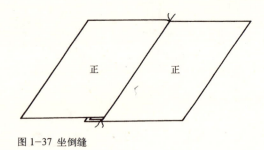

图1-37 坐倒缝

(4) 坐缉缝

两层衣片平缝后，缝头单边坐倒，正面压缉一道明线。也有为减少拼接厚度，平缝时放大小缝头，即下层衣片缝头多放出0.4或0.6cm，平缝后缝头朝小缝头方向坐倒，正面压缉一道明线，使小缝头包在大缝头内。用于衣片拼接部位的装饰和加固作用。见图1-38。

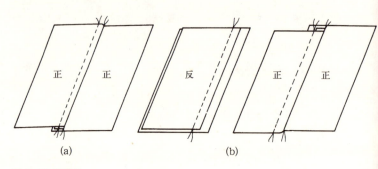

(a)　　　　　　　(b)

图1-38 坐缉缝

(5) 搭缝（搭缉缝）

两层衣片缝头相搭1cm，正中缝一道线。常用于衬布的拼接。搭缝的特点是拼接部位厚度小，使外观平服。见图1-39。

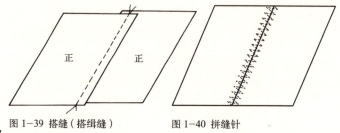

图1-39 搭缝（搭缉缝）　　图1-40 拼缝针

(6) 拼缝针

它是把两片毛口边缝对齐，下面垫层薄布条，用右手把压脚略抬高一点，左手把面料轻微地上下移动，来回往复地缉线。它的作用是使拼缝面平齐，缝子不疏出，适用于衬头省缝的处理。见图1-40。

### (7) 别落缝

别落缝是一种明线暗缉的方法，它与漏落缝的区别在于拼缝不用分开而单面坐倒，明缉线紧靠坐缝边缘暗处缉缝，表面不露针迹。它常用于裤腰头的压线部位。见图1-41。

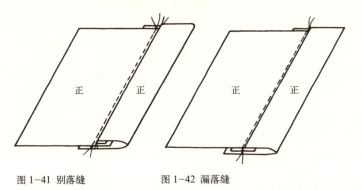

图1-41 别落缝　　　　图1-42 漏落缝

### (8) 漏落缝

漏落缝是在分缉缝上面不露线迹的一种针法，如西服大袋双嵌线的分嵌和后袋的一字嵌线处，将嵌线分开后在正面分开缝居中缉线。作用是使嵌线狭阔固定，缉漏落针时，在拼缉嵌线处缉线不能太紧，否则缉线容易滑落。见图1-42。

### (9) 来去缝

也称筒子缝。来去缝主要用在女衬衫、童装的摆缝、袖缝等处，不必包缝，缝子牢固。先将衣片反面叠合，沿边0.3cm缝第一道线；然后把缝边剪齐，正面叠合，缝子用指甲扣齐，缝0.6cm宽的第二道线。见图1-43。

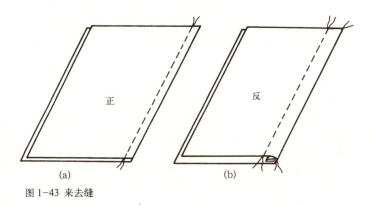

图1-43 来去缝

### (10) 内包缝

明线层单线。内包缝一般用于中山装、茄克和衬裤的缝制，缝制时，下层包转的面料，需多放出0.6cm缝头，两片衣料正面相对，底层衣片包住上层衣片0.6cm缉线，然后翻向正面，缝头折倒向上层，并在上层衣片上缉0.5cm明线一道，使缉线在下层缝的边缘处，缝子内外光洁而牢固。见图1-44。

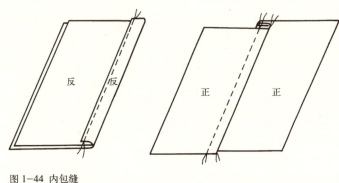

图1-44 内包缝

### (11) 外包缝

明线呈双线。外包缝多用于两用衫和风雪大衣的缝制。缝制方法与内包缝相似，内包缝在正面只看到一道缉线，而外包缝在正面有两道缉线，即第一道和第二道缉线都是在正面包折和缉线。外包缝下层包转的面料放缝可视正面缉止口线的宽窄而定。具体操作方法是：两层衣片反面相对，下层包转0.6cm缝头，沿布边缉一道线，把缝头朝上层衣片正面折倒、扣齐，沿边缉双止口与上层衣片一起缉牢。见图1-45。

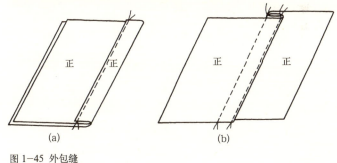

(a)　　　　　　　　　(b)

图1-45 外包缝

### (12) 拉吃缝（袖山头收线）

俗称抽褶细裥。袖山头收线有机收和手收两种，其要求是一致的：在斜丝缕部位收拢最大（从前袖山线向下一段要收得少）；袖山头刀眼左右一段是横丝缕，收拢一般；袖底弧线部位收拢最少。

机收方法一：调稀针距，用右手食指轻轻地抵住压脚后端的袖片，使布料向前移动不畅快，就会起皱、收拢。此法适用于化纤、棉布一类服装。

机收方法二：右手拉住绷袖布条，左手按住袖子山头，针码要求放长，边缉边将下层推送，上层把布条拉紧，使袖子山头产生吃势，吃势要均匀。见图1-46。

手收方法是用针连续缝几针后抽拉一次，针距略密，约0.2cm，抽线后使吃势均匀，此方法适用于呢类服装。机收线方法还可运用于袖口或裙腰收线，也称收细裥。

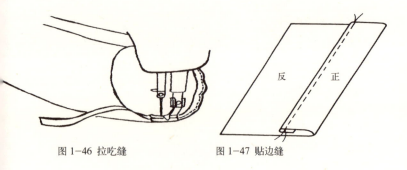

图1-46 拉吃缝　　　图1-47 贴边缝

**（13）贴边缝（卷边缝）**

贴边缝有宽窄两种，宽的主要用于服装的袖口、下摆和裤脚口等处，窄的多用于荷叶边等部位。

操作方法是：衣片反面朝上，把缝头折光后再折转一定要求的宽度，沿贴边的边缘与下层衣片一起缉0.1cm的清止口。注意缉线平服，上下层松紧一致、宽窄一致、不起涟形。见图1-47。

### 3．整烫工艺

整烫，即整理和熨烫，通过对服装进行热湿定型熨烫，使服装更加符合人体特征及服装造型的需要。整烫工艺是一项技术及技能要求较高的加工工艺，它对服装各部位进行定型处理，使服装外观平挺、美观。服装行业中，常用"三分做七分烫"来说明整烫在服装制作中的作用。

#### 1）整烫的基本原理

整烫的基本原理，是利用纤维在湿热状态下能膨胀伸展和冷却后能保持形状的物理特性来实现对衣料进行热定型的。熨烫使衣料平挺的过程可概括为：通过熨斗的热量将水分迅速转化为蒸汽，蒸汽渗透到原料中，使纤维润湿、伸展、膨胀，在热量的作用下，纤维分子向一定的方向移动，当温度下降后，纤维分子在新的位置上固定下来，不再移动，衣服也就烫成所需的样子了。显然，熨烫过程中包含了四个要素：温度、水分（湿度）、压力与时间及熨斗走向。

**（1）温度**

一定的温度是使水分汽化和使纤维伸展所必需的条件，而熨烫温度的高低是由衣料的性质来决定的。熨烫温度并非越高越好，每种纤维超过其能忍受的温度，就会熔化或炭化，衣服也就损坏了。表1-4列出了常用纤维的熨烫温度，供参考。

常用纤维的熨烫温度（℃）　　表1-4

| 衣料名称 | 喷水熨烫温度 | 盖水布熨烫温度 |
|---|---|---|
| 全毛呢绒 | 160～180 | 170～180 |
| 全棉 | 150～160 | 160～180 |
| 混纺呢绒、化纤 | 140～150 | 150～160 |
| 真丝 | 120～140 | 140～160 |

**（2）水分（湿度）**

服装熨烫单靠温度还不行，单靠温度往往会把服装烫黄烫焦，应该在服装上喷水或洒水。衣料遇水后，纤维就会被润湿、膨胀、伸展，在温度的作用下，衣料就容易变形或定型。不同的衣料纤维成分，以及衣料的厚薄程度对水分的要求都是不同的，一般轻薄料略喷水就可熨烫，重厚料相应水要多一些，如果喷水太多，会降低熨烫的温度，衣服不易烫平。

根据服装的部位及衣料质地的不同，可分为采用干烫和湿烫两种方法。干烫主要用于熨烫棉布、化纤、丝绸、麻布缝制的单衣。湿烫主要用于毛呢类服装、高档服装、大衣等。较厚的呢绒服装，一般都要用湿烫再干烫，才能使服装各部位平服挺括，不起吊，不起壳，保持长久不变形。在熨烫过程中，湿烫是起烫平烫死作用，干烫只起吸水定型作用。

**（3）压力与时间**

有了湿度和温度以后，还需要压力和时间的作用，这样才能使纤维按照预定的要求变形或定型。熨烫压力的大小与时间的长短是随着衣料的厚薄而定的。薄衣料或织物组织松弛的衣料，所用的压力较小，时间较短；厚衣料或组织较紧密的衣料，所需的压力较大，时间较长。另外还须注意，熨斗不宜在衣服的某一位置上长时间停留或重压，以免衣服上留下熨斗的印痕或烫变色。

**（4）熨斗的走向**

熨斗要在衣料上不断地移动，但不要不规则地搓来推去，这样会破坏衣料上的经纬织纹。熨烫衣料和熨烫服装不同，因为服装除了有些部位需要烫平外，不少部位实际上不是平面，而是随着体形和款式的需要起伏。所以要烫平这些部位时，常常要借助于下面垫的辅助工具来塑造立体形状。与此同时，熨斗该从哪里烫下去，按什么样的轨迹推移前进；什么地方该用熨斗底面的前部、侧部、后部或全部；不握熨斗的另一只手，如何随着熨斗的走向对服装的某些部位作辅助的拉撑或归拢，这些技巧，经过反复多次的实践才能掌握。

#### 2）整烫的基本作用

人体是一个凹凸不平的躯体，服装要适合人体，突出服装的款式造型。在裁、缝、烫制作过程中，将平面材料制成合体的服装，先通过款式设计、结构设计、缝制加工等方法进行处理，最后还需通过归、拔、烫工艺，来弥补上述不足，以此来满足人体及服装造型所需，即服装加工中讲求的"烫功"。服装制作中的"四大功夫"，刀功（裁剪）是先决条件，手功最难，车功是关键,而烫功则效果最明显。

烫功,是指用熨斗在服装的不同部位,运用推、归、拔、烫、压、闷等不同手法,在适当的温度、压力、时间、水分及冷却方式下完成服装熨烫的加工工艺,使服装具有"九势十六字"的外观效果。

九势,指服装的胁势、胖势、窝势、戤势、凹势、翘势、剩势、圆势及弯势,将服装做成符合人体和造型需要。在一套服装上具体表现为:平、服、顺、直、圆、登、挺、满、薄、松、匀、软、活、轻、窝、戤十六字。

总而言之,服装整烫大致有以下五个方面的作用。

(1) 原料预缩

在服装制作以前,通常都要对面、辅料进行预缩处理,如毛料要起水预缩,美丽绸要喷水预缩,羽纱要下水预缩等,都与熨烫有关。

(2) 烫粘合衬

粘合衬的使用是服装制作的一大进步,如何用好、烫好粘合衬,这为熨烫工艺增添了新的内容。温度、压力和时间是烫好粘合衬的必要条件。温度低了粘不牢,温度高了会渗胶或面料泛黄,一定的压力有利于面、衬的紧密贴合,熨斗停留适当的时间将有利于胶粒的充分熔化和渗透。当然,不同的粘合衬、不同的面料,粘烫所需的温度、压力、时间是不同的,粘烫的方法也不尽相同。在正式粘烫之前,最好用面料和粘衬的碎料做试验,取得合适的温度、压力、时间后再行正式粘烫。

作大身衬的有纺衬应喷水熨烫,或者将裁配好的有纺衬下水浸泡20分钟,稍稍沥干,带水熨烫。这样熨烫的好处是含水分多,烫干所需时间长,有利于粘合面的完全熔合,而且粘合衬底布在这一过程中也得到了充分的预缩,保证日后服装不会因粘衬的收缩而变形。熨烫时,熨斗应自衣片中部开始向四周粗烫一遍,使面衬初步贴合平服,然后自上而下一熨斗一熨斗地细心熨烫,不可用熨斗来回磨蹭,以免引起粘衬松紧不一,见图1-48。刚粘烫好的衣片应待其自然冷却后再行移动。

无纺衬在粘烫时应在粘衬上垫一张薄纸,以免粘衬反面渗胶将熨斗粘住。

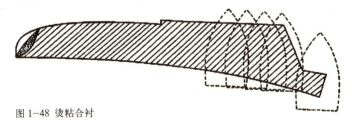

图1-48 烫粘合衬

(3) 扣烫边角

在服装制作过程中,缝头需要分开和坐倒,袋角需要方正或圆顺,贴边需要扣转和服帖,止口需要变薄和平挺,这些都要借助于熨烫工艺来完成。

(4) 推、归、拔

平面的衣片经收省或打褶已具有一定的立体形状,但还不能很好地符合人体的实际状况。利用纺织纤维特别是毛纤维在湿热状态下能伸展、膨胀,在冷却后又能保持这一形态的优良特性,对衣片的某些部位进行推移、归拢、拔开,俗称"推"、"归"、"拔",如西服的"推门"、西裤的"拔裆"等。显然,经推、归、拔处理的衣片能较好地符合人体的形状,穿着自然也就更加美观、舒适。

(5) 成品整烫

成品整烫是服装制作过程中的最后一道工序。人们常说"三分做,七分烫",话虽有点言过其实,但也说明了整烫的重要性。整烫不仅仅是将不平服的部位烫平,还要最大限度地弥补和纠正服装制作过程中的不足之处,将还开处烫归拢,将牵紧处烫伸开,将胸部烫得圆顺饱满,将领子、驳头烫得窝转平服,将止口、底边烫得平挺顺直。

**3) 服装整烫分类**

(1) 按成衣生产加工过程来分,服装整烫分为中间熨烫和成品熨烫。中间熨烫,指服装生产过程中的熨烫,是对衣片及半成品进行修烫。中间熨烫又可分为部件、分缝及归拔烫。部件熨烫是对衣片边沿的扣烫、领子、口袋、克夫、袋盖、肩襻的定型熨烫;分缝熨烫是对缝头进行劈开、烫平等处理,使用部位很多;归拔烫则是对平面衣片进行归缩、裤子拔裆烫等。成品熨烫,即服装缝制完成后、钉扣前或包装前的最后整理熨烫,属定型熨烫。

(2) 按定型效果持久性分,服装整烫分为暂时定型、半永久性定型、永久性定型。暂时定型,是指为了便于生产或生活进行的熨烫。一定时间或受力后,其定型效果便消失或失去了定型外观。半永久性定型,是为了生产及生活进行的整烫。在相当长的时间或受一定力的作用后,失去定型效果。永久性定型,通过物理、化学或机械处理,定型能保持很长时间。严格地讲,永久定型对服装来讲是不可能的,只是相对而言。

(3) 按定型设备及工具来分,服装整烫分为手工熨烫和机械熨烫。手工熨烫,即使用各种电熨斗对服装进行熨烫。使用方法简便,运用灵活,使用广泛。服装缝制过程中,手工熨烫非常适用，有时能达到机械熨烫无法达到的效果。机械整烫，即通过机械成套设备对服装进行成品定型熨烫，多用于服装企业批量生产加工，整烫速度快、效果好。

#### 4）服装整烫工艺流程

服装整烫工艺流程分为手工熨烫工艺和机械熨烫工艺。

手工熨烫工艺形式大致有归、拔、推、缩、褶、打裥、折边、分缝、烫直、烫弯、烫薄、烫平等。其中技能性较强的有推、归、拔。

熨烫工艺流程应根据产品种类、设备结构来选择，对同一件产品又分为中间熨烫和成品熨烫。如男西服上衣中间熨烫工艺为：敷衬、分省缝、分背缝、分侧缝、分止口、烫挂面、烫袋盖、归烫大袋、分肩缝、分袖缝、分袖窿、归拔领子。男西服上衣成品熨烫工艺为：烫大袖、烫小袖、烫前身、烫侧缝、烫后背、烫双肩、烫驳头、烫领子、烫袖窿、烫袖山。男西裤中间熨烫工艺为：拔裆、烫后袋、归拔裤腰、烫侧缝、分后裆缝、分下裆缝、分栋缝。男西裤成品熨烫工艺为：烫腰身、烫裤口。女西装与男西装的整烫工艺流程大致相同。

#### 5）常用的熨烫工具

（1）电熨斗

它是熨烫的主要工具，常用的有 300W、500W 和 700W 三种功率。熨烫零部件以 300W 和 500W 为宜，700W 一般用于成品熨烫，或整烫较厚的衣料，它的面积大，压力也大，容易把服装烫挺。

（2）大小布馒头

它起胖势部位的衬托作用，用于胸部、吸腰、驳口弯势、臀部胖势等丰满之处的熨烫。

（3）驼背（弓形）烫板

用来垫烫分缝、压烫止口、胖势衬托的理想工具。

（4）铁凳

是压烫袖子、袖窿、肩头、领脚等处的理想工具。

（5）袖凳（马凳）

主要用来熨烫卷筒形的衣袖、裤筒的分缝和裤子直袋部位的熨烫，熨烫时卷筒形部位能转动自如。

（6）加水器具

加水器具有喷水壶、水盆、水刷，边熨烫边加水。

（7）水布

水布可采用去浆白棉布，主要是在熨烫毛呢料时，用湿布覆盖在上面，烫后无亮光、无烙痕，也容易烫贴。

此外，还有操作台和垫呢。见图 1-49。

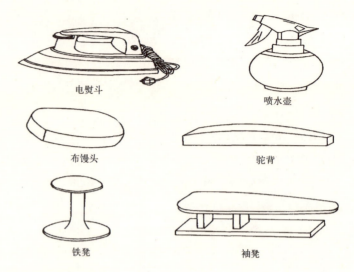

图 1-49 熨烫工具

（8）吸风烫台

服装厂批量生产服装时应采用成衣整烫设备，常见的成衣整烫设备有吸风烫台和剪刀式整烫夹机，见图 1-50、图 1-51。

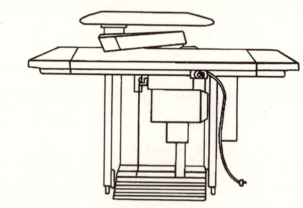

图 1-50 吸风烫台

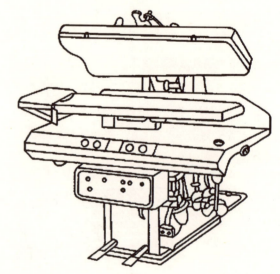

图 1-51 剪刀式整烫夹机

### 6) 手工熨烫的基本技法

熨烫工艺要求根据衣料质地和衣片部位所处的外表部位和服装款式、造型、结构、产品档次等不同要求，来选择运用不同的技法。一般来说，熨烫是一手提拿熨斗，用其底面触烫衣片，另一只手则用于对衣片做些辅助工作，熨烫技法大致有熨、归、拔、推、扣、压、轧、起等八种基本技法。

（1）熨

熨也叫平烫，就是用熨斗在铺平的衣料、衣片上平烫，这是最基本的技法，用途最广泛。

熨斗应沿着衣料的经向，即直丝绺方向，不停地移动，用力要均匀，移动要有规律，不要使衣料拉长或归拢。在熨烫分缝时，不捏熨斗的一只手把缝头边分开、边后退，熨斗向前烫平，达到分缝不伸、不缩、平挺的要求。

（2）归

归也称归拢，就是把预定部位挤拢归缩，归缩一般是由里面作弧形运动，逐步向外缩烫至外侧，缩量渐增，压实定型，造成衣片外侧因纱线排列的密度增加而缩短，从而形成外凹里凸的对比和弧面变形。

在熨烫分缝时，不捏熨斗的一只手按住熨斗前方的衣缝。熨斗前进时稍提起熨斗前部，用力压烫，防止衣缝拉宽、斜丝伸长。用于熨烫服装斜丝和归拢部位，如喇叭裙拼缝、袖背缝等部位。见图1-52。

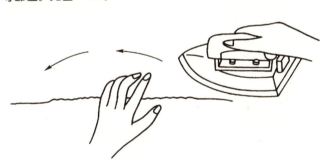

图1-52 归烫

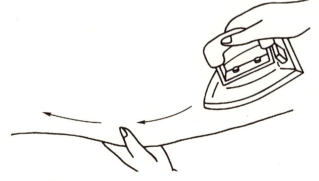

图1-53 拔烫

（3）拔

拔也称拔开，与归拢相反，是把预定的部位伸烫拔开。一般是由外边做到弧形运行的拔烫，由加力抻拔逐步向里推进，拔量渐减，并压实定型，造成衣片外侧因纱线排列的密度减小而增长，从而形成表面呈纵向的中凹形变。见图1-53。

（4）扣

扣也叫扣烫，常用于组合前将缝边毛口扣倒。方法是左手把缝头揿倒，边折边、边往后退，右手用熨斗尖角跟着折转缝口逐步前移，将折倒的缝边熨烫平服、顺直。圆弧形袋角可离边0.5cm，用纳针手缝，再按纸板净样抽拉缝头，然后用熨斗尖角先轻后重逐步归缩烫煞。

①直扣烫。用左手把所需扣烫的衣缝边折转、边后退，同时熨斗尖跟着折转的缝头向前移动，然后将熨斗底部稍用力来回熨烫。用于烫裤腰、夹里摆缝等。见图1-54。

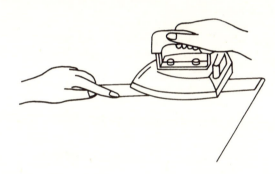

图1-54 直扣烫

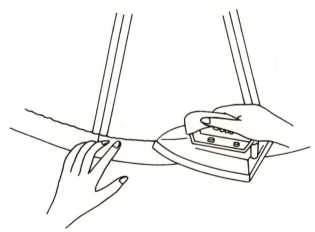

图1-55 弧形扣烫

②弧形扣烫。用左手手指按住缝头，右手用熨斗尖先在折转缝头处熨烫，熨斗右侧再压住贴边上口，使上口弧线归缩。用于烫衣、裙下摆。见图1-55。

③圆形扣烫。在熨烫前先用缝纫机在圆形周围长针码车缉一道，或用纳针法纳一道。然后把线抽紧，使圆角处收拢，缝

头自然折转。扣烫时先把直丝烫煞，再扣烫圆角。用熨斗尖的侧面，把圆角处的缝头逐渐往里归拢，熨烫平服。用于烫圆角贴袋。见图1-56。

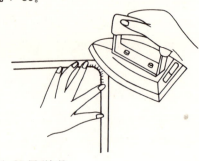

图1-56 圆形扣烫

（5）压

压也叫压烫，常用于服装的止口部位，尤其是厚的面料，熨烫时要加力重压，移去熨斗后立即用直尺或"驼背"再重压一下，使受热伸展的纤维迅速冷却定型，这样有利于止口变薄和平挺。见图1-57。

图1-57 压烫

（6）轧

轧烫常用于上衣袖子和裤子小裆。轧烫裤子小裆时，可先将小裆翻转，倒扣在铁凳上，用熨斗尖角先把内缝伸开烫平，然后将缝子折转合拼后轧烫，目的是让小裆的内外缝紧贴一致，使小裆缝外观线条流畅，勾股平服。见图1-58。

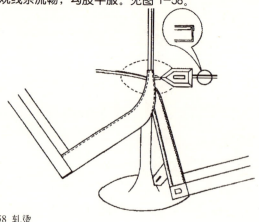

图1-58 轧烫

（7）起

起烫是专门对衣表出现水花、亮光、烙印或绒毛倒伏现象进行调整复原时使用的一种技法，一般是先覆盖一块含水量较多的湿布，再用熨斗轻烫，但又不压，让蒸汽渗入衣内，并辅之以擦动，使织物纤维恢复原状，使面绒耸起。

以上几种技法，操作各有特点，一般都是几种并用，互为补充。这些都需要在实践过程中逐步体会。

### 4．对条格的技法

#### 1）大身对条格

凡有条子、格子的衣料，裁剪时要特别的小心，做到前身以叠门线为中心，左右对称，前片与后片、前片与袖片的条格也要相对。

#### 2）袖子对条格

（1）袖子对格：方法是掌握袖子横条与衣片横条在同一水平线上的技法。具体是袖山上水平线距离前肩斜点水平线约1.7cm，装袖后，袖窿以下开始的大身与袖片的横向格子全部对齐。

（2）袖子对条：主要是指前后袖立体对条，也就是从侧面观察前后袖的条子与大身的条子基本垂直，且连续。对条的方法是按偏袖线距离胸宽线1.5cm的地方为基础，然后量取偏袖线到袖窿处条的距离，即为袖子偏袖线与袖子条纹的距离。

#### 3）袋对条格

袋盖、贴袋等也要与大身条格相对。方法是把一块零料摆放在大身袋的位置上，对准前片的条格，把装袋的形状和位置画在零料上，再四周放缝头剪下。

#### 4）对倒顺条格

如遇有倒顺格，又有正反面的衣料，在对条格时，原则上找色泽鲜艳夺目的条格为主线，只对主线的条格，其他忽略不对。

对于有倒顺图案和倒顺毛的衣料，剪裁时要注意毛向一致、图案倒向一致。

## （三）部件制作工艺实训

### 1．弧形口袋的制作工艺

弧形口袋多用在休闲女裤上，牛仔裤采用得比较多，袋口为弧形，位置偏高靠近腰围线，手插入袋口方便、舒适。见图1-59。

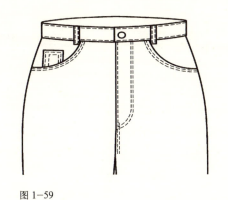

图 1-59

缝制程序：

（1）剪袋布：袋布上口配合裤片袋口形状，见图 1-60。

（2）扣烫内贴袋：见图 1-61。

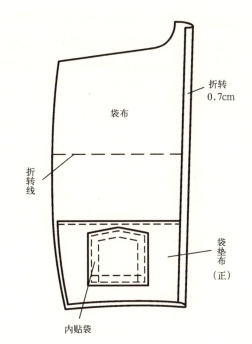

图 1-62

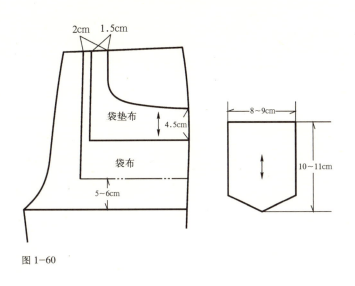

图 1-60

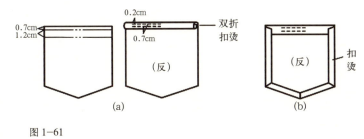

图 1-61

（3）缝合内贴袋：见图 1-62。

（4）缝合裤片与袋布：将裤片袋口处贴粘合衬，以防止袋口拉还。袋布与裤片正面相对，沿袋口缉线一道。然后剪牙口，不能剪断缉线。将袋布翻向内侧，袋口处袋布要缩进 0.2cm 左右，接着缉袋口装饰线。见图 1-63。

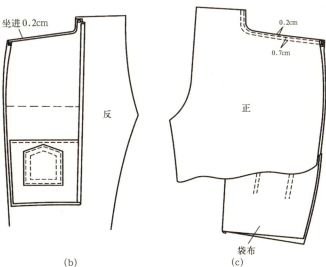

图 1-63

(5) 兜缉袋布：先将侧布省做好，烫平。再将侧布上的缝合记号对准裤片缝合记号，沿袋布边缘缉线一道，腰口和侧缝处不缝。再将袋布上端和侧边固定在裤片上，固定时注意袋口一定要摆平。见图1-64。

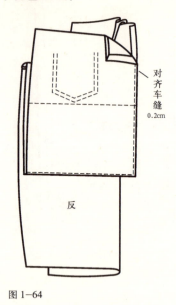

图1-64

质量要求：袋口弧线圆顺，袋布不能反吐，缉线顺畅，宽窄一致，袋布平服。

## 2. 嵌线口袋制作工艺

### 1）单嵌线口袋制作工艺

见图1-65。

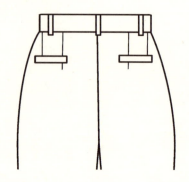

图1-65

缝制程序：

（1）剪裁袋布、嵌线、垫布，其中嵌线一根，宽为：嵌线宽×2+3cm，长度为：袋口长+3cm，用直纱面料布来做。嵌线衬布一条，可用粘合衬，也可用白细布做，宽度为：嵌线宽×2+1cm，长度同嵌线布长度。垫布横或直纱面料布，长度同嵌线布长，宽4~6cm。袋布两块，长24~25cm，宽为袋口宽加放4cm。见图1-66。

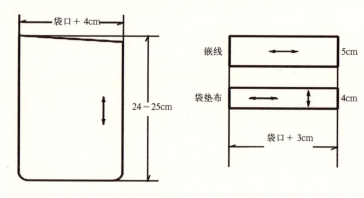

图1-66

（2）划袋位、粘衬：见图1-67。

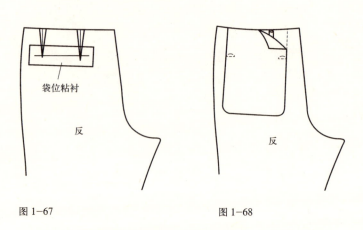

图1-67　　　　　　　图1-68

（3）固定袋布：在裤片反面，将袋布固定于袋口处，可用寨缝固定，也可用双面胶条贴牢。见图1-68。

（4）画准袋口位置，将嵌线贴好衬，放于袋口下端处缉线，缉线长度为袋口长度，两端打回针，再把垫布放于袋口上端缉线，缉线宽度为嵌线宽度，两条缉线要平行，长短一致，否则袋口不方正。见图1-69。

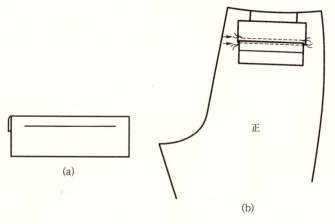

图1-69

(5) 剪袋口：避开嵌线布与垫布的缝份剪口袋，从中间开始剪，剪到两端剪三角形，三角形剪至距缉线两三根纱线出处止，不能剪断缉线。见图1-70。

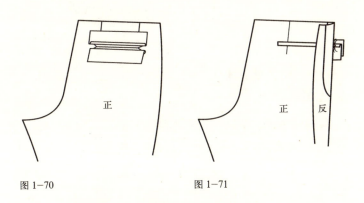

图1-70　　　　　　图1-71

(6) 整理袋口：将嵌线翻入袋口，烫分开缝并将嵌线折转，整理成嵌线宽度，三角布也塞进里侧。见图1-71。

(7) 封袋口、装袋布：把垫布摆正，再把另一片袋布比齐放好。将垫布下端缝缉在袋布上。最后将袋布兜缉一周，将三角布用倒回针固定。见图1-72。

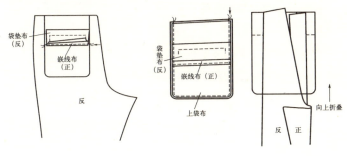

图1-72

(8) 封门字形、兜缉袋布。见图1-73。

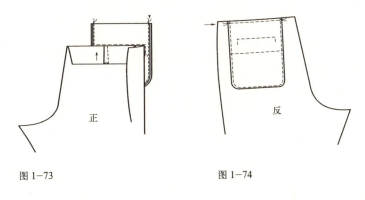

图1-73　　　　　　图1-74

(9) 固定袋布上口。见图1-74。

质量要求：

①袋口方正，无毛出，漏落缝线迹不能偏斜外露，嵌线宽度一致。

②嵌线丝绺正确，如有条格垫布应和衣身条格对齐。

③袋布平整。

**2) 男西服双嵌线有带盖口袋制作工艺**

见图1-75。

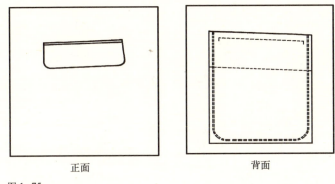

正面　　　　　　背面

图1-75

(1) 准备工作：

①样板准备：身样板、袋牙样板、袋盖面、袋盖里、挡口布、袋布A、袋布B样板、袋牙衬样板、身垫衬样板。

②布料准备：50cm白平布、10cm粘合衬。

③裁面料：前身片、袋盖面、嵌线（袋牙）。见图1-76。

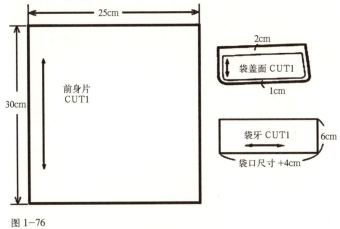

图1-76

④裁里料：袋盖里、挡口布（袋垫）。见图1-77。

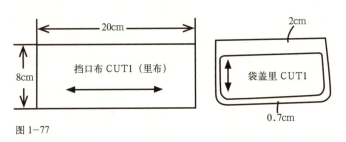

图1-77

⑤裁衬布：袋口垫衬、袋牙衬。见图1-78。

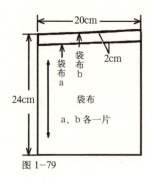

图1-78

⑥裁袋布：袋布a、袋布b。见图1-79。

图1-79　　　　　　　图1-80

(2) 缝制程序：

①在前衣身反面的袋口位置粘袋口衬。见图1-80。

②扣烫嵌线（袋牙）：在嵌线一侧抽丝修直，反面烫上纸粘衬，修直一侧先向反面扣转1cm，以此为基准再扣转2cm烫准、烫顺。见图1-81。

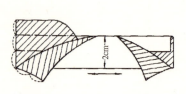 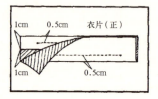

图1-81

③勾袋盖。在袋盖面、袋盖里上划净样线，袋盖净大15.5cm，宽5.3cm，前侧直丝绺，起翘0.8cm，下口、后侧略呈胖形，以显饱满。裁配时上口放缝2cm，其余三边面料放缝0.7cm。条格面料对条对格原则为：对前不对后，对下不对上。然后把袋盖面与袋盖里面对面放好，按照袋盖里的缝份大小进行缝制，袋盖圆角处面料给一定的吃量。见图1-82。

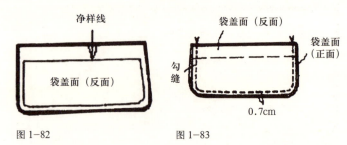

图1-82　　　　　　　图1-83

④缉袋盖。袋盖面里正面相合，面在下，里在上，边沿依齐，沿净缝线三边兜缉。缉时注意袋角两侧带紧里子、层进面料，角要缉得圆顺，以保证翻出后袋角圆顺、窝服。见图1-83。

⑤修缝头。将三边缝头修到0.4cm，圆角处修到0.2cm，过缉线0.2cm将缝头朝面子一侧烫倒。见图1-84。

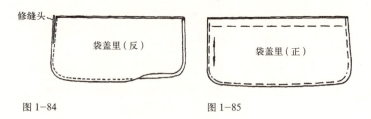

图1-84　　　　　　　图1-85

⑥烫袋盖。将袋盖翻到正面，驳挺止口，翻圆袋角，窝转袋盖，沿边用扎线定好，然后喷水盖布将袋盖烫好。见图1-85。

⑦缉嵌线。将扣烫好的嵌线条与大身正面相合，翻开下嵌线，嵌线条居中依齐袋位线，离上嵌线边沿0.5cm缝缉上嵌线，然后将下嵌线合上，离下嵌线边沿0.5cm缝缉下嵌线，注意缉线顺直，间距宽窄一致，起止点回针打牢。见图1-86。

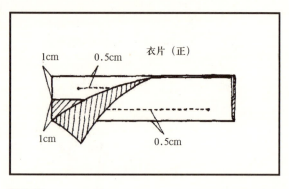

图1-86

⑧开袋口。先将嵌线居中剪开，一剖为二，再沿袋位线中间将衣片剪开，两端剪成"Y"形，三角折向反面烫倒。然后将嵌线塞到反面，上下嵌线缝头分别向大身坐倒，将嵌线扣烫顺直。见图1-87。

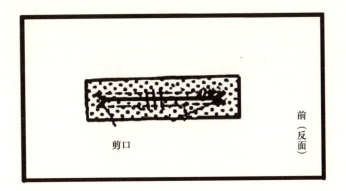

图 1-87

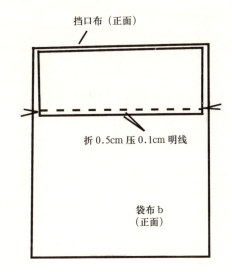

图 1-89

⑨封袋口。将上下嵌线拉挺，使袋口闭合，来回三道封三角，以保证袋角方正不毛。最后将袋布 a 拼接到下嵌线上。见图 1-88。

⑩挡口布（袋垫）。绱到袋布 b 上，压 0.1cm 明线。见图 1-89。

⑪将袋布 b 缉上挡口布（袋垫），上面放上做好的袋盖，沿边缉一道将三者固定，然后塞到上嵌线下，见图 1-90。再按袋盖净宽 5.3cm 及前侧直丝绺摆正位置，并用扎线将嵌线、袋盖扎定，然后将大身向下翻转，在反面沿上嵌线原缉线将上嵌线、袋盖、垫头、下袋布一起缉住，见图 1-91。最后，兜缉袋布，西装大袋制作即告完成。如为西服里袋，只要将大袋盖换成三角袋盖即可。

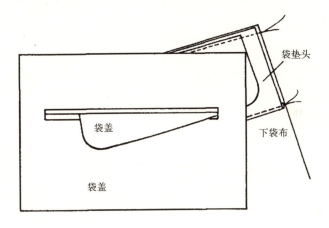

图 1-90

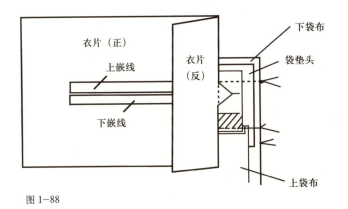

图 1-88

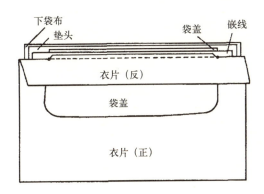

图 1-91

质量要求：

①袋口方正无毛出，两嵌线宽窄一致，漏落缝线不能逸出缝合缝。

②袋布平整，如条格面料嵌线应与大身条格对齐。

## 二、工作室教学第一单元——下装工艺的设计与制作

### 项目（一）裙、裤的工艺设计与制作

#### 1．西服裙的制作

**1）项目说明**

裙子是女性下装的主要品种。裙子品种繁多，有A字裙、喇叭裙、褶裥裙、西服裙等。由于西服裙简洁、明快而又严谨、庄重，常常成为职业女装的首选，是成功女士干练、自信的象征。与其他裙子相比，西服裙制作工艺比较完整，具有代表性。西服裙制作工艺的重点是：

（1）开门装拉链

西服裙装拉链采用先裙里后中装拉链，再裙面后中折光缉压明止口将拉链、裙里一并缉住的方法。注意：在缉压门襟明止口封口时，须将门襟下段盖过里襟明线，里襟明线和拉链均不能外露。

（2）开衩做贴边

先在裙面衩口反面烫上粘合衬，再将后片衩口与底边折转、扣烫正确，然后离底边1.5cm卷缉里子底边，最后合缉面里衩口，或扎定后手缲里子衩口。注意：西服裙下摆贴边面、里不合缉，分开做，将有利于行走时面里不会牵住。

**2）技术工艺标准和要求**

（1）用线要求：线的颜色与面料相同或接近。

①面线：涤线。

②底线/合缝线：涤线。

③手缝扣线：涤线。

④商标线：涤线。

⑤封结线：涤线。

（2）针距要求：

明线针距：12～14针/3cm；缝合线：15～18针/3cm；手工针每3cm不少于7针；三角针每3cm不少于4针。

（3）用针要求：（面）平缝14号，（里子）平缝12号。

（4）缝份要求：面与里各部位缝份均1cm。

（5）无纺衬：开门装拉链部位、后开衩部位、底摆粘衬。

（6）有纺衬：腰里、腰面部位。

（7）工艺要求：

①各部位缉线顺直，合缝时注意不能有抻吃现象。

②缝制时面不能有接线、断线、针眼现象，明线宽窄要一致。

③后开衩长短一致，不搅不豁，平服不起皱。

④拉链齿不外露，封口平服，拉链齿与里布、面布有一定距离，易于拉合。

⑤腰头宽窄一致，左右高低一致，腰面平服，装腰无链形。

⑥裙里与裙面贴服，松量适当。

⑦里子后开衩要平服，面与里松紧适宜。

⑧底摆里子折边与底摆要一致。

⑨面料不许有极光、折痕印现象。

⑩线头必须干净，不能有长短浮线头，整理死线头时不能将线迹剪断。

⑪成品部位不能有脏污、毛漏、破损或原残现象。

⑫成品规格在允许公差之内。

**3）实训场所、工具、设备**

实训地点：服装车缝工作室。

工　　具：尺、手针、机针、划粉、锥子、割绒刀、西式剪刀、单面压脚。

设　　备：缝纫设备（平缝机、拷边机）、熨烫设备、数字化教学设备。

**4）制作前的准备工作**

（1）材料的采购

①面料用量（表2-1）。

裙装用料计算参考表（cm）　　　表2-1

| 品　种 | 幅宽 | 臀围 | 算料公式 |
|---|---|---|---|
| 西服裙 | 90 | 106 | （裙长+10）×2 |
|  | 144 | 106 | 裙长+10 |
| 八片鱼尾裙 | 90 | 106 | （裙长+10）×4 |
|  | 144 | 106 | （裙长+10）×3 |
| 正圆裙 | 90 | 106 | （裙长+10）×4 |
|  | 144 | 106 | （裙长+10）×3.5 |
| 四片喇叭裙 | 90 | 106 | （裙长+10）×2 |
|  | 144 | 106 | 裙长×2-18 |
| 百褶裙 | 90 | 106 | （裙长+10）×3 |
|  | 144 | 106 | （裙长+10）×2+10 |
| 附　注 |  | 臀围超过112，每大3，另加料3 |  |

②里料用量：与面料相同，也可略短于面料5～10cm。颜色与面料相同或接近。

③隐形拉链：1条，长为开口尺寸+2～3cm。颜色与面料相同或接近。

④无纺衬：50cm。

⑤腰衬：1条，长为腰围＋10cm。

⑥配色线：1塔。

⑦裙钩1副或纽扣1个。

(2)剪裁

①面料、里料预缩：

在服装裁剪前，通常都要对面、辅料进行预缩处理，如毛料要起水预缩，美丽绸要喷水预缩，羽纱要下水预缩等，熨烫时尽可能在面料的反面进行，烫平皱折，便于划线剪裁。

②设计西服裙成品规格：

西服裙成品规格（cm）

号型：160/84A（表2-2）。

西服裙成品规格（cm）　　　　表2-2

| 部位 | 裙长（L） | 腰围（W） | 臀围（H） | 下摆 |
|---|---|---|---|---|
| 规格 | 70 | 72 | 96 | 88 |

③西服裙款式图：

见图2-1

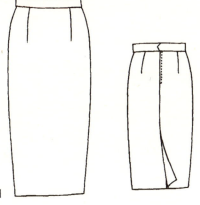

图2-1 西服裙款式图

④西服裙结构图：

见图2-2。

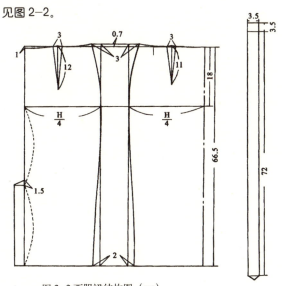

图2-2 西服裙结构图（cm）

⑤西服裙放缝排料图：

放缝：腰里、后中放缝1.5cm，底边放缝3.5cm，其余均放缝1cm。

排料：门幅144cm，用料80cm。公式：裙长＋10cm。见图2-3。

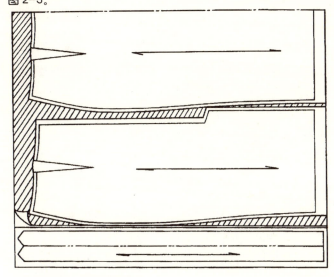

图2-3 西服裙放缝排料图

### 5）详细制作步骤

(1)西服裙工艺流程

打线钉→粘衬、锁边、缉、烫省缝→合缉后中缝→裙里装拉链→裙面装拉链→做后衩→合缉侧缝、做底边→做装腰、钉裙钩→整烫。

(2)西服裙缝制程序

①打线钉

线钉部位：

a.前片：省位、底边、臀围。

b.后片：省位、后中净线、拉链下端位、衩位、底边、臀围。见图2-4。

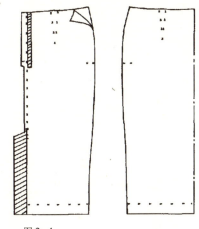

图2-4

②粘衬、锁边

a. 粘衬：后中缝上端安拉链位、下端衩位粘上直丝无纺衬。见图 2-4。

b. 锁边：裙片除腰口不锁边外，其余三边锁边。

③缉、烫省缝

见图 2-5。

按线钉缉缝，省尖要尖，省缝前片向前中方向坐倒，后片向后中方向坐倒，喷水烫煞省缝，并将省尖胖势推向臀部。

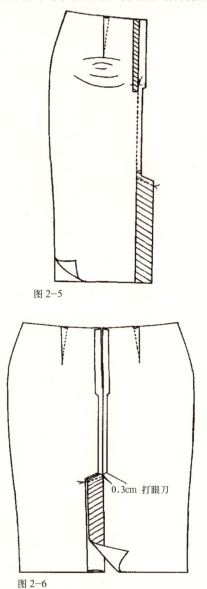

图 2-5

图 2-6

④缉、烫后中缝、烫后衩

将左右后片正面相合，边缘对齐，自后中上端拉链位线钉开始，沿净缝缉到后衩线钉处转向缉至距衩宽边缘 1cm 止，合缉起止点必须打回针。见图 2-6。

在左片衩口与后中缝转角偏上 0.3cm 处打眼刀，将后中缝分缝烫平，上端拉链位折转烫顺，下端后衩右片折转烫平。见图 2-6。

⑤裙里装拉链

a. 合缉裙里后中缝：从拉链下端铁封口下 0.6cm 始至衩口下 1cm 止，起止点回针打牢。

b. 将里子后中缝头向右烫倒，上端拉链位左右片中间留出 1.4cm 空隙，以便安装拉链，缝头向两侧烫倒，并将多余缝头修去。见图 2-7。

c. 裙里正面在上，拉链反面朝上，并使其居中位于裙里的 1.4cm 空隙内，将左片掀起翻到反面，沿折烫印迹 a→b 缉线后，转角沿 b→c 缉线，再转角沿 c→d 缉线，使裙里与拉链装缉完毕。见图 2-8。

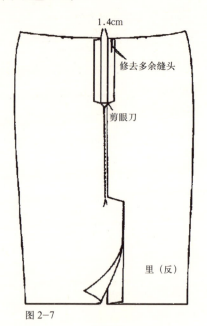

图 2-7

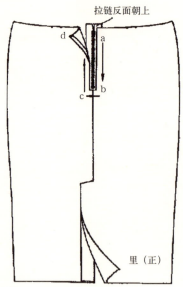

图 2-8

⑥裙面装拉链

a. 装左侧拉链：将扣烫好的裙面后中左侧离拉链齿边 0.4cm 依齐放平，缉 0.1cm 明止口，见图 2-9 中 a→b。

b. 装右侧拉链：将扣烫好的裙面后中右侧盖过左侧缉线，封缉拉链下端，然后转过 90°缉 1.2cm 明止口。见图 2-9 中 a→c。

b. 做裙里后衩：按比面子底边净缝长出 1cm 将里子底边修好，再按折转 1.2cm、再折 1.3cm 卷缉里子底边，完成后里子应比面子短 1.5cm，最后将裙面衩口放平，修准左右裙里衩缝，留缝 1.3cm，并在转角处打 45°眼刀，眼刀离线 0.3cm。见图 2-11。

c. 缉合后衩面里。

a) 缉合里襟：裙面左衩贴边与裙里衩贴边正面相合，里子放上层，上下不错位，0.9cm 缝头缉合，上层略松，翻至正面，面子坐势 0.1cm 烫平。

b) 合缉门襟：将修准后的衩里留缝与裙面门襟贴边毛缝正面相合，里子略松，0.9cm 缝头缉合，再翻至正面缉 0.2cm 明止口，注意里子下口应左右长短一致。见图 2-11。

c) 缲衩三角封口：后衩上端里子三角封口缝朝内折光，两端无毛出，用配色线暗针缲牢。见图 2-11。

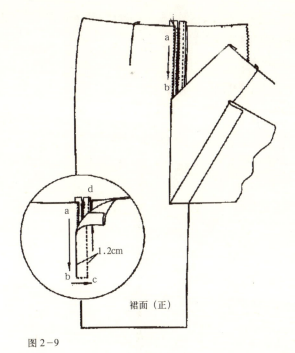

图 2-9

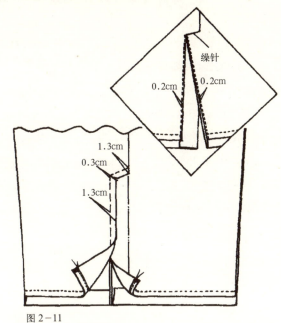

图 2-11

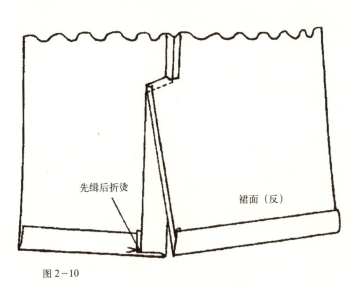

图 2-10

⑦做后衩

a. 做裙面后衩：将裙面门襟贴边与下摆贴边按线钉在反面夹缉、翻转、熨烫至方正平服后，再折烫里襟。先折衩缝 1cm 烫平，然后扣烫底边缝，要求里襟比门襟短 0.1cm（视面料的厚度而定，可掌握在 0.1～0.2cm）。见图 2-10。

⑧合缉侧缝，做底边

a. 将前后裙片正面相合，上下层对齐，1cm 缝头合缉后分缝烫开，再按线钉将前后底边熨烫顺直，并将贴边用三角针缲住，注意缲线要松，针迹不外露。

b. 将前后裙里侧缝正面相合，边沿依齐，0.8cm 缝头合缉，并向后片折烫 1cm 缝头，再将里子底边卷缉完毕。

⑨做腰、装腰

a. 做腰。

a) 在腰面反面将下端丝缕修直，离边 1cm，烫上 3.5cm 宽的腰衬。腰衬按腰围规格，右边为宝剑头门襟尖角放出

1.5cm，左边为平头里襟放出3.5cm。

b）腰衬长加上左右各1cm做缝为腰面长度。

c）三折烫腰作标记：装腰缝头、腰面宽、腰里宽分别为0.9、3.5、3.8cm，并标出后中、左右两侧缝三处对同标记。见图2—12。

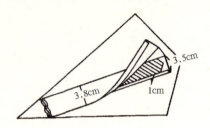

图2—12

b．装腰。

a）裙子腰口面里定位，按0.6cm缝头绱线，边绱线边上下对同，并向侧缝方向折叠里子省量。

b）腰面与裙身正面相合，边缘依齐，上下对同，标记对准，0.8cm缝头绱合，注意绱线顺直。

c）夹绱腰两端腰头门里襟。腰头端口面里正面相合，腰里略紧，缝头视拉链直线延伸为准，绱合后将门里襟翻转，用扎线将两头及腰头面里扎定，喷水烫熨平服。

d）以别落缝沿腰节绱线，将裙里绱住。最后在腰头两端钉上裙钩，在面里侧缝底边朝上4cm处，用3cm长线襻定位。见图2—13。

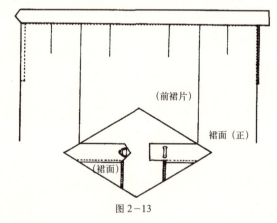

图2—13

⑩手缝

a．钉挂钩。

b．用手针或边机繰缝下摆。

c．在侧缝的下摆位置，用拉线襻方法连接里料与夹里，线襻长度为3～4cm。

⑪整烫

a．先内后外。先将裙里缝熨烫平服，再在底边、拉链、后衩处作平整处理，然后翻到正面，盖布熨烫裙面缝子。

b．烫周边与部件。盖布熨烫底边、腰头、后衩时应注意温度不能过高，不能有极光，腰头门里襟、后衩门里襟均作向内窝服处理和端口方正处理。

成品质量要求：

①各部位规格准确，缝份均匀，缝线顺直；归拔适当，符合人体体形。

②后开衩长短一致，不搅不豁，平服不起皱。

③拉链齿不外露，封口平服，拉链齿与里布、面布有一定距离，易于拉合。

④腰头宽窄一致，左右高低一致，腰面平服，装腰无涟形。

⑤裙里与裙面贴服，松量适当。

⑥整烫要烫平、烫实，无烫黄、烫焦、无污渍、无极光。

## 2．男西裤的制作

### 1）项目说明

裤子在人们的下衣类服装中占绝对优势，它适用范围广，种类繁多，而在各类裤子中最具典型意义的就是男西裤。在男西裤的制作过程中，后袋、大袋、门里襟和腰头工艺是整个制作的重点和难点。

（1）后袋

后袋是男裤的重要部件，其装饰功能甚于实用功能。后袋分为单嵌线袋（传统）和双嵌线袋（流行）两类，要求嵌线宽窄一致，袋角方正，不毛不皱。制作嵌线袋是服装制作的基本功，一定要熟练掌握。书中介绍的双嵌线袋做法是目前服装厂的流行做法，制作的关键是：绱线外侧的嵌线宽度之和正好等于两绱线之间的弄堂宽度，绱线两端的三角一定要剪准。

（2）大袋

与后袋相比大袋更实用，放物、插手使用频繁，故应注意袋布及缝绱的牢固程度。大袋分直插袋和斜插袋两种，直插袋工艺相对简单，斜插袋应注意垫头丝绺与裤片丝绺一致，垫头上口大小与裤腰尺寸相符。

（3）门里襟

门里襟处于视觉敏感区域，要求装配服帖。门襟止口还有一定的装饰功能，要求绱线清晰、圆顺。由于拉链使用较为频繁，要求缉装牢固、不外露。这里介绍的拉链装配方法较为简便、实用，应多加操练。

（4）腰头

由于男式衬衫通常都束在裤子里面，于是裤腰就成了下装视觉的重点，串上皮带后的腰头更具有提纲挈领的作用，在工艺制作上要求腰头硬扎挺括、宽窄一致、腰里平服、串带顺直、长短适宜。

### 2）技术工艺标准和要求

（1）裁片的质量标准（表2-3）

裁片的质量标准　　　　表2-3

| 序号 | 部位 | 纱向要求 | 拼接范围 | 对条对格部位 |
|---|---|---|---|---|
| 1 | 前裤身 | 经纱倾斜不大于1.5cm | 不允许拼接 | 侧缝、前后裆缝、下裆缝 |
| 2 | 后裤身 | 经纱倾斜不大于2cm | 后裆允许拼角拼接 | 侧缝、前后裆缝、下裆缝 |
| 3 | 裤腰 | 经纱不允斜 | 只允许后裆缝处有一缝 | 后裆缝处左右腰头 |
| 4 | 后嵌线 | 经纱不允斜 | 不允许拼接 | — |

（3）男西裤外观质量标准（表2-5）

男西裤外观质量标准　　　　表2-5

| 序号 | 部位 | 外观质量标准 |
|---|---|---|
| 1 | 腰头 | 面、里、衬松紧适宜、平服，缝道顺直 |
| 2 | 门、里襟 | 面、里、衬平服、松紧适宜；明线顺直；门襟不短于里襟，长短互差不大于0.3cm |
| 3 | 前、后裆 | 圆顺、平服，上裆缝十字缝平整、无错位 |
| 4 | 串带 | 长短、宽窄一致，位置准确、对称，前后互差不大于0.6cm，高低互差不大于0.3cm，缝合牢固 |
| 5 | 裤袋 | 袋位高低、前后、斜度大小一致，互差不大于0.5cm，袋口顺直平服，无毛漏；袋布平服 |
| 6 | 裤腿 | 两裤腿长短、肥瘦一致，互差不大于0.4cm |
| 7 | 裤脚口 | 两裤脚口大小一致，互差不大于0.4cm，且平服 |
| 8 | 线迹 | 明线针距密度每3cm为14～17针。手工针每3cm不少于7针；三角针每3cm不少于4针 |
| 9 | 商标、号型 | 商标位置端正；号型标志清晰，号型钉在商标下沿 |

（2）成品规格测量方法及公差范围（表2-4）

成品规格测量方法及公差范围　　　　表2-4

| 序号 | 部位 | 测量方法 | 公差 | 备注 |
|---|---|---|---|---|
| 1 | 裤长 | 裤子沿挺缝线叠好、摊平，由腰上口沿侧缝垂直量至脚口 | ±1.5cm | — |
| 2 | 腰围 | 将裤钩或纽扣扣好，沿腰宽中间横量（周围计算） | ±1.0cm | 5.2系列 |
|   |    |    | ±1.5cm | 5.3系列 |
| 3 | 臀围 | 将裤子摊平，前身在上，由侧缝袋下口处横量（周围计算） | ±2.0cm | |

(4) 裤子外观和缝制标准（表2-6）

裤子外观和缝制标准　　　　　　　　　　　表2-6

| 项目 | 序号 | 轻缺陷 | 重缺陷 | 严重缺陷 |
|---|---|---|---|---|
| 外观及缝制质量 | 1 | 商标不端正，明显歪斜；钉商标线与商标底色的色泽不适应 | 使用说明内容不准确 | 使用说明内容缺项 |
| | 2 | —— | 使用粘合衬部位脱胶、渗胶、起皱 | —— |
| | 3 | 腰头面、衬、里不平服；腰里明显反吐；绱腰明显不顺；松紧不平 | —— | —— |
| | 4 | 省道长短、左右不对称，互差大于0.8cm | —— | —— |
| | 5 | 串带长短，互差大于0.6cm；前后互差大于0.6cm；高低互差大于0.3cm | 串带钉得不牢（一端掀起） | —— |
| | 6 | 门里襟长短互差大于0.3cm；门襟短于里襟；门襟止口明显反吐；门襟缝合明显松紧不平 | —— | —— |
| | 7 | 锁眼偏斜，扣与眼位互差大于0.3cm | 锁眼跳线；开线；扣掉落 | —— |
| | 8 | 侧袋口明显不平服、不顺直；两袋口大小互差大于0.5cm | —— | —— |
| | 9 | 侧袋上口高低、前后互差大于0.5cm | —— | —— |
| | 10 | 后袋盖不圆顺、不方正、不平服；袋盖里明显反吐；嵌线宽窄大于0.2cm；袋盖小于袋口0.3cm以上 | 袋口明显毛露 | —— |
| | 11 | 袋布垫底不平服 | —— | —— |
| | 12 | 侧缝不顺、不平服、缝子没分开 | —— | —— |
| | 13 | 侧缝与裆缝不相对（裤烫迹线错位）；横裆处两缝互差大于0.8cm；裤脚口两缝互差大于0.5cm | —— | —— |
| | 14 | 两裤腿长短不一致，互差大于0.3cm | 两裤腿长短不一致，互差大于0.8cm | —— |
| | 15 | 两裤、脚口左右大小不一致，互差大于0.3cm | 两裤、脚口左右大小不一致，互差大于0.6cm | —— |
| | 16 | 裤脚口不齐，吊脚大于0.6cm；晃脚两腿前后互差大于1.5cm | 裤脚口不齐，吊脚大于1cm；晃脚两腿前后互差大于2cm | —— |
| | 17 | 裤脚口折边宽度不一致；贴脚条止口不外露；不一致，位置不准确，互差大于0.6cm | —— | —— |
| | 18 | 缝纫线路明显不牢固、不顺直；面、底线松紧不适宜；接线处明显不重合 | 链式线跳线；明显双轨 | —— |
| | 19 | 缝合处连续跳针（30cm内出现两个单跳针，按连续计算）；1、2部位针眼外露 | 表面部位毛、脱、漏（影响使用和牢固） | —— |
| | 20 | 各部位熨烫不平服；有明显水花、亮光、污渍 | 有明显污渍，污渍大于2cm×2cm；水花大于4cm×4cm | 有严重污渍，污渍大于50cm×50cm，烫黄破损严重，影响使用和美观 |

### 3）实训场所、工具、设备

实训地点：服装车缝工作室。

工　　具：尺、手针、机针、划粉、锥子、割绒刀、西式剪刀。

设　　备：缝纫设备（平缝机、拷边机）、熨烫设备、数字化教学设备。

### 4）制作前的准备工作

（1）材料的采购

①面料用量（表2-7）。

裤装用料计算参考表（cm）　　　表2-7

| 品种 | 幅宽 | 臀围 | 算料公式 |
|---|---|---|---|
| 短裤 | 77 | 107 | 无卷脚，（裤长+6）×2 |
| | 90 | 107 | （裤长+5）×3=两条套裁，臀围不超过107 |
| | 144 | 107 | 无卷脚，裤长+6 |
| 长裤 | 77 | 107 | 无卷脚（裤长+7）×2；无卷脚（裤长+10）×2 |
| | 90 | 107 | （裤长+10）×3=两条裤子。套裁臀围超过107不宜套裁 |
| | 110 | 107 | （裤长+10）×4=三条裤子 |
| | 144 | 107 | 无卷脚（裤长+6）；有卷脚（裤长+10） |
| 附注 | \multicolumn{3}{l}{1. 幅宽77，臀围超过107，每大3，加料6；2. 幅宽110，臀围超过107不宜套裁；3. 幅宽144，臀围超过107，每大3，加料3} | | |

②袋布：50cm。平纹细布，颜色与面料相同或接近。

③拉链：1条，长为开口尺寸+2～3cm。颜色与面料相同或接近。

④无纺衬：50cm。

⑤腰里：1片，长为腰围+10cm。

⑥腰衬：1条，长为腰围+10cm。

⑦配色线：1塔。

⑧四件扣：1副。

⑨纽扣：2粒。

（2）剪裁

①面料、袋布预缩：

在服装裁剪前，通常都要对面、辅料进行预缩处理，如毛料要起水预缩，美丽绸要喷水预缩，羽纱要下水预缩等，熨烫时尽可能在面料的反面进行，烫平皱折，便于划线剪裁。

②设计男西裤成品规格：

号型：170/88A（表2-8）。

男西裤成品规格（cm）　　　表2-8

| 名称 | 裤长(L) | 腰围(W) | 臀围(H) | 直裆 | 脚口 |
|---|---|---|---|---|---|
| 规格 | 104 | 76 | 104 | 30 | 23 |

③男西裤款式图。见图2-14。

④男西裤前后片结构制图。见图2-15。

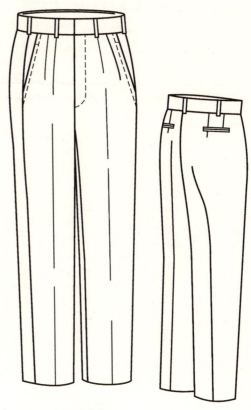

图2-14 男西裤款式图

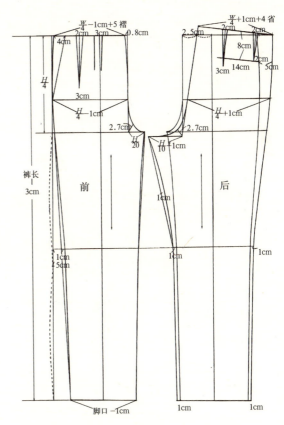

图2-15 男西裤前后片结构制图

⑤男西裤零部件结构制图。见图2-16。

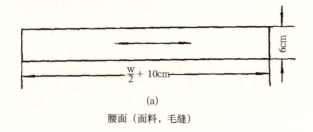

(a) 腰面（面料，毛缝）

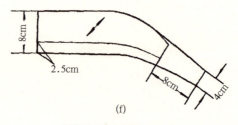

(f) 里襟里（配色里料，毛缝）

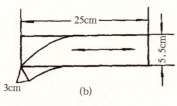

(b) 门里襟（面料，毛缝）

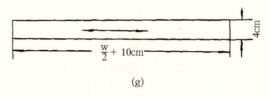

(g) 腰衬（树脂粘合衬，净缝）

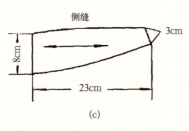

(c) 斜袋垫头（面料，毛缝）

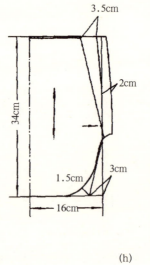

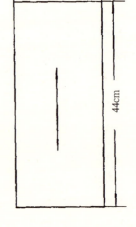

(h) 袋布（毛缝）

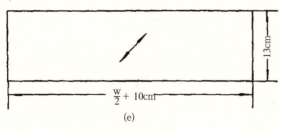

(d) 后袋嵌线、垫头（面料，毛缝）

(e) 腰里（配色里料，毛缝）

图2-16 男西裤零部件结构制图

⑥男西裤放缝排料图。见图2-17。

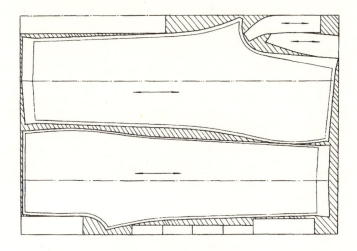

图2-17 男西裤放缝排料图

### 5）详细制作步骤

（1）男西裤工艺流程

打线钉→锁边→收省、钉裆→裤片拔裆→做后袋→合缉侧缝、下裆缝→做门里襟→装拉链→做腰、做串带→装腰→合缉后裆→装四件扣→缉腰节线→缉门襟止口→锁眼、钉扣→整烫。

（2）男西裤组合示意图

见图2-18。

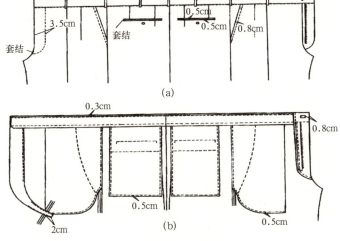

图2-18 男西裤组合示意图
(a)正面图；(b)反面图

（3）男西裤缝制程序

①打线钉

a. 线钉的作用

a）使两裤片长短一致，左右对称。

b）可作缝制组合时的定位标记。例如：收省的大小，贴边的宽窄，袋位的高低和进出等。

b. 打线钉的方法

a）打线钉通常采用白棉纱线（扎纱线），这是因为白棉纱线质地较软，绒头较长，在衣料上钉牢后不易脱落。

b）薄料通常用单线打，呢料通常用双线打，一般以双线一长两短为佳。

c）线钉的疏密可因部位不同而有所变化，通常转弯处、对位标记处可密点，直线处可疏点。

c. 裤子打线钉的部位

前裤片：裆位线，袋位线，中裆线，脚口线，挺缝线。

后裤片：省位线，袋位线，中裆线，脚口线，挺缝线，后裆线。见图2-19。

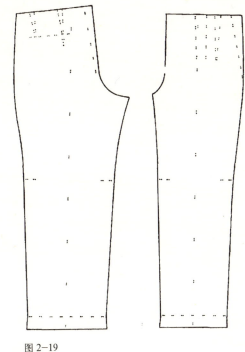

图2-19

②锁边

a. 男西裤需锁边的部件有：前裤片两片，后裤片两片，门襟一片，里襟一片，斜袋垫头两片，后袋嵌线两片，后袋垫头两片。

b. 门里襟用粘合衬烫好后再锁边。

c. 锁边时，裤片一律正面朝上，至转角处，锁边机压脚抬起，以防锁圆。

③收省、钉裆

a. 收省

a）在后裤片反面按省中线捏准省量，靠近裆弯的省长为11 cm（毛），靠近侧缝的省长为8cm（毛），省大1.5cm。

b）腰口处打回针，省尖留5cm线头打结。

c）省要缉得直，缉得尖，缝头朝后裆缝坐倒烫平，并将省尖胖势朝臀部方向推烫均匀。

见图2-20。

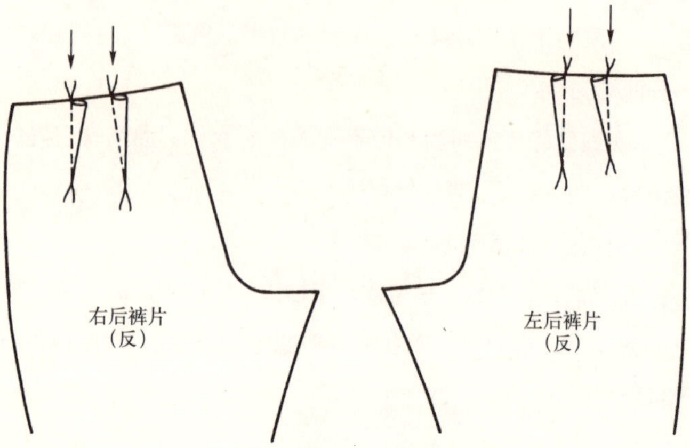

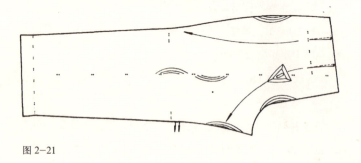

图2-20

b．钉裥

在裤子的反面，将近侧缝的裥位线提起，与近门襟的裥位线重叠，用扎线钉住，再喷水烫顺烫煞。这样裤片反面裥面朝前，裤片正面裥面朝后即成反裥。

④裤片拔裆

裤片拔裆主要指后裤片拔裆。后裤片虽经收省后已有臀部胖势，但与人体体形还不够吻合。将后裤片臀部区域拔伸，并将裤片上部两侧胖势推向臀部，将裤片中裆以上两侧凹势拔出，使臀部以下自然吸进，从而使缝制的西裤更加符合人体体形。具体归拔步骤如下：

a．熨斗从省缝上口开始，经臀部从窿门出来，伸烫。臀部后缝处归，后窿门横丝伸，抹下归，横裆与中裆间最凹处拔，"拔裆"一词由此而来。应当指出，在拔出裆部凹势的同时，裤片中部必产生"回势"，应将回势归拢烫平。

b．熨斗自侧缝一侧省缝处开始，经臀部中间将丝绺伸长，顺势将侧缝一侧中裆上部最凹处拔出。熨斗向外推烫，并将裤片中部回势归拢，然后将侧缝臀部胖势归拢。见图2-21。

图2-21

c．将归拔后的裤片对折，下裆缝与侧缝依齐，熨斗从中裆处开始，将臀部胖势推出。可将左手插入臀部挺缝处用力向外推出，右手持熨斗同时推出，中裆以下将裤片丝绺归直，烫平。见图2-22。

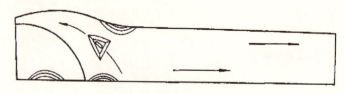

图2-22

⑤做后袋（双嵌线袋）

a．烫粘衬、扎袋布

按线钉在裤片正反面划出后袋位粉印（袋大13.5cm）。拔去线钉，在裤片反面按粉印居中烫上粘合衬（无纺衬长18cm，宽4cm）。高出袋位2cm，扎上长44cm、宽20cm的袋布。见图2-23。

b．准备嵌线、垫头

取18cm长、7cm宽的直料为嵌线条，18cm长、5cm宽的直料为袋垫头，嵌线条一侧抽丝修直，该侧反面沿边烫上5cm宽的纸粘衬，嵌线条另一侧及垫头一侧锁边。嵌线条粘衬一侧向反面扣转1cm，然后以此为基准再扣转2cm，注意宽窄一致，丝绺顺直。

c．缉双嵌线

将扣烫好的嵌线条与裤片正面相合，锁边一侧翻下，上口依齐袋位线，离边0.5cm缉上嵌线，再将锁边一侧翻上，离边0.5cm缉下嵌线。注意缉线顺直，两线间距宽窄一致，起止点回针打牢。见图2-24。服装厂缉双嵌线由开袋机完成，准确、快捷。

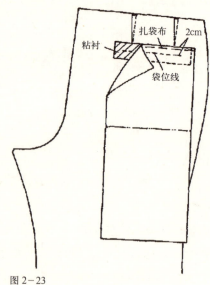

图2-23

二、工作室教学第一单元——下装工艺的设计与制作 37

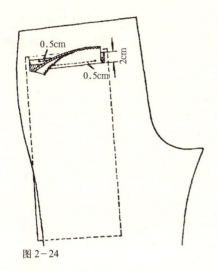

图 2-24

端,沿边 0.3cm 兜缉袋布,最后将袋布上口与腰口缉线固定。见图 2-26。

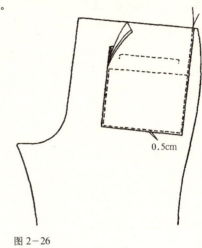

图 2-26

#### d. 烫嵌线

先翻起锁边一侧,居中将嵌线剪开,再沿袋位线在两缉线间居中将裤片剪开,离端口 0.8 cm 处剪成"Y"形。注意既要剪到位,又不能剪断缉线,通常剪到离缉线 0.1cm 处止,并将三角折向反面烫倒,以防毛出。然后将嵌线塞到裤片反面,缝头向裤片坐倒,将嵌线拉挺,并熨烫平服,见图 2-25。

#### e. 缉袋布

a) 在裤片反面拉出袋布,放平嵌线,沿嵌线锁边线内侧将嵌线下口与袋布缉住。

b) 将袋布翻起,上口依齐腰口定位,并覆上垫头,再翻到裤片正面,将袋口右侧裤片翻起,来回四道缉封三角,不断线转过 90°,沿上嵌线原缉线再缉一遍,将嵌线、垫头、袋布一并缉住,再转过 90°,把另一侧三角封住,袋口封线整体呈"门"字形。注意封三角时应将嵌线拉挺,使袋口闭合,袋角方正。见图 2-25。

#### ⑥做斜袋,合缉侧缝、下裆缝

##### a. 做斜袋布

a) 斜袋布正面相合,离袋口 2 cm,缝头 0.3cm 兜缉袋底。

b) 将斜袋布翻正,在袋底缉压 0.5cm 明止口。

c) 将斜袋布置于前裤片的恰当位置,垫头条格与前裤片该处的相应条格对齐,做好标记,沿锁边线内侧将袋垫头与下层袋布缉住。见图 2-27。

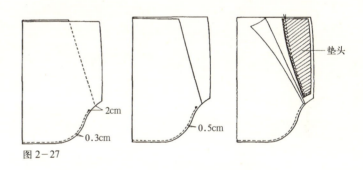

图 2-27

##### b. 做斜袋

a) 在前裤片斜袋位线钉内侧,烫上 1.5cm 宽的直料粘牵带,再按线钉将裤片折转,把袋口烫平。见图 2-28。

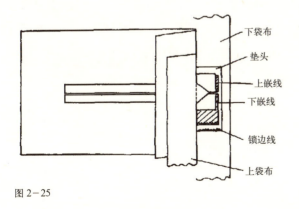

图 2-25

c) 将裤片翻起,沿垫头锁边线内侧将垫头下口与袋布缉住。

d) 将上下层袋布向内折转 0.7cm 对合,包光嵌线垫头两

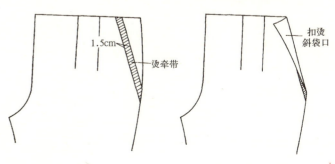

图 2-28

b) 将袋布上层夹入扣烫好的斜袋口内，袋口沿边缉压0.8cm的明止口，将袋布缉住。再移开裤片，将袋口贴边余缝沿锁边线内侧与上层袋布缉住。见图2-29(a)。

b. 装里襟

a) 将拉链右侧依齐里襟里侧，上口平齐，掀起里子，缝头0.6cm缝缉一道。见图2-30（d）。

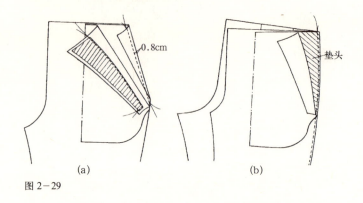

图2-29

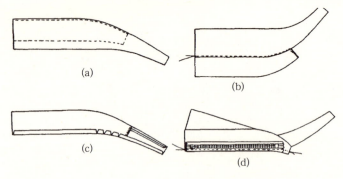

图2-30

c) 摆正袋垫头，移开下层袋布，按腰口下4cm（毛）、袋大15.5cm将斜袋口与袋垫头封住。

c. 合缉侧缝

a) 先将袋垫头上下口宽度与前片该处净样板校合准确，按净缝放0.8cm缝头修准。

b) 前片在上，后片在下，侧缝依齐，0.8cm缝头合缉。注意：中裆线钉对准，上下层横丝归正，松紧一致，以防起涟形。另外，袋位处要移开下袋布，缉至下封口时应将封口紧靠侧缝缉线。见图2-29(b)。

c) 将侧缝分开烫煞。下袋布边沿一个缝头折光闷缉在后片侧缝缝头上。

d. 缉下裆缝

a) 前片在上，后片在下，后片横裆下10cm处适当放点松势。

b) 中裆以下前后片松紧一致，并应注意缉线顺直，缝头宽窄一致。为防爆线，中裆以上缉双线。

c) 将下裆缝分开烫平，烫时应注意横裆下10cm略为归拢，中裆部位略为拔伸。

⑦做里襟、装拉链

a. 做里襟

a) 将反面烫好粘衬，里口锁好边的里襟面和里襟里正面相合，缝头0.6cm，沿外口缉一道。见图2-30（a）。

b) 将里襟面、里拉开，正面朝上，在拼缝的里襟里子一侧缉压0.1cm明止口，将里襟里与缝头缉住。见图2-30（b）。

c) 里襟外口里子坐进0.1cm烫好，里襟里口弯头处打几个眼刀，依齐里襟里口弯头，将里子折转烫好。见图2-30（c）。

b) 将装上拉链的里襟与右裤片门襟边沿依齐，正面相合，则拉链居其中，掀开里子，缝头0.6cm将里襟、拉链、右裤片一并缉住。见图2-31。

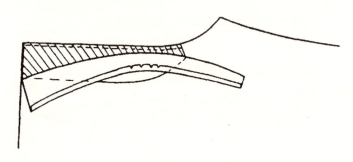

图2-31

c. 合缉小裆

平齐拉链铁结封口下端，做好合裆标记，将左右前裤片正面相合，小裆边沿依齐，以此为起点在0.8cm缝头处合缉小裆。缝缉要求为：起始回针打牢；小裆弯势拉直缉；十字缝口对准，并缉过10cm，为防爆线应缉双线。见图2-32。

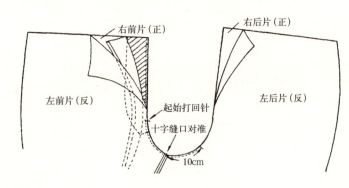

图2-32

#### d. 装门襟

将门襟与左前片正面相合，边沿依齐，缝头 0.6cm 缝缉一道。再将门襟翻出放平，在门襟一侧缉压 0.1cm 清止口。见图 2-33。

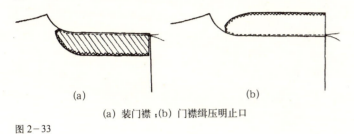

(a) 装门襟；(b) 门襟缉压明止口

图 2-33

#### e. 扎缉里襟里

将里襟面、里摆放平服，在里襟缉缝的大身一侧先用扎线将里子扎住。然后机缉，缉至近封口处朝拉链方向略进 0.2cm 回针打牢。注意：缝缉后下层里襟里应保持平服不皱。

#### f. 缉门襟拉链

将拉链拉上，里襟放平，门襟盖过里襟缉线（封口处 0.3cm，中间 0.6cm，上口 0.8cm）捏住，翻过来在门贴上沿拉链左侧与门襟贴边缉住（缉双线）。见图 2-34。

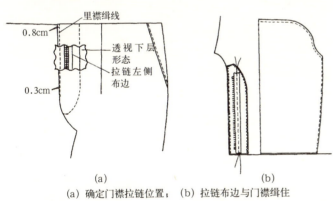

(a) 确定门襟拉链位置； (b) 拉链布边与门襟缉住

图 2-34

#### ⑧ 做腰、装腰

##### a. 做腰

男西裤腰头通常采用分腰工艺，即分别制作左、右两根裤腰，分别装到左、右裤片上，待左右裤片后裆缝缝合时将左右腰头一并缝合。

a) 裁配腰头面、里、衬。左右腰面长度均为 W／2＋10cm（毛），宽度为 6cm（毛），腰里宽 13cm（毛），腰衬宽 4cm，先将腰衬居中粘烫到腰面反面。

b) 将 13cm 宽的腰里（斜料）对折成 6.5cm 宽双层与腰面正面相合，腰里毛边与腰面边沿依齐，0.7cm 缝缉合，并将缝头朝腰里烫倒。

c) 将腰头面里拉开，正面朝上，在腰里一侧缉压 0.1cm 明止口，然后将腰头面里反面相合，腰面坐过 0.3cm 将腰头上口烫好。注意：在腰面一侧做好门里襟、侧缝、后缝对同标记。左腰门襟下腰里可短 6cm。见图 2-35。

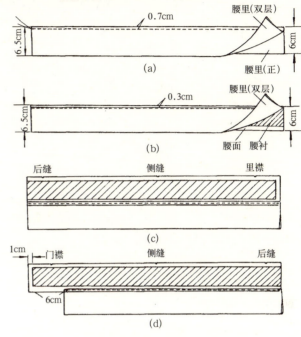

(a) 腰头面里合缉；(b) 完成后腰头形态；
(c) 里襟一侧腰头；(d) 门襟一侧腰头

图 2-35

##### b. 做串带

取 10cm 长、3cm 宽的直料 7 根做串带。将串带正面相合，边沿依齐，0.4cm 缝头缉一道。然后让缝子居中，将缝头分开烫煞。用镊子夹住缝头将串带翻到正面，让缝子居中将串带烫直烫煞。再在串带正面沿边缉压 0.1cm 明止口。见图 2-36。

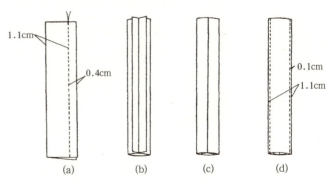

(a) 缉串带；(b) 分烫串带；(c) 翻烫串带；(d) 缉止口

图 2-36

##### c. 装腰

a) 修顺腰口，校正尺寸。

b) 串带与裤片正面相合，上端平齐裤片上口，离边 0.5cm

缉一道定位，离边 2cm 来回四道缉封串带。左右裤片各缉三根串带，位置分别为：前裆裆面，侧缝垫头一侧，侧缝、后缝的居中位置。见图 2-37。

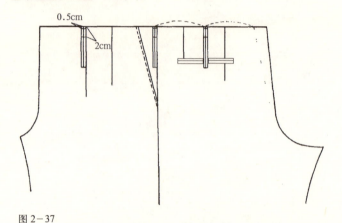

图 2-37

c) 腰面与裤片上口正面相合，装腰眼刀对准，边沿依齐，0.8cm 缝头缉合。装腰时应注意将门襟拉出放平，腰面应长出门襟 1cm。见图 2-38。

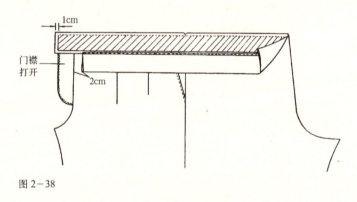

图 2-38

d. 合缉后裆缝

将左右后裤片正面相合，后中腰里打开放平，头面与面、里与里正面相合，上下层依齐，由原裆缝缉线叠过 4cm 起针，按线钉缉向腰口。注意后裆弯势拉直缉线，腰里下口缉线斜度应与后裆缝上口斜度相对应，为防爆线后裆缝应缉双线。

e. 装四件扣

门襟侧腰头装裤钩，高低以腰宽居中为标准，进出以前端进 0.8cm 为适宜。里襟侧腰头装裤襻一枚，高低进出与裤钩位置相适宜。见图 2-39。

f. 缉封腰头端口

门襟侧腰头与门襟贴边一起向里折转，腰头端口与门襟止口一并烫直烫顺。里侧腰面毛口按门襟贴边锁边线折光包转，用扎线将门襟腰端上口及折光边一并扎定。里襟侧腰头端口采用缉翻工艺，即把腰头端口面里正面相合，里子拖出 0.3cm 缉

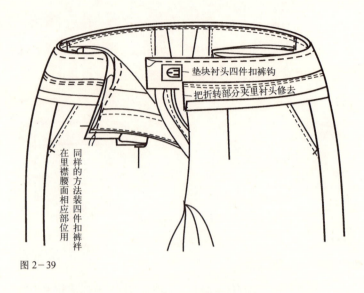

图 2-39

合。再将面里翻正，沿里襟止口将里襟侧腰头端口扣烫顺直，注意里子坐进 0.3cm。

g. 扎缉腰节线

缉腰节线前，先把后缝上段分开烫煞，再将腰面烫直烫顺，装腰缝头朝腰口坐倒，顺便将后中一根串带装上。用手工将腰头面、里、衬扎定，然后绷挺腰面与大身，自门襟侧开始，在装腰线下 0.1cm 处缉别落缝，将腰里缉住。缉腰节线应注意上下层一致，上层面子应用镊子推送，下层里子当心坡下起涟形，应保证腰里平服。见图 2-40。

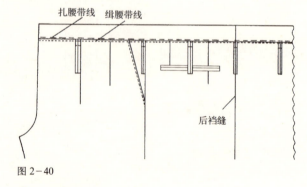

图 2-40

h. 缉封穿带

将穿带向上翻正，平齐腰口折光，上口离边 0.3cm，来回缉压四道明线，将串带上口封牢。注意封线反面只缉住坐转的腰面，而不能缉住腰里。见图 2-41。

⑨缉门襟止口，缉小裆布

门襟正面朝上放平，按 3.5cm 宽划上粉印，注意圆头下端位于拉链铁封口下 0.5cm 处，将圆头划准划顺。然后由圆头至腰口按粉印缉线，将门襟贴边缉住。为防止出现坡势，缝缉时上层面料可用镊子推送，或用硬纸板压缉。

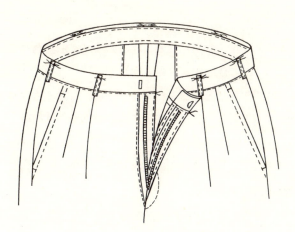

图 2-41

将前、后裆分开烫煞。在铁凳上将小裆轧烫平整,小裆布覆盖在裆底缝头上,下口折光,沿小裆布两侧折光边缉压0.1cm明止口,将小裆布与裤片裆底缝头缉住。

⑩缲脚口、锁眼、钉扣、打套结

a. 缲脚口

将裤子反面翻出,按脚口线钉将贴边扣烫准确,并沿边用扎线将贴边扎定,然后用本色线以三角针沿锁边线将脚口贴边与大身绷牢。注意绷线应松点,大身只缲住一两根丝缕,裤脚正面不露针迹。

b. 缲腰头端口

门襟侧腰头端口上方及里侧用手工暗针缲牢。

c. 锁眼、钉扣

后袋嵌线下1cm居中锁圆头眼一只,眼大1.7cm。袋垫头相应位置钉纽扣一粒,纽扣大1.5cm。

d. 打套结

斜袋口上下封口、小裆封口打上套结。套结可用套结机打,亦可用家用多功能缝纫机打或手工制作。

⑪整烫

整烫前应将裤子上的扎线、线钉、线头、粉印、污渍清除干净,按先内而外、先上而下的次序,分步整烫。

a. 先烫裤子内部

在裤子内部重烫分缝,将侧缝、下裆缝分开烫煞,把袋布、腰里烫平。随后在铁凳上把后缝分开,弯裆处边烫边将缝头拔弯,同时将裤裆轧烫圆顺。

b. 熨烫裤子上部

将裤子翻到正面,在铁凳上先烫腰、门襟、里襟、裥位,再烫斜袋口、后袋嵌线。烫法是:上盖干布两层,湿布在上,干布在下。熨斗在湿布上轻烫后立即把湿布拿掉,随后在干布

上把水分烫干,不可磨烫太久,防止烫出极光。熨烫时应注意各部位丝缕是否顺直,如有不顺可用手轻轻捋顺,使各部位平挺圆顺。见图2-42。

图 2-42

c. 烫裤子脚口

先把裤子的侧缝和下裆缝对准,然后让脚口平齐,上盖干湿水布熨烫,烫法同上。

d. 烫裤子前后挺缝

应将侧缝和下裆缝对齐。通常,裤子的前挺缝线的条子或丝缕必须顺直,如有偏差,应以前挺丝缕顺直为主,侧缝、下裆缝对齐为辅。上盖干湿水布熨烫,烫法同上。将干湿水布移到后挺缝上,先将横裆处后窿门捋挺,把臀部胖势推出,横裆下后挺缝适当归拢,上部不能烫得太高,烫至腰口下10cm处止,把挺缝烫顺、烫煞。然后将裤子调头,熨烫裤子的另一片,注意后挺缝上口高低应一致。烫完后应用衣架吊起晾干。见图2-43。

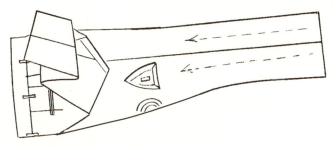

图 2-43

## 项目(二)服装企业裙、裤子生产工序分析与制订

### 1. 缝制工序分析与制订

在服装生产过程中,由于专用机器设备和劳动分工的发展,服装制品生产过程分若干个工艺阶段,每个工艺阶段又分成不同工种和一系列上下联系的"工序"。

**1）工序**

是构成作业系列的分工单位，是生产过程的基本环节，是工艺过程的组成部分。它既是组成生产过程的基本环节，也是产品质量检验、制定工时定额和组织生产过程的基本单位。

**2）工序分析**

是一种基本的产品现状分析方法，是把握生产分工活动的实际情况，按工序单位加以改进的最有效的方法。

要明确工序顺序，编制工序一览表，明确加工方法，能理解成品规格及质量特征。能按工序单位加以改善，并跟其他水准作比较。能当做动作改进的基础资料，从中挑选出进一步改进的重点，以成为生产设计的基础资料。

**3）工序分析的表示方法（表2-9）**

工序分析的表示方法　　表2-9

| 工序分类 | 符号 | 内容说明 |
|---|---|---|
| 加工 | ○ | 按作业目的，为了下段工序作准备的状态 |
| 搬运 | o | 把物品由一个位置移到另一个位置的状态 |
| 检验 | □ | 测定物品，把其结果跟基准比较而作好与不好的判定时的状态 |
| 停滞 | ▽ | 物品既不加工，也不搬运和检验，处在储存或暂时停留不动的状态 |

注：物品是指面料、辅料、半成品或成品。

**4）缝制用符号（表2-10）**

缝制用符号　　表2-10

| 符号 | 内容说明 |
|---|---|
| ○ | 平缝作业 |
| ○ | 特种缝纫机缝纫作业 |
| ◎ | 手烫、手工作业 |
| ◎ | 机器熨烫作业 |
| o | 搬运作业 |
| □ | 数量检验 |
| ◇ | 质量检验 |
| ▽ | 裁片、半成品停滞 |
| △ | 成品停滞 |

**5）工艺工程分析**

（1）为了保证服装加工各工序的顺序性，依据测定工序时间统计表中的顺序，顺次排列工序。

（2）工序流程图由基本线和分支线组成，基本线为工序流程图的主要干线，一般是以加工的主要部件为主体而形成的。分支线则是由非主要部件形成的。基本线和分支线的起始点必须由前面没有任何加工的初始工序开始，一般以服装的前片加工为基本线。

（3）各道加工工序的编号及名称，对某些名称含义不明确的特殊工序还应注明具体工作内容。

（4）各道加工工序在流水作业生产加工中的先后程序和流向。

（5）各道加工工序所需要的设备和工艺装备。

实例1：男式西裤工艺工程分析（图2-44、图2-45）

男西裤的缝制，可以分成以下几个部分：

前片缝制 → 上拉链 → 后片缝制 → 合前后片 → 上腰头 → 整烫。

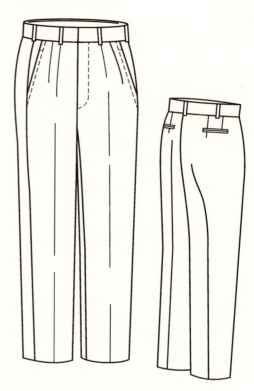

图2-44

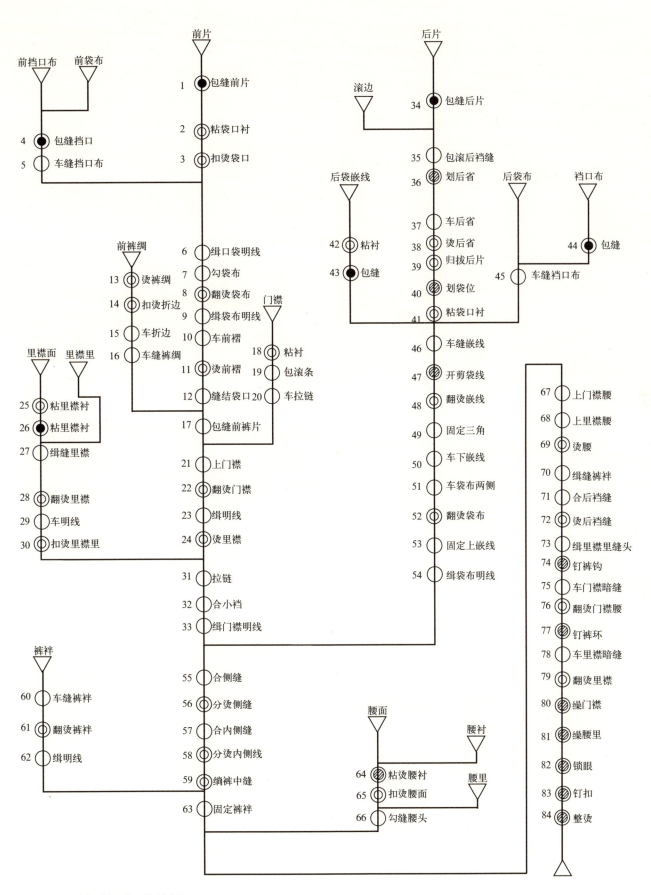

图 2-45 男式西裤工艺工程分析图

实例2：裙子工艺工程分析（图2-46、图2-47）

裙子的缝制，可以分成以下几个部分：

做准备工作→收省→缉后缝→装拉链→合侧缝→做里子→绷里子→装腰→钉挂钩→扦底边→整烫。

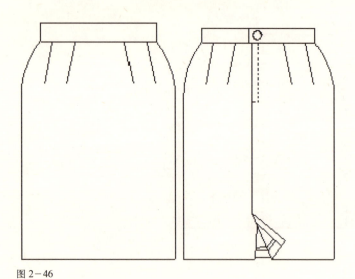

图2-46

### 6）工序编制（工序组合）

工序编制是将要制作的产品部件，合理分配给有能力做相应工序的作业员，且每个作业员完成的工作量需大致相当，使生产线尽可能平衡。

工序编制的目标：

(1) 尽可能有效地利用时间；

(2) 保证生产过程最短；

(3) 确保流水线平衡稳定地运行，不出现瓶颈现象。

工序编制的目的：

(1) 获得平衡的生产线；

(2) 减少制品的传递时间和降低生产成本；

(3) 减少制品数量，更好地利用空间，改善工作环境；

(4) 有关产量的相关数据，可在平衡的生产线上轻松获得，有利于对生产进度的监制；

(5) 减少作业人员的流失。一个恰当而平衡的生产线，使工人有足够的时间完成其工作，不会超负荷劳动。同时，由于每个工人的工作量接近，不会出现人为的劳动纠纷现象。合理的工序编制计划或方案，会有效地减少人员的流失。

基于上述目的，工序编制时可以从以下几个方面考虑：

(1) 以时间为基准，力求各个工位的作业时间相近，不出现瓶颈现象。如某产品平均加工时间为114s，若工序编制时将

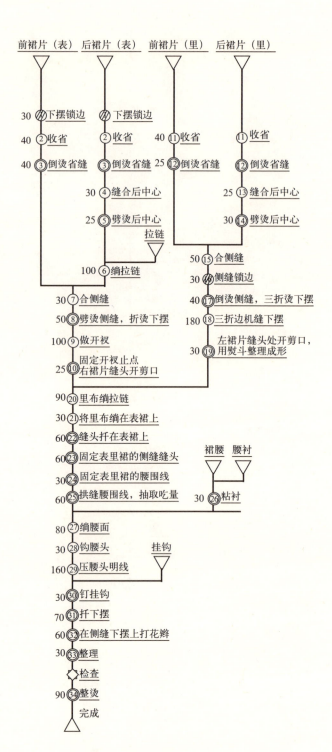

图2-47 西服裙工艺工程分析图

各工位的加工时间都安排为114s，即制品在各工位，同一时间完成，此时称为"同步"，表明生产线达到完全平衡。但实际生产中，要实现这一理想状态是不可能的。一般编制效率达到85%以上时，生产可基本保持平衡。

在以时间为基准分配工序时，可以考虑三个方案：

①一个人完成一个工序或几个人完成一个工序。这种方案适用于少品种、大批量的生产。工序细分使作业人员的操作专业化，有利于作业速度和质量的提高，但作业人员对新品种的适应性较低，在更新品种时，生产会受到较大影响。

②性质相近的工序归类，交给一个工位的作业人员完成。此方案可用于多品种、少批量的生产。因作业人员每次都需完成不同工序，适应性较强，更换品种时，能较快地接受新任务，但人员的培训费用较大，必须使用熟练工。此外，因相近工序合并，会出现制品逆流交叉现象，致使工序间的管理有一定的困难。

③一人完成几种性质不同的工序，可适应多品种生产，且不会出现逆流次序交叉现象。因一人负责几台机器的操作，设备投资费用较大。

（2）按缝制加工工序的先后顺序，依次安排工作内容，尽可能避免逆流交叉，以减少制品在各个工位间的传递，有效地利用时间，缩短加工过程。

（3）零部件加工工序与组合加工工序分开，由不同的作业员完成。如果某作业员的工作内容中既有零部件加工又有组合加工，势必出现半成品回流现象，增加了制品的传递距离。

（4）考虑作业人员本身的特点，即作业人员的技能要与所分配的工作相匹配。如根据工序的难易程度和所需时间，将工作难度系数较高、加工时间较长，或某些关键部位的工序，安排给技能好的人员；而加工时间较少、较为简单的工序，由作业新手或技能一般的工人完成；最初的工序可分给产量稳定的作业人员，以防出现供不应求的现象，保证生产的连续性；零部件组合工序，应安排给细心又有判断力的人员，以便能及时发现问题，避免组装后发现问题再返工，造成不必要的损失。

实例3：男式西裤工序编制（组合，表2-11）

男式西裤工序编制（组合）　　　　　　　表2-11

| 序号 | 加工类型 | 设备 | 工序组合内容 | 人数 |
| --- | --- | --- | --- | --- |
| 1 | 特种机 | 锁边机 | 1、4、26、34、43、44 | 2 |
| 2 | 手工 | 熨斗 | 2、3、8、11、13、14、18、22 | 3 |
| 3 | 机工 | 平缝机 | 35、37、45、46、49、50、51、53、54 | 4 |
| 4 | 机工 | 平缝机 | 5、6、7、9、10 | 2 |
| 5 | 机工 | 平缝机 | 12、15、16、17 | 2 |
| 6 | 机工 | 平缝机 | 21、23、31、32、33 | 2 |
| 7 | 机工 | 平缝机 | 19、20、27、29 | 2 |
| 8 | 手工 | 熨斗 | 24、25、28、30、47、48 | 2 |
| 9 | 手工 | 熨斗 | 36、38、39、40、41、42、52 | 2 |
| 10 | 机工 | 平缝机 | 55、60、62 | 2 |
| 11 | 机工 | 平缝机 | 57、63、66 | 2 |
| 12 | 手工 | 熨斗 | 56、58、59、61、64、65 | 3 |
| 13 | 机工 | 平缝机 | 67、68、70、75、78 | 2 |
| 14 | 机工 | 平缝机 | 71、73 | 2 |
| 15 | 手工 | 熨斗 | 69、72、76、79 | 2 |
| 16 | 手工 | 熨斗 | 74、77 | 1 |
| 17 | 手工 | 熨斗 | 80、81 | 1 |
| 18 | 特种机 | 锁眼机、钉扣机 | 82、83 | 2 |
| 19 | 手工 | 熨斗 | 84 | 2 |

注：表中工序编号参见图2-45男式西裤工艺工程分析图。

**实例4：西服裙工序编制（组合）**

图2-47所示女裙缝制工艺流程，总加工时间为1705s，未标明时间的工序为外发加工，不考虑编入流水线，已知流水线中作业人数为30人，进行工序编制。

编制方法：

(1) 算出个人节拍和小组节拍，编制效率力争达90%以上；

(2) 以主要部件、零部件加工与组合加工工序尽量分开为原则，按流程的先后顺序，将各工序分配给相应的小组；

(3) 小组内的编制要考虑作业的性质、工序的难易程度等因素，尽可能将同种或同性质的工序由组内某一人完成。

以图2-46、图2-47所示女裙为例，将生产线中的30名工人分成14个小组，每组1~3名。个人节拍为1700/30=56.67s，小组节拍为56.83×2=113.34s或56.83×3=170.01s。每个组的作业时间，按人数尽量与相应的小组节拍靠拢。以小组方式进行工序编制，得出编制方案（表2-12）

特种机和熨烫台等。

(2) 保证半成品移动距离最短，尽量避免交叉、倒流现象。

(3) 根据服装加工顺序明确地划出主流和支流，工序流程应便于掌握，一目了然。

(4) 特种机可按服装加工顺序安排，若流水线规模小，不能充分发挥作用时，可单独安排，供几条流水线同时使用，但要尽量保证使用方便，半成品传送距离短。

(5) 基本型的配置要有弹性，以方便款式变化的适应性。

(6) 工序间的半成品传递，尽可能利用传递台、堆放台滑槽等搬运工具，以使流程圆滑畅通。

**2) 工作地的配置方式**

横列式布置：加工设备基本上按服装制作流程布置，机器设备两侧相连接，横向排列一长排，通常是两排机器相对排列，如图2-48所示。这种排列方式，占地面积小，缝制作业符合"左拿前放"的作业要求。

西服裙缝制工序编制（组合）方案　　　　　　　　　表2-12

| 小组编号 | 作业性质 | 工序组合 | 作业时间（s） | 人数 | 组内节拍（s） |
|---|---|---|---|---|---|
| 1 | 锁边机锁边 | 1、1′、16 | 60 | 1 | 60 |
| 2 | 手工熨烫 | 3、3′、5、8 | 115 | 2 | 57.5 |
| 3 | 平缝作业 | 2、2′、4、7 | 100 | 2 | 50 |
| 4 | 平缝作业 | 9、10 | 125 | 2 | 62.5 |
| 5 | 平缝作业 | 6、20 | 100 | 2 | 50 |
| 6 | 平缝作业 | 11、11′、13、15 | 115 | 2 | 57.5 |
| 7 | 平缝作业 | 18 | 180 | 3 | 60 |
| 8 | 手工熨烫 | 12、12′、14、17、19 | 125 | 2 | 62.5 |
| 9 | 手工作业 | 21、22、23、24、25 | 180 | 3 | 60 |
| 10 | 手工熨烫 | 26 | 50 | 1 | 50 |
| 11 | 平缝作业 | 27、28 | 110 | 2 | 55 |
| 12 | 平缝作业 | 29 | 160 | 3 | 53.3 |
| 13 | 手工作业 | 30、31、32 | 160 | 3 | 53.3 |
| 14 | 手工，手烫作业 | 33、34 | 120 | 2 | 60 |

注：表中工序编号参见图2-47西服裙工艺工程分析图。

## 2. 生产布局

工作地的安排：

工作地的安排就是组合工序的安排或机器设备的配置，工序组合后，流水线生产过程是否畅通与工作地安排是否合理密切相关。

**1) 工作地的配置原则**

(1) 所用的机器设备、器具全部都要安排，包括平缝机、

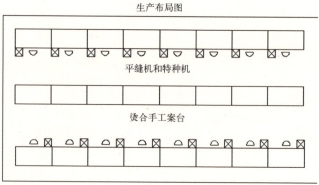

图2-48

### 3）流水线生产安排

（1）划分加工工序及确定各加工时间。

（2）绘制工艺流程图。

（3）计算标准作业时间、节拍、节拍范围：

①标准作业时间 = 操作时间 × （1+浮余率）

②节拍 = 总加工时间 / 作业人数

（4）流水线日产量：

①流水线日产量 = 每天工作时间 / 一件制品总加工时间 × 流水线人数 × 编程效率

②编程效率 = 理论人数 / 实际人数 × 100%

③生产线人数 = 总加工时间 / 节拍

## 3. 制定质量检验标准

缝制质量与成衣质量密切相关。加强对缝制质量的控制，是对缝制质量予以分析和评定，也就是严格执行工艺技术规定和加强半成品的质量检验。

**1）首先对裁片进行监督检查，严格执行"四核对"、"五不投产"、"八项工艺规定"制度。**

（1）四核对：领到裁片后与生产通知单核对；核对规格；核对片数；核对辅料。

（2）五不投产：没有样板不投产；裁片质量不合格不投产；没有工艺文件不投产；操作要求不清不投产；辅料不齐、不合标准不投产。

（3）八项工艺规定：严格各部位推归拔烫规定；严格各部位缝制技术规定；严格各部位针码规定；严格各部位对称互差规定；严格各部位对格、对条规定；严格各部位疵点色差规定；严格各部位镶嵌缀补规定；严格执行文明生产规定。

（4）检查裁片是否有油污、脏残，部位色泽是否保持一致，规格及对称部位尺寸误差是否在允许范围之内，如发现问题应及时与主管部门和裁剪车间联系。

**2）检查缝制线路是否直顺，吃势是否均匀，对未达到质量标准的，应责令工序责任人返修。**

**3）做好产品首件鉴定工作，保证产品质量符合于技术工艺和质量标准。**

**4）缝制半成品的检查**（如表2-13、表2-14）

（1）部件外形是否符合设计要求，应与标准纸样进行对照检查。

（2）缝合后外观是否平整，缝缩量是否过少或过量。

（3）线迹的数量及线迹的光顺程度是否符合质量规定。

（4）半成品熨烫成形质量是否符合设计要求，有无烫黄、污迹等沾污现象。

实例5：男西裤半成品质量检查表（表2-13）

男西裤半成品质量检查表　　　　表2-13

| 制品 | 男式西裤 | 制品中间检查 | | 检查时间 | | 年 月 日 |
|---|---|---|---|---|---|---|
| 检查数 | 件 | | | | | |
| 不良数 | 件 | | | | | |
| 检查项目 | 检查部位 | 裁剪不良 | 缝制不良 | 整烫不良 | 外观尺寸 | 合计 |
| 裤前片 | 侧袋 袋口尺寸 | | | | | |
| | 侧袋 袋口明线 | | | | | |
| | 侧袋 袋布 | | | | | |
| | 侧袋 挡口布 | | | | | |
| | 褶 褶裥量 | | | | | |
| | 褶 褶位 | | | | | |
| | 拉链 门襟明线 | | | | | |
| | 拉链 拉链 | | | | | |
| | 拉链 掩襟 | | | | | |
| 裤后片 | 后袋 袋牙 | | | | | |
| | 后袋 袋口尺寸 | | | | | |
| | 后袋 挡口布 | | | | | |
| | 后袋 袋布 | | | | | |
| | 省 省位 | | | | | |
| | 省 省量 | | | | | |

续表

| 制 品 | 男式西裤 | 制品中间检查 | | 检查时间 | | 年　月　日 |
|---|---|---|---|---|---|---|
| 检查数 | 件 | | | | | |
| 不良数 | 件 | | | | | |
| 检查项目 | 检查部位 | 裁剪不良 | 缝制不良 | 整烫不良 | 外观尺寸 | 合计 |
| 前后片缝合 | 侧缝 | 侧缝线迹 | | | | |
| | | 侧缝熨烫 | | | | |
| | 裆线 | 前后裆线 | | | | |
| | | 裆线熨烫 | | | | |
| | 脚口 | 脚口折边 | | | | |
| | | 脚口熨烫 | | | | |
| 腰 | 腰头 | 腰头宽 | | | | |
| | | 腰明线 | | | | |
| | | 穿带袢 | | | | |
| 熨烫 | 半成品 | 烫迹线 | | | | |
| | | 口袋 | | | | |
| | | 腰头 | | | | |
| | | 门襟 | | | | |
| | | 脚口 | | | | |
| | | 裆线 | | | | |
| | | 侧缝线 | | | | |
| 其他 | 部位 | 缺点件数 | | | | |
| | | 不良理由 | | | | |
| | | 处理 | | | | |

实例6：西服裙半成品质量检查表 （表2-14）

西服裙半成品质量检查表　　　　　表2-14

| 制 品 | 西服裙 | 制品中间检查 | | 检查时间 | | 年　月　日 |
|---|---|---|---|---|---|---|
| 检查数 | 件 | | | | | |
| 不良数 | 件 | | | | | |
| 检查项目 | 检查部位 | 裁剪不良 | 缝制作业不良 | 整烫作业不良 | 外观尺寸 | 合计 |
| 后片 | 面里 | 省位 | | | | |
| | | 省量 | | | | |
| | | 后中缝 | | | | |
| | | 后开衩 | | | | |
| | | 拉链 | | | | |
| 前片 | 面里 | 省位 | | | | |
| | | 省量 | | | | |

续表

| 制品 | 西服裙 | 制品中间检查 | | 检查时间 | | 年 月 日 | |
|---|---|---|---|---|---|---|---|
| 检查数 | 件 | | | | | | |
| 不良数 | 件 | | | | | | |
| 检查项目 | 检查部位 | 裁剪不良 | 缝制作业不良 | 整烫作业不良 | 外观尺寸 | 合计 | |
| 前后片缝合 | 侧缝 | 侧缝线迹 | | | | | |
| | | 侧缝熨烫 | | | | | |
| | 下摆 | 下摆折边 | | | | | |
| | | 下摆熨烫 | | | | | |
| 腰 | 腰头 | 腰头宽 | | | | | |
| | | 腰明线 | | | | | |
| 熨烫 | 半成品 | 烫迹线 | | | | | |
| | | 腰头 | | | | | |
| | | 后开衩 | | | | | |
| | | 后中缝 | | | | | |
| | | 下摆 | | | | | |
| | | 侧缝线 | | | | | |
| 其他 | 部位 | 不良理由 | | | | | |
| | | 缺点件数 | | | | | |
| | | 处理 | | | | | |

### 5）成品质量检查

（1）成品质量检查的程序

①对照生产指示书，确认各种缝制的外观与操作规定指标。

②为迅速、准确地检查成品质量，常规的检查顺序：自上而下检查，外观检查后翻向里侧检查，自左而右检查。

③检查的姿势宜以检查者站立检查为宜。将成品穿在人体模型上，然后站立检查，这样视野开阔、整体感强。

④检查的重点放在成品的正面外观上，然后翻向里侧，检查成品的里布外观，最后检查线迹等细微质量。

⑤服装规格的测量主要是控制部位的规格尺寸，但也必须包括口袋大小等细部规格的尺寸。

⑥成品质量的检查结果必须记录在册，以便作为以后同类产品的参考资料。

（2）成品质量检查的内容

①裁剪质量

布纹是否歪斜；部件形状是否正确；有手向的布料各部位倒顺是否一致；对位记号作得是否正确。

②对条对格

除特殊造型外，必须对条对格，衣身、部件的左右两边必须条格一致。腰头的左右条格是否一致；前后裙身条格是否一致；后裙身的左右两片条格是否一致。

③缝份量

缝份是否适合于所用材料（面、里）；缝份是否适合于所采用的缝合形式（缝型）；折边缝的外观是否有斜裂现象。

④布料的折边量

折边量是否适合所用材料（面、里）；折边量是否均匀一致；折边是否平整；下摆的面布和里布的折边量是否相配。

⑤粘衬质量

粘合后面布是否起泡、起皱；面布表面是否有胶溢出；面布粘衬后是否产生变色现象；面布粘衬后尺寸规格是否产生变化；粘衬后面布能否做出所希望的风格。

⑥缝线

缝线的材料与支数是否与面、里布相符；缝线是否耐洗与耐磨；缝线是否褪色与收缩；缝线是否与面、里料同色或同色系（装饰线迹除外）。

⑦针迹

是否按指定的针迹数进行缝制；是否按与面、里料相符的针迹数进行缝制；是否按与缝型相符的针迹数进行缝制；是否按与缝线相符的针迹进行缝制。

⑧缝迹

缝迹宽紧状态是否均匀；缝迹是否歪斜；缝迹的伸缩性如何；缝迹开始与结尾的倒回针是否牢固；缝迹是否有脱线现象。

⑨止口

各部位的缝制是否良好；面线与底线宽紧是否相配；缝线是否牵紧；缝线是否有浮线；缝线是否脱线；止口缝迹宽窄是否一致；止口缝迹开始与结尾是否一致；缝纫机送布齿的痕迹是否留下。

（3）质量检查的作用

①保证作用：保证凡是不符合质量标准的不合格品，不送到下道工序和用户。

②预防作用：预防不符合质量标准的产品制造出来。

③评价作用：掌握和评价有关质量的实际情况，为质量管理活动提供信息和决策情报。

实例7：男西裤成品质量检验合格表（表2-15）

男西裤成品质量检验合格表　　　　　　　　　　　　　表2-15

| 项目 | 序号 | 轻缺陷 | 重缺陷 |
|---|---|---|---|
| 缝制及外观质量 | 1 | 裤腰头左右宽窄互差大于0.4cm，长短互差大于1cm | — |
| | 2 | 腰头面、衬、里不平服，腰里明显反吐，上腰明显不顺，松紧不平 | — |
| | 3 | 省道长短、左右不对称，互差大于0.8cm | — |
| | 4 | 穿带长短互差大于0.6cm，前后大于0.6cm，高低互差大于0.3cm | 串带钉得不牢（一端掀起） |
| | 5 | 门里襟长短互差大于0.3cm，门襟止口明显反吐，门祥缝合明显松紧不平 | — |
| | 6 | 小裆，后裆缝明显不圆顺、不平服，缝结不齐，裤底不平，后缝少一趟线 | 各部位缝结不牢固，后缝平拉短线 |
| | 7 | 锁眼偏斜，扣与眼位互差大于0.3cm，拉锁不顺直、不平服 | 锁眼短线、开线，扣掉落 |
| | 8 | 侧袋口明显不平服、不顺直，两袋口大小互差超过5cm | — |
| | 9 | 侧袋口高低、前后差大于0.5cm | — |
| | 10 | 后嵌线宽窄大于0.2cm，袋布垫底不平服 | 袋口明显毛露 |
| | 11 | 侧缝不顺、不平服，缝子没劈开 | — |
| | 12 | 侧缝与裆缝不相对（裤烫迹线错位），横裆处两缝大于0.8cm，裤脚口两缝互差大于0.5cm | — |
| | 13 | 两裤腿长短不一致，互差大于0.3cm | 两裤腿长短不一致，互差大于0.8cm |
| | 14 | 两裤腿、脚扣左右大小不一致，互差大于0.3cm | 两裤脚、脚口左右大小不一致，互差大于0.6cm |
| | 15 | 裤脚口不齐，吊脚大于0.6cm | 裤脚口明显不齐，吊脚大于1.0cm |
| | 16 | 裤脚口折边宽度不一致，贴脚条止口外露，不一致，位置不准确，互差大于0.6cm | — |
| | 17 | 缝纫线路明显不牢固、不顺直，面、底线松紧不适宜，接线处明显不重合 | 链式线跳线 |
| | 18 | 缝合处连续跳针（30cm内出现两个单跳针按连续计算） | 表面部位毛、脱、漏（影响使用和牢固） |
| | 19 | 针距密度不符合标准规定 | — |
| | 20 | 对条、对格超指标50%以上 | 对条、对格超指标的100%以上 |
| | 21 | 所钉商标明显偏斜，号型标志不清晰 | 号型表示方式方法不符合国家标准规定 |
| | 22 | 各部位熨烫不平服，产品有水花、亮光、污渍 | 有较严重污渍 |
| | 23 | 表面有大于1.5cm的死线头5跟以上 | — |
| 色差 | 24 | 表面部位色差超过本标准规定的0.5级，缝线、纽扣与面料色泽差异明显 | 表面部位色差超过本标准规定1级以上 |
| 疵点 | 25 | 1部位超过标准规定 | 2、3部位超过标准规定 |
| 规格 | 26 | 超过规定指标的50%以内 | 超过规定指标的100%以内 |
| 拼接 | 27 | 不符合国家标准规定 | — |

实例8：男西裤成品检验要领（检查员职责）（表2-16）

男西裤成品检验要领（检查员职责）　　　　　表2-16

| 序号 | 检查顺序 | 动作 | 检查要领 |
| --- | --- | --- | --- |
| 1 | 左边全体 | 左手拿腰部，右手拿裤脚 | 全体的感觉 |
| 2 | 侧边 | 看左边全体 | 缝合，布纹歪斜 |
| 3 | 侧袋 | 插进手，看袋口及贴边 | 打结，缝合堵塞，袋垫，贴边 |
| 4 | 后袋 | 插进手看袋口及贴边 | 滚边，打结，钉纽，锁眼，袋垫，贴边及缝合 |
| 5 | 腰部 | 双手提裤带袢 | 裤带袢缝合，位置，腰明线，针码 |
| 6 | 下裆 | 上手拉开 | 缝合平滑、稳定 |
| 7 | 后裆 | 左手斜放，拉到前面 | 缝合、接缝情况 |
| 8 | 裤裆 | 左手放在裤裆下，右手拿下裆 | 裤缝法，打结，下裆接缝 |
| 9 | 前门襟 | 关拉链，右手插进里面 | 门襟搭门，缝法，裤钩位及钉法 |
| 10 | 门襟拉链 | 开拉链，露掩襟 | 拉链缝法，打结，锁眼 |
| 11 | 门襟里 | 左手拿门襟上面，右手拿裤裆 | 包缝，缝份，吊，松 |
| 12 | 臀腰部 | 双手插进腰内作弧状 | 后裆缝合，裤带袢，腰里，后袋位 |
| 13 | 腰里 | 门襟向前，翻腰里 | 腰里缝，打结，宽松量 |
| 14 | 侧袋袋布 | 拿袋布 | 包缝，袋布上端回针，暗袋 |
| 15 | 后袋袋布 | 双手拿袋布 | 包缝，袋布上端回针 |
| 16 | 侧缝 | 双手拿上下拉 | 锁边，缝份，劈烫 |
| 17 | 下裆 | 翻看下裆 | 锁边，缝份，劈烫 |
| 18 | 后裆 | 翻看后裆 | 锁边，缝份，劈烫，双缝 |
| 19 | 裆垫布 | 看拉垫条 | 垫布缝法 |
| 20 | 裤脚 | 对齐侧边及下裆 | 左右裤脚宽，裤脚条 |
| 21 | 裤膝绸 | 翻看前片 | 松紧量 |
| 22 | 裤前后 | 双手拿腰上面，提起 | 前后看长短 |
| 23 | 裤左右 | 双手拿腰前后，提起 | 两侧看长短 |
| 24 | 外观效果 | 双手拿腰，撑开 | 裤型，美观度 |

实例9：西服裙成品质量检验合格表（表2-17）

西服裙成品质量检验合格表　　　　　表2-17

| 检验次序及项目 | 检验方法 | 检验部位 | 质量要求 | 轻缺陷 | 重缺陷 | 严重缺陷 |
| --- | --- | --- | --- | --- | --- | --- |
| 1 外观 | | | | | | |
| 1.1 前身 | 目测 | 前身 | 产品整洁美观，无污渍、粉印，各部位整烫平服，无烫黄、水渍、亮光；粘合衬无渗胶、脱胶，省缝平服对称 | 面1.5cm以上2根以上线头，里4根以上，有明显粉印、油脏、亮光、水渍、熨烫不平，省缝不平服、不对称 | 水渍$40cm^2$以上，油脏$20cm^2$以上，烫黄、烫变色、渗胶、起皱、脱胶 | 明显破损，缺件，烫变质，烫糊 |
| 1.2 前身 | 同上 | 后身 | 同上 | 同上 | 同上 | —— |
| 2 缝制 | | | | | | |
| 2.1 | 目测 | 裙腰 | 裙腰平服，宽窄一致 | 裙腰不平服，宽窄不一致 | 裙腰明显不平服 | —— |
| 2.2 | 目测 | 左侧缝 | 线路清晰、顺直，牢固，松紧适宜 | 线路、缝子不顺直，松紧不适宜 | 缝子不牢固 | 严重影响牢固及外观 |
| 2.3 | 目测 | 侧开口、商标 | 商标号型正确、清晰，侧开口拉锁平服。眼距均匀，无偏斜，扣与眼位相等整齐牢固，按扣松紧适宜 | 商标号型不清晰，眼距不均、偏斜，扣与眼位不等，互差大于0.3cm，按扣松紧不适宜 | 商标号型不正确 | 无商标号型或厂记 |

续表

| 检验次序及项目 | 检验方法 | 检验部位 | 质量要求 | 轻缺陷 | 重缺陷 | 严重缺陷 |
|---|---|---|---|---|---|---|
| 2.4 里子 | 目测 | 将裙子翻过来检验裙里 | 裙子里面松紧一致，省缝均匀 | 裙子里面松紧不一致，省缝长短与面不符，省缝不均匀 | — | — |
| 2.5 裙摆 | 目测 | 裙子底边 | 底边平服，缲针牢固，里与面有拉襻 | 底边不平服，缲针不牢固，露针脚，拉襻不牢 | 无拉襻，缲针严重不牢 | — |
| 3 规格 | 目测尺寸 | 裙长、腰围 | 超标准规定极限偏差50%以内 | 超标准规定极限偏差50%以内 | — | — |
| 4 对条对格、色差、疵点 | 目测 | 裙子整体 | 超标准规定50%以内，色差、里料超标 | 超标准规定50%以上，色差、里料超标 | — | — |

实例10：西服裙成品检验要领（检查员职责）（表2-18）

西服裙成品检验要领（检查员职责）　　表2-18

| 序号 | 检查顺序 | 动作 | 检查要领 |
|---|---|---|---|
| 1 | 左边全体 | 左手拿腰部，右手拿下摆 | 全体的感觉 |
| 2 | 侧边 | 看左边全体 | 缝合，布纹歪斜 |
| 3 | 腰部 | 双手撑裙 | 腰明线，针码 |
| 4 | 后中缝 | 左手斜放，拉到前面 | 缝合，接缝情况 |
| 5 | 拉链 | 开拉链 | 拉链缝法，打结，挂钩 |
| 6 | 腰里 | 门襟向前，翻腰里 | 腰里缝，打结，宽松量 |
| 7 | 侧缝 | 双手拿上下拉 | 缝份，劈烫 |
| 8 | 下摆 | 对齐侧边 | 折边，扦缝情况 |
| 9 | 里子 | 翻看前后片 | 松紧量，缝合情况 |
| 10 | 裙前后 | 双手拿腰上面，提起 | 前后看长短 |
| 11 | 裙左右 | 双手拿腰前后，提起 | 两侧看长短 |
| 12 | 外观效果 | 双手拿腰，撑开 | 裙型，美观度 |

## 4. 熨烫定型工艺

实例11：男西裤熨烫工艺流程

（1）中间熨烫：拔裆→烫后袋→归拔裤腰；烫侧袋→分后裆缝—分下裆缝→分栋缝。

（2）成品熨烫：烫腰身→烫裤口

实例12：西服裙熨烫工艺流程

（1）中间熨烫：倒烫省缝→归烫裙片→烫后中缝→开衩粘衬→分侧缝→固定下摆。

（2）成品熨烫：反面烫夹里缝、后开衩、底边及腰省、腰面→正面烫裙大身及腰头。

## 5. 后整理

服装加工的整理包括材料折皱消除、色差辨别、布疵修象、污渍洗除、毛梢整理等。服装加工过程中的整理工作是保证服装质量的重要环节。

首先要进行产前整理，如材料定型、处理色差和布疵等。在生产流程中也往往会出现新的问题，如油污、破损等，必须及时进行中途整理，难以通过整理进行消除的，可及时换片。但有些问题是在各个生产环节中难以避免的，如污渍、毛梢等，在生产完成后还必须进行全面整理，确保整件产品的整洁美观。

### 1）污渍整理

整烫时发现污渍，并设法去除，称"拓渍"。"拓渍"是一种局部洗涤。

服装上的污渍主要可分为油污类、水化类、蛋白质类三种。

（1）油污类：如机油、食物油、油漆、药膏等。

（2）水化类：如糨糊、汗、茶、糖、酱油、冷饮液、水果汁；墨、圆珠笔油、铁锈、红蓝墨水、红药水、紫药水、碘酒等。

（3）蛋白质类：如血、乳、昆虫、痰涕、疮脓等。

上述三种类型的污渍在织物上都有比较明显的特征：

油污类污渍除油漆、沥青、浓厚的机油之外，一般的油渍边缘逐渐淡化，且往往呈菱形（经向长而纬向短），这类污渍一般较易识别。

水化类污渍如红药水、紫药水、碘酒、红蓝墨水，有其鲜明的色彩；茶渍、水渍呈淡黄色且有较深的边缘，不发硬，这是和蛋白质类污渍的区别所在。薄的浆糊渍在织物上发硬，有时也有较深的边缘，但遇水就容易软化。

蛋白质类污渍初织物上一般无固定的形状，但都发硬，且有较深的边缘，其中除血渍、昆虫渍的颜色较深外，其余多数呈淡黄色。

常见污渍的去除方法列于表2-19。

**常用污渍去除方法表　　　表2-19**

| 污渍名称 | 去污方法 |
| --- | --- |
| 菜汤、乳汁 | 先用汽油擦去油脂，用1份氨水、5份水配成溶液搓洗，除去污渍后，用肥皂或洗涤剂再搓擦后用清水冲净 |
| 水果汁 | 用食盐水搓洗，或用5%的氨水搓洗。桃汁中含有高价铁，可用草酸搓洗，最后用洗涤剂洗 |
| 茶渍 | 用70～80℃热水搓洗，或用浓食盐水、氨水和甘油混合液搓洗 |
| 酱油渍 | 在微湿的洗涤剂溶液中，加进20%的氨水或硼砂溶液洗刷，漂净 |
| 红墨水渍 | 先用40%的洗涤剂，再用20%的酒精液清洗，或用高锰酸钾液洗涤 |
| 蓝墨水渍 | 如刚染上，立即浸泡于冷水中擦肥皂反复搓洗；如有痕迹，可用20%的草酸液浸洗，温度一般在40～79℃，然后用洗涤液洗净 |
| 墨汁渍 | 墨汁的主要成分是炭黑与骨胶，一般可用饭或面糊涂搓，亦可用1份酒精、2份肥皂和2份牙膏制成的糊状物揉搓，清水漂洗 |
| 圆珠笔油渍 | 先用温水浸湿，然后用苯或丙酮拭擦后，再用洗涤剂洗。也可用冷水浸湿，涂些牙膏，加少量肥皂轻搓，如有残迹，再用酒精洗除 |
| 油漆渍 | 可用汽油、松节油、香蕉水或苯搓擦，然后再用肥皂或洗涤剂搓洗 |
| 汗渍 | 用1%～2%的氨水浸泡，在40～50℃的温水中搓洗，再在草酸溶液中洗涤。丝绸织物可用柠檬酸洗涤，切忌用氨水 |
| 碘酒渍 | 浸入酒精或热水中使碘溶解，然后洗涤。也可用淀粉糊搓擦后用清水洗涤 |
| 动植物油渍 | 可用汽油、香蕉水、四氯化碳等溶剂去除 |

### 2）污渍整理的注意事项：

（1）合理选用去污材料

表2-19所述污渍种类和去污材料，一般在浅色棉、涤棉混纺以及粘胶纤维上使用。毛织物是蛋白质纤维，它的染料一般以酸作媒介，因此要避免使用碱性去污材料，因为碱能破坏蛋白质（毛织物），破坏酸性媒介（掉色）。棉织物一般用碱作染色媒介，所以使用酸性材料后的变色要用纯碱或肥皂来还原。凡是深色织物，使用去污材料时以先试样为妥。

（2）正确使用去污方法

洗涤去污方法分水洗和干洗两种，要根据服装纺织料和污渍种类，正确选用去污方法。除污工具一般备有牙刷、玻璃板、垫布、盖布等。垫布必须是清洁白色、浸水挤干的棉布，折成8～10层平放在玻璃板上。除污时，先将除污板放在有污渍的织物下面，然后涂用去污材料，再用牙刷蘸清水沿垂直方向轻轻地敲击，或加热使污垢和除污材料逐渐脱落到热布上去。有的污渍往往要反复多次才能除去。垫布须经常洗涤，保持干净。使用化学药剂干洗时，操作要注意从污渍的边缘向中心擦，防止污渍向外扩散。不能用力过大，避免衣服起毛。

（3）去污渍后防止残留污渍圈

去污后织物局部遇水易形成明显的边缘，如不及时处理就极易留下一个黄色的圈迹。无论使用何种去污材料，在去除污渍之后，均应马上用牙刷蘸清水把织物遇水的面积刷得大些，然后再在周围喷些水，使其逐渐化淡，以消除这个明显的边缘，这样无论是烫干还是晾干，就不至于留下黄色圈迹。

### 3）毛梢整理

毛梢整理是服装加工最容易，但也是最难解决的一道工序，这里面包含着人的因素和客观环境因素。前者是对毛梢的处理不够重视，总认为毛梢不是产品质量的直接问题，容易掉以轻心。后者是场地、工作台、产品储存器的清洁度问题。此外，工作人员身上如粘上毛梢后，也会使服装随时粘上毛梢。

毛梢又称线头，分死线头和活线头两种。死线头是指缝纫工在加工过程中，开始缝制和结束时未将缝纫线剪除干净而残存在加工件上的线头。目前的大工业生产，进口设备多备有自动剪线器，其技术指标是线头长度不能大于0.4cm。大多数线头还需用人工剪修。活线头是指服装产品在生产流程中所粘上的线头和纱头。一般有三种处理方法：

（1）手工处理：用手将线头拿掉，放置在个存器内，以防再次粘上产品。

(2) 粘去法：用持有黏性的纸或胶布，将产品上的毛梢粘去。

(3) 吸取法：这是目前最通用的方法，既省工，效率也高。它是采用吸尘器原理将产品上的毛梢、灰尘吸干净。

### 6. 包 装

包装是为了在储存、运输中保护产品，在销售中进一步提高产品商业价值的一种技术手段。产品在市场上能否赢得消费者，不仅取决于产品本身，还取决于产品的包装。包装在促销中的作用日趋增强。因此，选择和设计合适的包装形式及其内容是现代服装生产的重要环节。

包装的内容不仅包括便于运输、方便储存的各种包装用品，还包括有利于商品销售的各种包装技术手段，包括包装用品的外形、商标、色彩、图案、文字（如产品介绍、使用保养标志）等。因此，组织服装产品设计生产的同时，必须组织包装用品的设计和生产。

#### 1）包装形式

(1) 包装形式分类

①按包装的功能分

分为工业包装和商业包装两大类。工业包装是为了使服装在运输和储存中得到安全性保护，所以又称为运输包装或大包装、外包装；商业包装除具有保护商品的功能外，还必须有促销功能，所以又称销售包装或小包装、内包装。

②按包装的材料分

可分为木箱包装、纸箱包装、塑料袋包装和纸盒包装等。

③按包装的方法分

可分为传统包装（纸袋、塑料袋、纸盒包装等）、真空包装和立体包装等。

产品包装形式的确定，既要依据生产、销售和消费者的要求，又要考虑产品的种类、档次、运输条件等。如针织内衣不怕压，内包装可采用塑料袋包装，外包装可采用纸箱、木箱或打麻包包装；高档西服、大衣则可采用立体包装，以免在储存、运输过程中使服装折皱变形；羽绒服、棉衣等可采用真空包装，以便减少装运体积和重量。

(2) 内包装

内包装（也称销售包装、小包装）是指单件（套）服装的包装或若干件服装组成的最小包装整体。其主要功能除保护产品、促进销售外还有便于计数、便于再组装的功能。内包装可采用纸、塑料袋、纸盒、衣架等材料。包装材料要清洁、干燥。纸包折叠要端正，包装要牢固；塑料袋、纸盒包装大小应与产品相适应，产品装入塑料袋、纸盒时要平整，松紧适宜；使用印有文字图案的塑料袋，其颜料不得污染产品；附有衣架包装的，应端正平整；漂白、浅色类服装产品应在纸包内加入中性白衬纸，下垫白色硬纸板，以防产品弄污、变形。

小包装有时以件或套为单位装入塑料袋，有的以5件或一打为单位打成纸包或装盒。在小包装内的成品品种、等级需一致，颜色、花型和尺码规格应符合消费者或订货者的要求，有独色独码、独色混码、混色独码、混色混码等多种形式。在包装的明显部位要注明厂名（国名）、品名、货号、规格、色别、数量、品等及生产日期等。对于外销产品或部分内销产品，有时还需注明纤维原料名称、纱线线密度及混纺比例、产品使用说明等。

(3) 外包装

外包装（也叫运输包装、大包装）是在商品的销售包装或内包装外再增加一层包装；由于其作用主要是保障商品在流通过程中的安全，便于装卸、运输、储存和保管，因而具有提高产品的叠码承载能力、加速交接、点验等功能。

外包装可采用纸箱等材料，包装材料要清洁、干燥、牢固。瓦楞纸箱的技术要求应符合国家标准的有关规定。纸箱内应衬垫具有保护产品作用的防潮材料，箱内装货要平整，勿使包装变形；纸箱盖、底封口应严密、牢固，封箱纸应贴正、贴平。内外包装大小适宜，箱外可用捆扎带等捆扎结实，卡扣牢固。大包装的箱外通常要印刷产品的唛头标志，内容包括货号、箱号、品名、号型、色别、等级、数量、生产单位、出厂日期和产品所执行标准的代号、编号、标准名称以及重量（毛重、净重）、体积（长、宽、高）等。唛头标志要与包装内的实物内容相符，做到准确无误。

为防止运输和仓储中发霉、风化、变质，在包装材料外部要涂防潮油。

(4) 真空包装

真空包装是将服装去湿后装入塑料袋内，进行压缩并抽真空，然后将袋口粘合。由于服装含湿量很低，虽经压缩，但并不易起折痕。采用真空包装方法具有减少成衣装运体积和重量、防止装运过程中服装沾污或产生异味及占用最小的储存空间等优点。

(5) 立体包装

服装制成后，经整烫定型、造型美观、立体感强，但经包装、运输后大部分服装发生了折皱现象，破坏了外观效果。为克服服装经包装、运输后产生的折皱，保持其良好的外观，可采用立体包装方法。

立体包装是将衣服挂在衣架上，外罩塑料袋，再吊在包装箱内，也可将衣服直接挂在集装箱内，故立体包装又称挂装。衬衫、西装、大衣、羽绒服、棉衣等均可采用立体包装。

### 2) 服装的使用保养标志

随着服装材料种类及后整理方法的不断增多，科学地选择服装的洗涤、使用和保养方法越来越重要，因此，生产中要按有关标准规定将服装使用保养标志，在成衣的标签中予以注明。关于服装洗涤熨烫的图形符号，国际标准化组织制定了国际标准（ISO3757），具体说明如下：（共有6种基本符号，见图2-49）

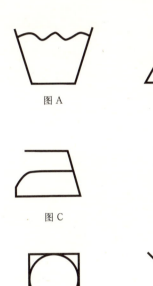

图 2-49

（1）蒸汽整烫的服装不能马上装入塑料袋内，以免包装后的服装因潮湿发霉。

（2）成品包装应按要求及尺寸进行折叠，包装的尺码、规格、印字、标志及数量、颜色搭配等必须符合工艺规定。

（3）检查包装箱内是否清洁无杂物，外包装是否完整。小包装应做到"三相符"，大包装应做到"二无"、"四准"。保证清单与合同完全相符。

相符：①规格与数量相符；
　　　②产品搭配与合同相符；
　　　③实物与号型规定相符。

二无：①标记项目无遗漏；
　　　②箱号无重复。

四准：①规格准；
　　　②品号准；
　　　③颜色准；
　　　④数量准。

（1）洗涤符号（图A）；

（2）氯漂符号（图B）；

（3）熨烫符号（图C）；

（4）干洗符号（图D）；

（5）滚筒干燥符号（图E）；

（6）禁止符号（图F）。

若在上述其中任何一种符号上加有圣安德鲁十字线的（图F）则表示该符号所代表的处理禁止采用。

### 3）包装质量控制

包装是服装成衣生产的最后一环，必须按要求保质保量地进行。因此，包装车间必须严格执行工艺规定。

## 三、工作室教学第二单元——四开身上装的工艺设计与制作

### 项目（一）男衬衫、茄克衫的制作

#### 1. 男衬衫的制作

**1) 项目说明**

敞开的西服领留出了展示男士衬衫、领带的空间，长出西服袖的衬衫袖克夫正好与领子上下呼应。显然，男衬衫的领、袖是展示男士风范的重点，也是缝制的重点。

（1）领子工艺

①烫领：左右领尖条格要对称，领角要烫出窝势。

②绢领：兜绢领外口应适当吊紧领里，保证合适的里外匀。

③压领：修缝头、翻领角、烫止口、压明线，要求每道工序规范、到位。

④装领：装领时下领两端衣片要塞足塞平，并保证门、里襟高低一致。

（2）袖子工艺

袖克夫应做得硬挺窝服，两角对称圆顺。左右袖衩应长短一致，接装袖克夫时应将衩口塞足塞平。

**2) 技术工艺标准和要求**

见表3-1～表3-4

男衬衫成品规格测量方法及公差范围　　表3-2

| 序号 | 部位 | 测量方法 | 公差 | 备注 |
|---|---|---|---|---|
| 1 | 衣长 | 衣片沿侧缝线摊平，由前衣肩缝最高点量至底边 | ±1cm | — |
| 2 | 胸围 | 扣好纽扣，前后摊平，沿袖窿底缝横量（周围计算） | ±1.5cm | 5.4系列 |
| 3 | 肩宽 | 由肩袖缝交叉点横量 | ±0.7cm | |
| 4 | 领大 | 领子摊平、横量 | ±0.6cm | |
| 5 | 袖长 | 由袖最高点量至袖口边中间 | ±0.7cm | |

男衬衫外观质量标准　　表3-3

| 序号 | 部位 | 外观质量标准 |
|---|---|---|
| 1 | 翻领 | 领平挺，两角长短一致，互差不大于0.2cm，并有窝势。领面无皱、无泡、不反吐 |
| 2 | 底领 | 底领圆头左右对称，高低一致，装领门里襟上口平直，无歪斜，明线接线顺直 |
| 3 | 胸袋 | 胸袋平服、袋位准确、绢线规范 |
| 4 | 肩 | 肩部平服、肩缝顺直 |
| 5 | 袖克夫 | 两袖克夫圆头对称，宽窄一致，止口明线顺直 |
| 6 | 袖叉 | 左右袖叉平服、无毛出、袖口三个裥均匀，宝剑头规范 |
| 7 | 袖 | 装袖圆顺，前后适宜，左右一致，袖山无皱、无褶 |
| 8 | 底边 | 卷边宽窄一致，门襟长短一致 |
| 9 | 后背 | 后背平服、左右裥位对称 |
| 10 | 止口 | 纽扣与扣眼高低对齐，止口平服，门里襟上下宽窄一致 |
| 11 | 熨烫 | 各部位熨烫平服，无烫黄、水花、污迹，无线头，整洁、美观 |

男衬衫裁片的质量标准　　表3-1

| 序号 | 部位 | 纱向要求 | 拼接范围 | 对条对格部位 |
|---|---|---|---|---|
| 1 | 前衣身 | 经纱，以中心线为准，倾斜不大于1cm，条格料不允斜 | 不允许拼接 | 侧缝、前中心 |
| 2 | 后衣身 | 经纱，以中心线为准，倾斜不大于1.5cm，条格料不允斜 | 不允许拼接 | 侧缝 |
| 3 | 过肩 | 经纱，以后过肩缝为准，倾斜不大于0.5cm，条格料不允斜 | 过肩面不允许拼接，过肩里可拼接一道 | 过肩 |
| 4 | 袖身 | 经纱，以袖中线为准，倾斜不大于1cm，条格料不允斜 | 不允许拼接 | 袖底缝 |
| 5 | 衣领 | 经纱，以两领尖点连线为准，倾斜不大于0.3cm，条格料不允斜 | 衣领面不允许拼接，衣领里可拼接两道 | 左右领角 |
| 6 | 克夫 | 经纱，以绱袖克夫缝为准，倾斜不大于0.3cm，条格料不允斜 | 不允许拼接 | 袖克夫 |

衬衫外观和缝制标准                                                                                                                                                           表 3-4

| 项目 | 序号 | 轻缺陷 | 重缺陷 | 严重缺陷 |
|---|---|---|---|---|
| 外观质量 | 1 | 商标不端正，明显歪斜，钉商标线与商标底色不适宜 | 号型标志不准；无商标 | 无厂名、厂址；无号型标志；无洗涤标志；无合格证 |
| | 2 | 领型左右不一致，折叠不端正，互差 0.6cm 以上（两肩对比，门里襟对比）；领窝、门襟轻起兜、不平挺，低领外露，胸袋、袖头不平服、不端正 | 领窝、门襟严重起兜 | —— |
| | 3 | 熨烫不平服；有亮光 | 轻微烫黄，烫变色 | 变质，残破 |
| | 4 | 表面有死线头长 1.0cm，纱毛长 1.5cm，2 根以上；有轻度污染，污渍不大于 2.0cm，水花不大于 4cm | 有明显污渍，污渍大于 2.0cm，水花大于 4.0cm | —— |
| | 5 | 领子不平服，领面松紧不适合；豁口重叠 | 领面起泡，渗胶，领尖反翘 | 0 部位起泡 |
| 色差牢度 | 6 | 表面部位色差不符合本标准规定的 1 级以内；衬布影响色差低于 3 级 | 表面部位色差超过本标准规定 1 级以上 | —— |
| 辅料 | 7 | 缝纫线色泽色调与面料不相适应；钉扣线与扣色泽不适应 | —— | —— |
| 疵点 | 8 | 2、3 部位超本标准规定 | 0、1 部位超本标准规定 | —— |
| 对条对格 | 9 | 对条、对格、纬斜超本标准规定指标 50% 以下的 | 对条、对格、纬斜超本标准规定指标 50% 以上的；顺向不一致，特殊图案顺向不对 | —— |
| 针距 | 10 | 低于本标准规定 2 针以内（含 2 针） | 低于本标准规定 2 针以上 | —— |
| 规格 | 11 | 规格超本标准规定指标 50% 以内 | 规格超本标准规定指标 50% 以上 | 规格超本标准规定指标 100% 以上 |
| 锁眼 | 12 | 锁眼间距互差不小于 0.5cm；偏斜不小于 0.3cm，纱线绽出 | 跳线，开线，毛漏 | —— |
| 钉扣 | 13 | 扣与眼位互差不小于 0.4cm；钉扣不牢 | 扣掉落 | —— |
| 缝制质量 | 14 | 缝制线路不顺直；宽窄不均匀；不平服，接线处明显双轨大于 1.0cm，起落针处没有回针；毛脱漏不大于 2.0cm，两处单跳线；上下线轻度松紧不合适 | 毛脱漏大于 2.0cm，上下线松紧严重不适宜，影响牢度；链式线路，断线 | —— |
| | 15 | 领子止口不顺直，反吐；领尖长短不一致，互差 0.3～0.5cm；绱领不平服；绱领偏斜 0.6～0.9cm | 领尖长短互差大于 0.5cm；绱领偏斜不小于 1.0cm；绱领严重不平服；0 部位有接线、跳线 | 领尖毛出 |
| | 16 | 压领线：宽窄不一致，下炕；反面线迹不小于 0.4cm 或上炕 | —— | —— |
| | 17 | 盘头：探出 0.3cm；止口反吐，不整齐 | —— | —— |
| | 18 | 门，里襟不顺直；长短互差 0.4～0.6cm；两袖长短互差 0.6～0.8cm | 门、里襟长短互差不小于 0.7cm；两袖长互差不小于 0.9cm | —— |
| | 19 | 针眼外露 | 针眼外露 | —— |
| | 20 | 口袋歪斜；不平服；缉线明显宽窄；左右口袋高低不小于 0.4cm；前后不小于 0.6cm | 袋盖小于袋口（贴袋）0.5cm（一侧）或小于嵌线；袋布垫料毛边无包缝 | —— |
| | 21 | 绣花、针迹不整齐；轻度漏印迹 | 严重漏印迹；绣花不整齐 | —— |
| | 22 | 袖头：左右不对称；止口反吐；宽窄大于 0.3cm，长短大于 0.6cm | —— | —— |
| | 23 | 褶：互差大于 0.8cm，不均匀，不对称 | —— | —— |
| | 24 | 袖开叉长短大于 0.5cm | —— | —— |
| | 25 | 绱袖：不圆顺，吃势不适宜；袖窿不平服 | —— | —— |
| | 26 | 拼接：超本标准规定 | 袖花拼接 | 领子拼接 |
| | 27 | 十字缝：互差大于 0.5cm | —— | —— |
| | 28 | 肩、袖窿、袖缝、侧缝、合缝不均匀；倒向不一致；两肩大小互差大于 0.4cm | 两肩大小互差大于 0.8cm | —— |
| | 29 | 省道：不顺直，肩部起兜；长短、前后不一致，互差不小于 1.0cm | 有叠线部位漏叠超过两处 | —— |
| | 30 | 底边：宽窄不一致，不顺直，轻度倒翘 | 严重倒翘 | —— |

### 3）实训场所、工具、设备

实训地点：服装车缝工作室。

工具：尺、手针、机针、划粉、锥子、割绒刀、西式剪刀。

设备：缝纫设备（平缝机、拷边机）、熨烫设备、数字化教学设备。

### 4）制作前的准备

(1) 材料的采购及准备

①面料用量（表3-5）。

图3-1 男衬衫款式图

衬衫用料计算参考表（cm）　　表3-5

| 品种 | 幅宽 | 胸围 | 算料公式 |
|---|---|---|---|
| 短袖衬衫 | 77 | 110 | （衣长+袖长）×2，胸围超过110，每大3，加料6 |
|  | 90 | 110 | 衣长×2+袖长，胸围超过110，每大3，加料5 |
|  | 110 | 110 | 衣长×2+袖长-4cm，胸围超过110，每大3，加料3 |
|  | 144 | 110 | 衣长+袖长+10，胸围超过110，每大3，加料3 |
| 长袖衬衫 | 77 | 110 | （衣长+袖长）×2-3，胸围超过110，每大3，加料6 |
|  | 90 | 110 | 衣长×2+袖长，胸围超过110，每大3，加料5 |
|  | 110 | 110 | 衣长×2+35，胸围超过110，每大3，加料3 |
|  | 144 | 110 | 衣长+袖长+5，胸围超过110，每大3，加料3 |

②无纺衬：100cm。

③领衬、袖克夫衬：50cm。

④纽扣：11粒。

⑤配色线：1塔。

(2) 剪裁

①面料预缩：

在服装裁剪前，通常都要对面、辅料进行预缩处理，如毛料要起水预缩，美丽绸要喷水预缩，羽纱要下水预缩等，熨烫时尽可能在面料的反面进行，烫平皱折，便于划线剪裁。

②设计男衬衫成品规格：

号型：175/92A（表3-6）

男衬衫成品规格（cm）　　表3-6

| 部位 | 衣长<br>($L$) | 胸围<br>($B$) | 上领围<br>($N$) | 肩宽($S$) | 袖长<br>($SL$) |
|---|---|---|---|---|---|
| 规格 | 76 | 112 | 40 | 48 | 62 |

③男衬衫款式图：见图3-1。

④男衬衫结构图：见图3-2。

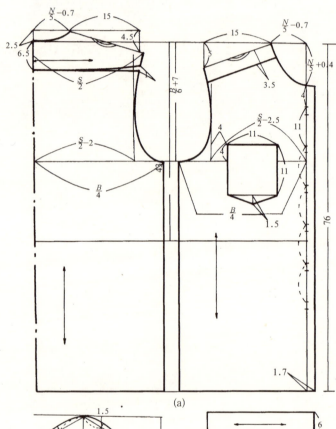

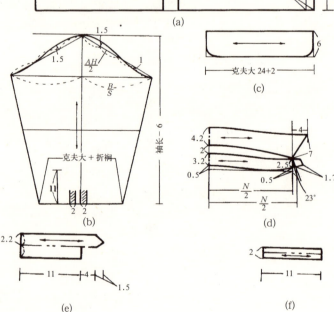

图3-2 男衬衫结构图（cm）

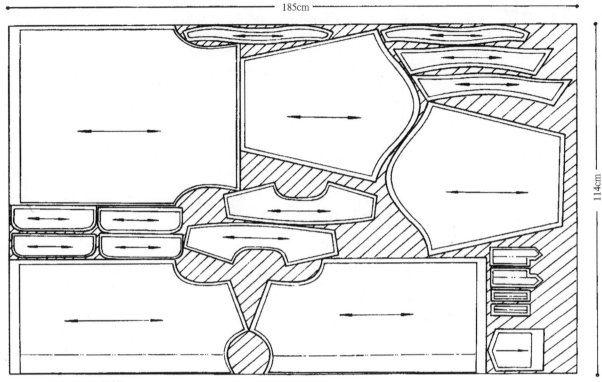

图 3-3 男衬衫放缝、排料图

⑤ 男衬衫放缝、排料

a. 裁片放缝

侧缝前 1.2cm，后 0.7cm；肩缝 0.7cm；底边 2cm；领口 0.7cm；袖窿 0.7cm；胸袋口 6cm，其余 0.7cm；袖子前缝 1.2cm，后缝 0.7cm，袖山缝 1.5cm，袖口缝 0.8cm；袖克夫面折缝 1.1cm，其余缝 0.7cm。

b. 排料图

门幅：114cm，用料 185cm。公式：衣长 ×2 + 35cm。见图 3-3。

排料注意事项：

排料一般掌握一套、两对、三先三后的基本要点。

一套是指凸套凹。

两对是指直对直、斜对斜。

三先三后是指先排大片后排小片、先排主片后排辅片、先排表衣片后排贴边。

（1）男衬衫工艺流程

前衣片：胸袋→门里襟。

前、后衣片组合：做肩覆势。

领子：做领→装领。

袖子：做袖克夫→做袖衩→上袖衩→装袖→装袖克夫。

卷缉底边→锁眼、钉扣→整烫。

（2）男衬衫缝制程序

① 前衣片

a. 制作前门与贴边：前门明贴边须平展不可有斜绺。见图 3-4。

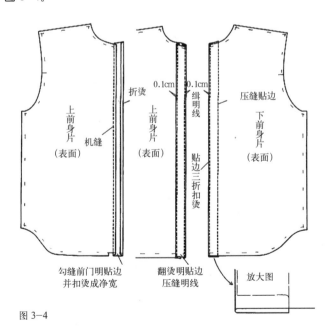

图 3-4

b. 做胸袋：袋口反面折卷边 3cm，其他三边折缝 0.7cm 烫平。见图 3-5。

图 3-5

b. 缉后过肩明线:见图 3-8。

a) 先展平表过肩单层,缉缝 0.1cm 明线。

b) 比净样线多出 0.2cm,折烫前肩缝份,目的是压缝前肩明线、获取下炕线时保证尺寸准确。

c. 钉胸袋:依据左胸衣片装袋标记,沿边缉 0.1cm 明线。袋布在前身片上平展定位,与前中心平行。缝纫时首尾回针,明线宽窄须一致。见图 3-6。

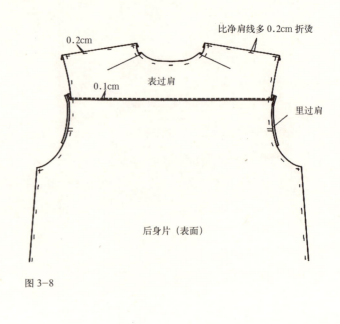

图 3-8

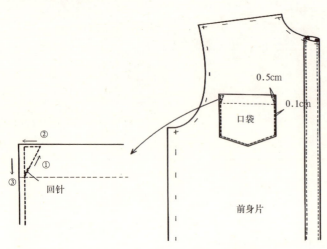

图 3-6

② 前后衣片组合

a. 绱后过肩:用两层过肩夹后身片,对齐两端及夹后中合印点,三层同时缝合。

缝头 0.8cm。见图 3-7。

c. 合缝前肩缝:见图 3-9。

a) 合缝前肩缝时,先合缝里过肩与前肩缝,缝份向后倒烫。

b) 用表过肩压住前身片肩缝处,压缝 0.1cm 明线,因预留的是 0.2cm 的缝份,从反面看即得到一条下炕线。

c) 下炕线应距边一致。

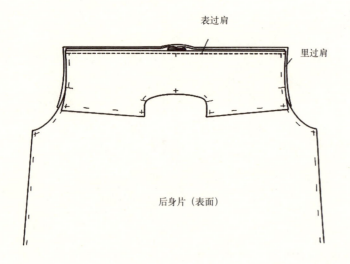

图 3-7

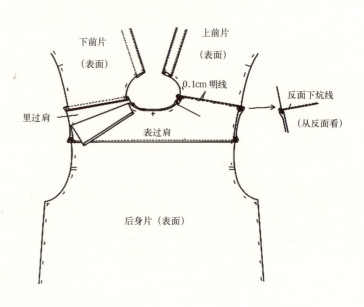

图 3-9

③ 领子

a. 做翻领

a)领面粘衬：在领面的反面粘衬。见图3-10。

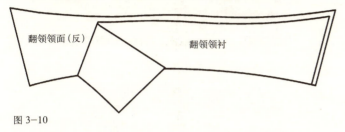

图3-10

b)缉翻领：翻领里放在下层，正面向上，领面正面与之叠合。沿领衬并离开领衬0.1cm缉线，缝合时必须将领里拉紧，领面略松，使其产生里外容，领角部位有里外容窝势。如果是条格面料，左右领角的条格要对称。见图3-11。

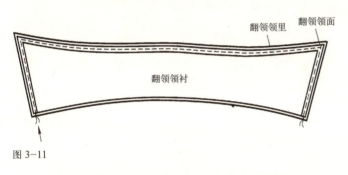

图3-11

c)烫止口：将缝份修剪0.4cm，领角处缝份保留0.2cm。将各边缝份向领衬方向折转，扣烫缝份，注意止口的里外容。

d)翻烫翻领：将翻领翻到正面，领角处可借助锥子将其翻足、翻尖，但注意不要损坏面料，然后将领里向上，从两头烫，烫平、烫煞。注意领衬要衬足，不虚空，领里不倒吐，两领角要对称。

e)缉翻领止口明线：根据款式的变化，翻领止口明线有0.1cm和0.5cm两种宽度。为了保持领角的挺括，可先在两领角处分别斜向置入一枚插片，缉明线时即可缉牢固定。在正面缉止口明线，要将领面略向里送，防止领面起涟形，并注意止口不要反吐。见图3-12。

图3-12

b. 做底领

a)粘底领衬：在底领里的反面粘衬。见图3-13。

图3-13

b)先将底领里下口0.8cm处的缝份沿领衬包转包紧，并扣烫，然后正面向上，缉0.6cm明线，领上口做好中点及合翻领剪口。见图3-14。

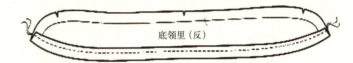

图3-14

c)缝合翻领和底领：将底领的面和里正面相对，在中间夹入翻领，沿底领衬边缘缉线。缉线时要将翻领的上下两层缝份摆整齐，且底领在肩缝处要略拨长一点。见图3-15。

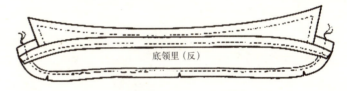

图3-15

d)翻烫底领：先将底领两端圆头内缝份修成0.3cm，再翻到正面烫煞，止口不可反吐。

e)缉底领上口线：将底领里向上，沿底领上口缉0.5cm明线，起落针与翻领止口明线。

对齐并对接。注意缉线顺直，见图3-16。

图3-16

f)扣烫底领缝份：把底领面下口缝份修剪整齐，并做上中点及对肩缝剪口，然后用底领面缝份包转底领里进行扣烫。

c. 装领

a)装领：底领领面下口与大身领窝对齐，且正面相对，沿底领下口净线缉线。在领窝肩缝处略拉伸一点，其余各处平缉，注意剪口对位准确。见图3-17。

b）压领：将底领里朝上，从底领上口起针缉0.1cm明线，

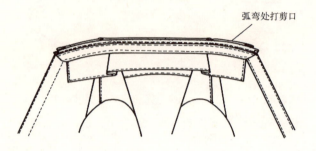

图3-17

缉线经过左边圆头、底领下口、右边圆头，最终起落针重合2cm，底领上口、下口明线形成一圈封闭曲线。压缉底领下口时要注意刚好盖住装领缉线，而底领面也要缉住0.1cm止口明线。门里襟两端要塞足、塞平。见图3-18。

④袖子

a. 做袖克夫

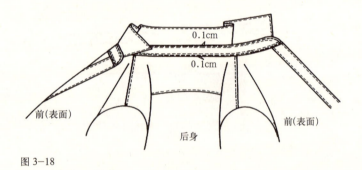

图3-18

a）做袖克夫：克夫面粘衬，并划出净线。见图3-19（a）。

b）烫折边缝1.1cm，并缉净宽0.9cm装饰线。见图3-19(b)。

c）克夫面里沿净缝缉合，圆头处里子略紧。见图3-19(c)。

d）克夫翻向正面烫平，外口缉0.1cm装饰线。见图3-19(d)。

b. 制作袖开衩

a）扣烫袖衩：除底边之外，将袖衩的所有缝份扣净，并使大小袖衩里比袖衩面都略宽出0.05～0.1cm。见图3-20。

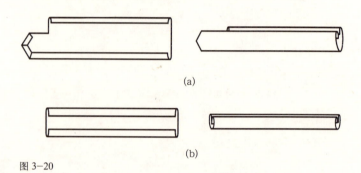

图3-20

b）装小袖衩：即里襟袖衩。先按照袖衩的净长度在袖片的正确位置开剪，并在顶端向左右打斜三角形，宽度为0.5cm，再用夹缉法将小袖衩夹在靠近后袖缝一侧。见图3-21。

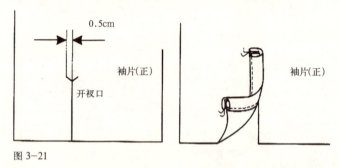

图3-21

c）装大袖衩：即门襟袖衩，方法同上。将大袖衩装于另一侧，装袖衩与封袖衩由一道缝线连续完成。在反面，袖衩开口顶端的三角形要向里折净，不留毛边；封袖衩的两道线在此要缉住三角形，分别为0.1cm和0.6cm两道明线。见图3-22(a)。

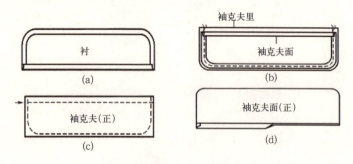

图3-19

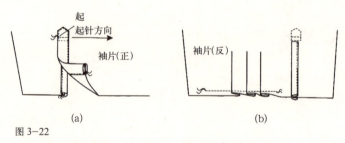

图3-22

d）固定袖口折裥：袖口三个裥，在袖片反面将裥向后袖缝方向折叠，缉线固定。见图3-22（b）。

c．装袖，见图3-23。

a）将袖子置于下层，大身放上层，正面相对，袖子与袖窿对齐，缉线1cm。袖山的吃量很小，在2cm以下，吃势分布要合理。然后双层一起锁边。见图3-23。

d．装袖克夫

用装袖衩的夹缉法装袖克夫，将袖口缝份塞入袖克夫，两端要塞足、塞平，缉缝1cm，缝头向克夫坐倒，克夫止口缉0.1cm明线。注意，直袖衩的门襟要折转，里襟放平，而宝剑头袖衩的大小袖衩都放平。袖折裥向后折转，袖缝也向后坐倒。最后袖克夫其余三边缉0.1cm明线，见图3-25。完成后的克夫里面缝线要均匀，袖缝长度、袖衩开口的大小缉袖衩门襟的长度要相等。

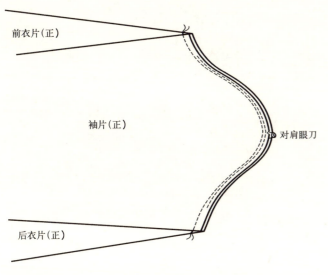

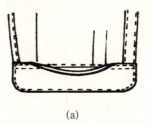
(a)

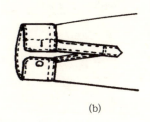
(b)

图3-25

⑤卷缉底边

对合门里襟，检验二者长度，门襟可长出0.2cm。下摆贴边宽1.5cm，贴边内缝份0.7cm，将下摆折转，从门襟底边开始缉线0.1cm，到里襟处结束，两端以倒针加固，见图3-26。

图3-26

⑥锁眼、钉扣

见图3-27。

锁眼：门襟底领处锁横扣眼1个；门襟直扣眼6个；袖衩

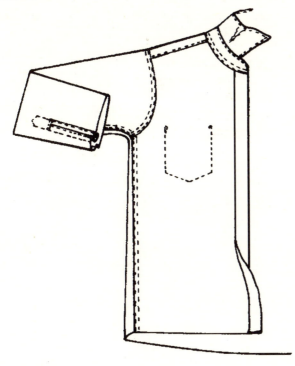

图3-24

b）合袖、侧缝：见图3-24，缝合袖缝与侧缝，并锁边。袖窿底的十字要对正。

图3-27

门襟中位锁直扣眼1个，袖克夫门襟中间锁横扣眼1个。扣眼大小要与纽扣相符，且均为平头扣眼。

钉扣：在领口、里襟、克夫处相对扣眼位置定出纽扣的位置，并钉扣。

⑦整烫

首先清剪线头，再把领头熨烫平挺，留有窝势，然后把袖子烫平，在折裥处按裥烫平，最后烫平后背及折裥、前身门里襟及贴袋。

男衬衫质量要求：

①各部位规格准确，缝线顺直，止口明线不可掉道、断线。

②领角平挺有窝势，两角长短一致。领面平整，止口明线宽窄一致，无涟形。

③门襟、里襟的装领处平直，且长短合理。

④装袖圆顺；袖衩平服，无裥、无毛出。两袖克夫圆头对称，宽窄一致；袖口三个裥均匀平整。

⑤整烫平整，无烫黄，无污渍。

## 2．茄克衫的制作

### 1）项目说明

茄克衫是英文 Jacket 的音译，它是男女都能穿的短上衣的总称。茄克衫是我们现代生活中最常见的一种服装，由于它造型轻便、活泼、富有朝气，所以为广大男女青少年所喜爱。从其使用功能上来分，大致可归纳为三类：作为工作服的茄克衫；作为便装的茄克衫；作为礼服的茄克衫。

茄克衫的衣片大多由直、横、斜三种不同的面料丝缕所组成，衣片丝缕的正与倒直接影响服装的外形美观和缝制质量。在茄克衫裁剪中，无论采用纸样排料裁剪，还是直接在面料上裁剪，都必须预先确定裁片的丝缕。

### 2）技术工艺标准和要求，见表3-7～表3-9。

茄克衫成品规格测量方法及公差范围　　表3-8

| 序号 | 部位 | 测量方法 | 公差 | 备注 |
|---|---|---|---|---|
| 1 | 衣长 | 由肩缝最高点，垂直量至底边 | ±1.0cm | — |
| 2 | 胸围 | 闭合拉链（或扣上纽扣），前后身摊平，由袖窿底缝横量（周围计算） | ±1.5cm、±2.0cm | 5.4系列 |
| 3 | 总肩宽 | 由肩袖缝的交叉点摊平横量 | ±0.8cm | — |
| 4 | 领围 | 领子摊平横量，立领量上口，其他量下口 | ±0.6cm | |
| 5 | 袖长 | 圆袖：由肩缝最高点量至袖头边中间 | ±0.8cm | |
| | | 连肩袖：后领线迹缝中点量至袖头边中间 | ±1.2cm | |

茄克衫外观质量标准　　表3-9

| 序号 | 部位 | 外观质量标准 |
|---|---|---|
| 1 | 领子 | 领子平挺，两角长短一致，互差不大于0.2cm，并有窝势。领面无皱、无泡、不反吐，领面松紧适宜，不反翘 |
| 2 | 袖 | 装袖圆顺，前后适宜，左右一致，袖山无皱、无褶 |
| 3 | 袋 | 袋与袋盖方正，前后高低一致 |
| 4 | 肩 | 肩部平服，肩缝顺直 |
| 5 | 袖克夫 | 两袖克夫圆头对称，宽窄一致，止口明线顺直 |
| 6 | 止口 | 纽扣与扣眼高低对齐，止口平服，门里襟上下宽窄一致 |
| 7 | 底边 | 卷边宽窄一致，门襟长短一致 |
| 8 | 后背 | 后背平服 |
| 9 | 缝线 | 各部位缝线顺直、整齐、平服、牢固、松紧适宜。各部位不能有跳针，明线不能有断线 |
| 10 | 粘合衬 | 粘合衬不准有脱胶及表面渗胶 |
| 11 | 拉链 | 拉链绱线整齐，拉链带顺直 |
| 12 | 钉扣 | 钉扣牢固，扣脚高低适宜，线结不外露，四合扣上、下扣松紧适宜、牢固，不脱落 |
| 13 | 商标 | 商标位置端正，号型标志准确清晰 |
| 14 | 熨烫 | 各部位熨烫平服，无烫黄、水花、污迹，无线头、整洁、美观 |

茄克衫裁片的质量标准　　表3-7

| 序号 | 部位 | 纱向要求 | 拼接范围 | 对条对格部位 |
|---|---|---|---|---|
| 1 | 左右前身 | 条料顺直，格料对横，互差不大于0.4cm | 不允许拼接 | 遇格子大小不一致，以衣长1/2上部为准 |
| 2 | 袋与前身 | 条料对条，格料对格，互差不大于0.4cm，贴袋左右对称，互差不大于0.5cm | 不允许拼接 | 遇到格子大小不一致，以袋前部为准 |
| 3 | 左右领尖 | 条格对称，互差不大于0.3cm | 不允许拼接 | 袖底缝 |
| 4 | 袖子 | 条料顺直，格料对横，以袖山为准，两袖对称互差不大于1.0cm | 衣领面不允许拼接，衣领里可拼接两道 | 左右领角 |
| 5 | 克夫 | 经纱，以绱袖克夫缝为准，倾斜不大于0.3cm，条格料不允许斜 | 不允许拼接 | 袖克夫 |

### 3. 实训场所、工具、设备

**实训地点**：服装车缝工作室。

**工　具**：尺、手针、机针、划粉、锥子、割绒刀、西式剪刀。

**设　备**：缝纫设备（平缝机、拷边机）、熨烫设备、数字化教学设备。

### 4. 制作前的准备

**1) 材料的采购及准备**

（1）面料用量（表3-10）。

图3-28 茄克衫款式图

茄克衫用料计算参考表（cm）　　表3-10

| 品种 | 幅宽 | 胸围 | 算料公式 |
|---|---|---|---|
| 茄克衫 | 77 | 110 | （衣长+袖长）×2-3，胸围超过110，每大3，加料6 |
| | 90 | 110 | 衣长×2+袖长+20，胸围超过110，每大3，加料5 |
| | 110 | 110 | 衣长×3，胸围超过110，每大3，加料3 |
| | 144 | 110 | 衣长+袖长+20，胸围超过110，每大3，加料3 |

（2）里料用量：与面料相同或少于面料10cm。

（3）无纺衬：100cm。

（4）拉链：1条。

（5）拷纽：4副。

（6）配色线：1塔。

**2) 剪裁**

（1）面料、里料预缩：

在服装裁剪前，通常都要对面、辅料进行预缩处理，如毛料要起水预缩，美丽绸要喷水预缩，羽纱要下水预缩等，熨烫时尽可能在面料的反面进行，烫平皱折，便于划线剪裁。

（2）设计茄克衫成品规格：

号型：170／88A（表3-11）

茄克衫成品规格（cm）　　表3-11

| 部位 | 衣长（$L$） | 胸围（$B$） | 领围（$N$） | 肩宽（$S$） | 袖长（$SL$） | 下摆大 |
|---|---|---|---|---|---|---|
| 规格 | 68 | 112 | 40 | 50 | 66 | 92 |

（3）茄克衫款式图：见图3-28。

（4）茄克衫结构图：见图3-29。

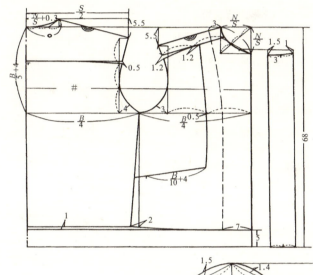

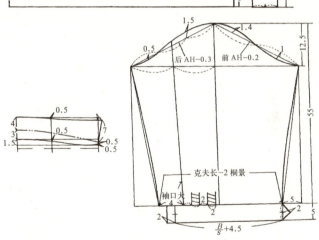

图3-29 茄克衫结构图（cm）

（5）茄克衫放缝、排料：

①放缝

门襟放缝1.5cm，其余均放1cm。

②排料

门幅144cm，用料150cm。公式：衣长+袖长+20cm。

见图3-30。

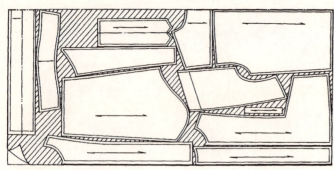

图3-30

### 5. 详细制作步骤

(1) 茄克衫工艺流程

粘衬、打线钉→前片分割缝组合、做插袋→后片分割缝组合→合缉肩缝→袖子分割缝组合→装袖→合缉侧缝、袖底缝→做里子、开里袋→做、装登门→装拉链→做、装袖克夫→做、装领子→做、装门丨→整烫→装拷纽。

(2) 茄克衫组合示意图

见图3-31。

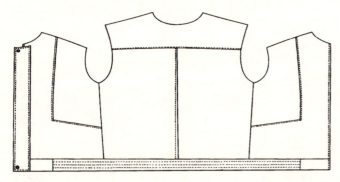

图3-31

(3) 茄克衫缝制程序

①粘衬、打线钉

a. 线钉部位：插袋口，前后分割缝对同标记，装袖对同标记，袖衩、袖裥位置。见图3-32。

图3-32

b. 粘衬部位：前中、袋口、登门、克夫、领子、门丨、挂面。

②前片分割缝组合，做插袋

a. 前片与侧片正面相合，前片在上，1cm缝头合缉至前袋口位，再将袋口与袋口贴边正面相合，1cm缝头合缉至侧缝止。

b. 在分割缝与袋口转角处，离缉线0.2cm打上眼刀，再将袋口与分割缝熨烫平服。

c. 先袋口、后组合缝缉压0.6cm明止口，然后再缉装袋布、封袋口。见图3-33。

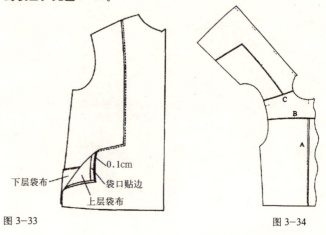

图3-33　　　　　　　　　图3-34

③后片分割缝组合

a. 左右后衣片正面相合，边沿依齐，1cm缝头合缉后中缝，然后将缝子朝左片烫倒，在后中左片一侧正面缉压0.6cm明止口。见图3-34中A处。

b. 将衣片育克与后衣片组合，后中眼刀上下对准，松紧一致，缉合后让缝子向上坐倒，在育克一侧缉压0.6cm明止口。见图3-34中B处。

c. 将缝子熨烫平服、顺直。

④合缉肩缝

将前后衣片正面相合，前片在上，边沿依齐，1cm缝头合缉后让缝子朝后片坐倒，在后片肩缝一侧缉压0.6cm明止口，然后再将缝子烫煞。见图3-34中C处。

⑤做袖、装袖

a. 大袖片在上，大、小袖片正面相合，分割缝上下依齐，1cm缝头合缉至袖衩，小袖衩口缝头打眼刀，让缝头朝大袖片坐倒，衩口缝头分别折转烫平，再在衩口大袖一侧缉压0.6cm明止口。

b. 抽拉袖窿斜势：从胸宽始至背宽止，离袖窿边0.6cm

缉线，将袖窿前后斜势处略微归拢、抽紧。

c. 比较袖窿、袖山弧长，使二者长度一致，标出装袖对同标记。

d. 袖子在上，衣身与袖子正面相合，对准上下标记，1cm 缝头合缉，要求缉线圆顺，袖子、袖窿上下平服，再让装袖缝头朝衣身坐倒，在衣身一侧缉压 0.6cm 明止口。见图 3—35。

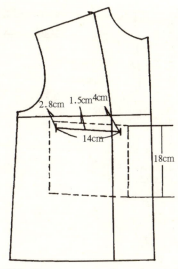

图 3—36

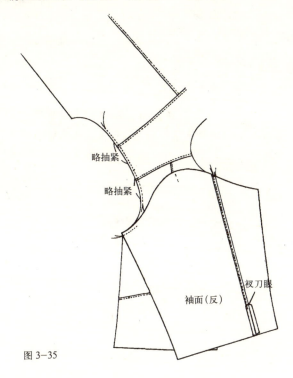

图 3—35

⑥合缉侧缝、袖底缝

衣片正面相合，袖底缝、侧缝边沿依齐，十字缝口对准，上下松紧一致，1cm 缝头合缉，再将缝头分开烫煞。

⑦做里子

a. 将挂面与前衣里子正面相合，面里松紧适宜，0.8cm 缝头合缉，再让缝头朝里子坐倒、烫平。里子左胸做单嵌线里袋一只，嵌线宽 0.8cm，袋口后端起翘 1.2cm，袋大 14cm。见图 3—36。

b. 合缉里子肩缝，装袖里，合缉里子侧缝、袖底缝，缝头均 0.7cm，一律向后烫 1cm 坐缝。

⑧做、装登闩

a. 做登闩

先将衣身底边与登闩长度进行复核，标出后中与侧缝三眼刀，登闩两端 12cm 长一段烫上粘衬，居中对折并熨烫顺直，再将裁配好的橡皮筋两端与粘衬重叠 1cm 缝缉在登闩面、里之间，然后再拉挺登闩，按登闩净宽四等分缉线三道，将登闩面、里与橡皮筋一并缉住。为了缝缉方便和保证质量，可先将登闩拉直，在后中、两侧先用长针距定位，以保证橡皮筋收缩均匀。同时，缉三条均分线时，应注意先缉中间一条，再缉上下两条。

b. 装登闩

将登闩两端 6～7cm 长一段先与衣身缉装并分缝烫平，挂面与登闩里子也同样先行装好。然后将登闩与衣身正面相合，登闩在上，边沿依齐，1cm 缝头合缉，注意三眼刀对准，缉线顺直。再将里子下摆塞到登闩里面，沿着面子缉线再缉一遍，将里子下摆缉住，要求两线重叠，以确保登闩宽度一致。见图 3—37。

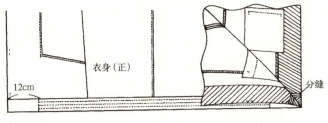

图 3—37

⑨装拉链

a. 装拉链前，先将衣片前中与拉链长度进行复核，并做好横向对同标记。再让衣片与挂面正面相合，拉链夹在其间，三层边沿依齐，从下端开始缉装。缉时应注意：上层衣片保持不伸长，中间拉链稍拉紧，下层挂面下摆以上 8cm 段紧、中间松、上端 8cm 段不松不紧，缝头 0.6cm，缉线顺直。初学者可分步进行，先将拉链与挂面缉合，然后再与面子缉装。

b. 将装上拉链的一边与另一边核对标记，修正后以同样的方法装上另一边的拉链。见图 3—38。

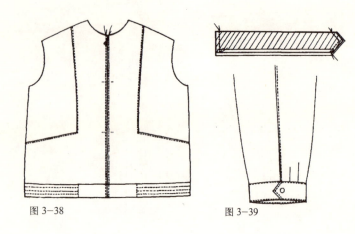

图3-38　　　　图3-39

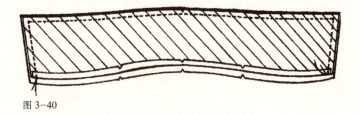

图3-40

a）领子在上，领里与衣身领圈正面相合，边沿依齐，起止两端领子缩进0.15cm，三眼刀对准，0.8cm缝头缉装，将领里与衣身领圈缉住。

b）将领圈塞进领子面、里间，领子两端塞足塞平，领面折光边盖过装领线，缉压0.1cm明止口，将领面与领圈缉住。

c）沿领止口三边兜缉0.6cm明止口。见图3-41。

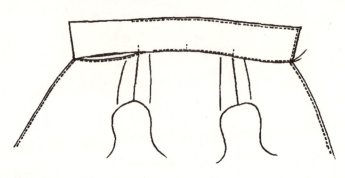

图3-41

⑩ 做、装袖克夫

a. 做袖克夫

先将克夫与衣身袖口复核，做好对同标记，再将袖克夫反面粘衬，再按净样扣烫克夫面子1cm装合缝头，然后夹缉克夫两端，再翻到正面熨烫平服，克夫里子留装合缝头0.8cm。

b. 做袖衩

面、里袖衩正面相合，边缘对齐，0.6cm缝头缉合，注意袖衩转角处不毛出，不打裥，不起皱。然后在大袖片衩口正面缉0.6cm明止口，与袖子分割缝止口接顺，小袖片衩口缉0.1cm明止口，并缉封衩口，注意封线方正。

c. 装袖克夫

将袖克夫里子与衣身袖里正面相合，袖克夫在上，0.8cm缝头缉装，注意袖克夫两端比下层缩进0.1cm，使装合后克夫与衩边平直不伸出。注意缉线要顺直，袖衩长短要一致。最后将袖子装合缝塞进克夫面里间，两端塞足，在袖克夫正面缉压0.1cm明止口，四周缉压0.6cm明止口。见图3-39。

⑪ 做、装领

a. 做领

做领前先将领圈面、里放平，用倒针勾扎一圈，使领圈归拢不伸长。再量出领圈的实际弧长，要求领子装领线比领圈弧线长出0.3cm，据此修正领子净样，并在领子面、里上做好后中、左右肩缝三眼刀对同标记，再在领子面、里反面烫上粘合衬，领面装领线留缝0.8cm扣转烫平，划出领面净缝线，合缉领子面、里三边。注意领角处面松里紧，将合缉缝修剪后翻到正面，领里止口坐进0.1cm烫煞领止口，领里留装领缝0.8cm，其余修去，标出装领三眼刀。见图3-40。

b. 装领

⑫ 做、装门襻

a. 做门襻

将门襻样板与衣身前中复核，门襻面反面粘衬后划出净线，门襻面、里正面相合，按净线三边合缉，注意缝缉时上下两角应面松里紧，修缝后翻出烫平，并在门襻三边缉压0.6cm明止口，另一边留缝0.6cm，其余修去，并标出门襻中心标记。

b. 装门襻

先将门襻中心对准前中拉链中心，确定左衣片上的门襻装合位置，再将门襻面与左衣片正面相合，门襻下端与登闩下端平齐，0.5cm缝头缉合，然后将门襻翻正烫平，在正面缉压0.6cm明止口。

⑬ 装揿纽

门襻上下各装揿纽一副，左右袖克夫各装揿纽一副，揿纽中心离边1.5～2cm。

⑭ 整烫

成衣后的整烫必须盖布进行，将各部位的线头修去后，先烫里子与缝子,再翻到正面熨烫,依次为成衣的肩、胸、背、侧缝、袖缝;最后烫四周,依次为前中、下摆、领子、袖克夫。

## 项目(二)服装企业生产工艺流程

不同的服装企业有不同的组织结构、生产形态和目标管理,但其生产过程及工序是基本一致的。服装生产大体上由以下八道主要生产单元和环节组成。

### 1.服装设计

一般来说,大部分大、中型服装厂都有自己的设计师设计服装款式系列。服装企业的服装设计大致分为两类:一类是成衣设计,根据大多数人的号型比例,制订一套有规律性的尺码,进行大规模生产。设计时,不仅要选择面料、辅料,还要了解服装厂的设备和工人的技术。第二类是时装设计,根据市场流行趋势和时装潮流设计各款服装。

### 2.纸样设计

当服装的设计样品为客户确认后,下一步就是按照客户的要求绘制不同尺码的纸样。将标准纸样进行放大或缩小的绘图,称纸样放码,又称"推档"。目前,大型的服装厂多采用电脑来完成纸样的放码工作,在不同尺码纸样的基础上,还要制作生产用纸样,并画出排料图。

### 3.生产准备

生产前的准备工作很多,例如对生产所需的面料、辅料、缝纫线等材料进行必要的检验与测试,材料的预缩和整理,样品、样衣的缝制加工等。

在批量生产前首先要进行技术准备,包括工艺单、样板的制订和样衣制作,样衣经客户确认后方能进入下一道生产流程。面料经过裁剪、缝制制成半成品,有些梭织物制成半成品后,根据特殊工艺要求,须进行后整理加工,例如成衣水洗、成衣砂洗、扭皱效果加工等,最后通过锁眼钉扣辅助工序以及整烫工序,再经检验合格后包装入库。

#### 1)面料、辅料的检验

把好面料质量关是控制成品质量重要的一环。通过对进厂面料的检验和测定可有效地提高服装的正品率。面料进厂后要进行数量清点以及外观和内在质量的检验,符合生产要求的才能投产使用。

根据客户确认后的单耗对面、辅料进行核对,并将具体数据以书面形式报告公司。如有欠料,要及时落实补料事宜并告知客户。如有溢余则要报告客户大货结束后退还仓库保存,要节约使用,杜绝浪费现象。

面料检验包括外观质量和内在质量两大方面。外观上主要检验面料是否存在破损、污迹、织造疵点、色差等问题。经砂洗的面料还应注意是否存在砂道、死褶印、披裂等砂洗疵点。影响外观的疵点在检验中均需用标记注出,在剪裁时避开使用。面料的内在质量主要包括缩水率、色牢度和克重(姆米、盎司)三项内容。在进行检验取样时,应剪取不同生产厂家生产的不同品种、不同颜色、具有代表性的样品进行测试,以确保数据的准确度。同时,对进厂的辅料也要进行检验,例如松紧带缩水率、粘合衬粘合牢度、拉链顺滑程度等,对不能符合要求的辅料不予投产使用。

#### 2)技术准备的主要内容

在批量生产前,首先要由技术人员做好大生产前的技术准备工作。技术准备包括工艺单、样板的制订和样衣的制作三个内容。技术准备是确保批量生产顺利进行以及最终成品符合客户要求的重要手段。

(1)样衣制作

①按照客户和厂部规定的样品时间,安排好样衣的生产,并做好几率,在做样衣时,工艺单不清楚的地方,要主动向跟单提出或向厂长提出,让他们去同客户商讨,不能自作主张。

②认真审核客户提供的工艺单资料、原样衣,明确了解客户的要求、尺寸、原辅料和配料等,在做样衣时,以便于车间的生产为原则,提示可以简化的车缝的工序。样衣完成后,对比原样品和工艺单,确认无误才可以寄出。

(2)样板制订

①按照母板根据尺寸表、面料的缩水率调板。推出其他尺码的板,并做好样板审核工作,对样板上的文字、丝绺、绣花、款号、反正等加以注明,并在有关拼接处加盖样板复合章。

②如工厂前期未打过样品,须安排其快速打出投产前样确认,并将检验结果书面通知工厂负责人和工厂技术科。特殊情况下须交至公司或客户以供确认,整改无误后方可投产。校对工厂裁剪样板后方可对其进行板长确认,详细记录后的单耗确认书由工厂负责人签名确认,并通知其开裁。

③做产前版:用客户面、辅料(如没有物料可暂代,但需标示清楚)做正确的产前样,追办并批复(包括工艺、尺寸、辅料、款式等)。

(3)工艺单制订

工艺单是服装加工中的指导性文件，它对服装的规格、缝制、整烫、包装等都提出了详细的要求，对服装辅料搭配、缝迹密度等细节问题也加以了明确。服装加工中的各道工序都应严格参照工艺单的要求进行。见表3-12。

表3-12 ×××公司工艺单

| 编号 | | | |
|---|---|---|---|
| 品名 | | 要货单位 | |
| 款号 | | 合同号 | |
| 面料 | | 任务数及交货期 | |
| 加工方式 | | 采用标准 | |
| 规格要求 | | 单位 | |
| 规格 | | | |
| 款式图 | | | |
| 部位 | | | |
| 车工工艺要求 | | | |
| 用针 | | 针距：明　暗（每3cm计） | |
| 用线 | | 辅料搭配 | |
| 缝制顺序及要求 | | | |
| 锁钉要求 | | | |
| 整烫要求 | | | |
| 包装要求 | | | |
| 制表人 | | 审核人 | |
| 日期 | | | |

在写工艺时要注意：

①物料是否正确。

②尺寸是否"准确"。

③款式是否错误。

④做工是否细致。

⑤成品颜色是否"正确"。

⑥有无漏定物料。

⑦物料是否能按预定时间到加工厂。

⑧时间上是否有问题。

⑨整理客户生产的资料（产前确定样、样品修改评语、面料色办卡、各辅料卡、尺寸表）。

⑩缝制要求、缝制工艺、工艺图示。

⑪客户生产所需的面料、辅料、订胶袋、纸箱、整烫方法，确认包装方法和装箱的分配。

在完成工艺单和样板制订工作后，可进行小批量样衣的生产，针对客户和工艺的要求及时修正不符点，并对工艺难点进行攻关，以便大批量流水作业顺利进行。样衣经过客户确认签字后成为重要的检验依据之一。能及时发现一些生产上可能出现的问题，询问客户是否修改。

在生产前，要测试出每个工序的工时，做工艺单，并找车间主任确认，且加以修改。

投产初期必须每个车间、每道工序高标准地进行半成品检验，如有问题要及时反映给工厂负责人和相应管理人员，并监督、协助工厂落实整改。

每个车间下机首件成品后，要对其尺寸、做工、款式、工艺进行全面细致的检验。中期出20～30件时看是否有水洗，挑20件洗头缸。水洗后出具检验报告书（生产初期、中期、末期）及整改意见，经加工厂负责人签字确认后留工厂一份，自留一份并传真给公司。

每天要记录、总结工作，制订明日的工作方案。根据产品交期事先列出生产计划表，每日翔实记录工厂裁剪进度、投产进度、产成品情况、投产机台数量，并按生产计划表落实进度并督促工厂。

（4）工艺单实例

实例1：大连富田洋服有限公司——裤子工艺单

工 艺 标 准

GONG YI BIAO ZHUN

款式号：
样板号：
产品名称：裤子
客　户：

| 样板制作 | 工艺制作 | 领导审核 |
|---|---|---|
| | | |

大连富田洋服有限公司
　年　月　日

## 原辅材料及缝制说明

| 客户： | | | | 款式：男西裤　　样板号：HT-RG1 |
|---|---|---|---|---|
| 材料名称 | 品质 | 数量 | 单位 | 用途和要求 |
| 面料 | — | — | m | 前裤片×2、后裤片×2、腰×2<br>绊带（40cm×4.5cm）×2、侧兜垫带×2<br>后兜牙×2、后兜垫布×2、门襟×1、掩襟面×1 |
| 里料 | 190T | — | m | 裤膝×2　　（下端锯齿切花） |
| 兜布 | T/C | — | m | 侧兜布×2、后兜布×2、掩襟里×1、<br>裆布×2、成品腰里 |
| 无纺衬 | — | — | m | 侧兜口×2、门襟×1、掩襟面×1<br>后兜牙×2、后兜位×2 |
| 扣 | 24L | 3 | 个 | 后兜2个，腰头1个（套装裤子无备扣） |
| 裤钩 | — | 1 | 个 | 腰头 |
| 成品腰里 | — | — | m | 腰里 |
| 硬腰衬 | 3.3cm | 1.18 | m | 腰面内衬 |
| 拉链 | — | 1 | 条 | 门刀 |
| 裤标 | — | 1 | 个 | 腰里织带下，左前兜布居中 |
| 洗涤 | — | 1 | 个 | 夹缉在右后兜垫带布下，居中 |
| 吊牌 | — | 1 | 个 | 详见包装方法 |
| 吊牌贴 | — | 1 | 个 | 详见包装方法 |
| 腰宽 | | | | 成品3.5cm |
| 腰头探头 | | | | 无探头 |
| 侧兜 | 款式 | | | 侧插兜，兜口距边0.6cm明线，兜口上、下封结0.7cm |
| | 规格 | | | 侧兜口长16cm |
| | 居中缝 | | | 3cm（详见图示） |
| 前片省 | | | | 一个省，折份倒向前中 |
| 后兜 | 款式 | | | 左右各一个双牙兜，两端打竖结，都锁眼钉扣 |
| | 规格 | | | 兜牙宽1cm，长14cm |
| | 距腰 | | | 5.5cm |
| 绊带 | 根数 | | | 都为8根绊带 |
| | 距腰 | | | 绊带上端距腰0.5cm |
| | 样式 | | | 撸绊带，带明线 |
| 裤膝 | | | | 下端锯齿 |
| 裆布 | | | | 后裆 |
| 门刀 | | | | 面门刀明线3.5cm宽 |
| 后片省 | | | | 两个省，缝份倒向后中 |
| 脚口 | | | | 码边即可 |
| 码边部位 | | | | 前浪、后浪、门襟、内侧缝、外侧缝、<br>脚口、后兜垫带、侧兜垫带、掩襟面 |
| 缝份要求 | | | | 后裆缝份3.5cm，其他为1cm |

### 针迹要求

| 明 线 | 每3cm12～13针 | 暗 线 | 每3cm13～14针 |
|---|---|---|---|
| 手 缝 | 每3cm3.5针 | 码 边 | 每3cm10～11针 |￼
| 手缝钉扣 | 每眼双线3针，脖高0.3cm 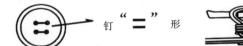 钉"="形　　脖高0.3cm | | |

### 线的应用

| 线 号 | 用 途 | 部 位 |
|---|---|---|
| 丝 50/3 | 明线 | 各部位的明线 |
| | 打结线 | 各部位的打结处用线及锁眼封结线 |
| | 绊带线 | 撸绊带用线 |
| | 商标线 | 缉商标用线（明线缝） |
| 涤棉 60/2 | 码边线 | 所有码边用线 |
| 涤棉 60/3 | 缝纫线 | 各部位的暗线及缝纫线 |
| | 兜布线 | 兜布用线 |
| | 手缝线 | 钉扣用线及手缝的多种用线 |
| 丝 30 号 | 锁眼线 | 所有部位锁眼用线 |
| 涤棉 20/3 | 芯线 | 锁眼用芯线 |

实例2：大连富田洋服有限公司——西服工艺单

# 工艺标准
GONG YI BIAO ZHUN

款式号：
样板号：
产品名称：西服
客　户：

| 样板制作 | 工艺制作 | 领导审核 |
|---|---|---|
|  |  |  |

大连富田洋服有限公司
　　年　月　日
　　　　　　　共　页

## 外观分解图

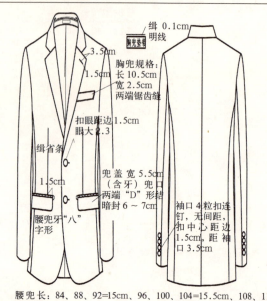

腰兜长：84、88、92=15cm，96、100、104=15.5cm，108、112、116=16cm

**外观描述：**
此款为卡洛佳正装男西服款式，平驳头，无开祺，2 粒扣，左侧一胸兜，左右各一个双牙腰兜，带兜盖，直贴边，有内星缝，左侧驳头有看眼，左右各一个双牙内兜，右内兜带三角牌，左侧里有一个烟斗和一个笔兜，袖假开祺，勾三角，无装饰眼，订 4 粒装饰扣

| 部位 | 规格/要求 |
|---|---|
| 胸兜 | 两端锯齿缝，兜口暗封 4cm |
| 腰兜 | 双牙兜带兜盖，兜口两端 D 形结，省前过 1.5cm；腰兜牙宽 1cm，兜口暗封 6～7cm |
| 内兜 | 长 14cm，宽 1cm，右内兜有三角牌，对缝向外；锁眼钉扣，1.8cm 圆眼，扣钉"="；内兜两端 D 形结，线色顺里子色 |
| 烟兜 | 规格：长 9cm，宽 1cm，两端 D 形结，线色顺里子色 |
| 笔兜 | 规格：长 4.5cm，宽 2cm，两端 D 形结，线色顺里子色 |
| 止口 | 2 粒扣，扣眼距边 1.5cm，眼大 2.3cm |
| 驳头 | 有看眼，眼大 1.8cm，不开刀，驳头宽 8cm |
| 贴边 | 直贴边，有距贴边 0.1cm 内星缝，线色顺里子色 |
| 后开祺 | 无 |
| 袖口开祺 | 假开祺，勾三角，无装饰袖眼，搭合 4cm，长 10.5cm，4 粒扣连钉，钉"=" |
| 后背里 | 后背里左压右，2cm 虚顺至腰节 |
| 领 | 大领接小领缝份 0.6cm，上下各缉 0.1 明线，都不缉透领底，领底加小白带，吃聚 0.5～0.6cm |
| 底摆 | 底摆折边 4cm，里子距边 1.5cm |
| — | 里子虚 1.5cm，缝份 1cm |
| 袖口 | 袖口折边 4cm，里子距边 2cm |
| — | 里子虚 1cm，缝份 1cm |
| 缝份 | 后背缝缝份 1.5cm，其他缝份为 1cm |
| 胸兜 | 两端锯齿缝，兜口暗封 4cm |

## 裁剪要求

| | 项目 | 要求 |
|---|---|---|
| 一、 | 提料规定 | 按生产数额定量提料，清算每一次提料数量，做好详细记录 |
| 二、 | 放料规定 | 面料放料至少 24h 以上，才可使用 |
| 三、 | 排版规定 | 量准幅宽，排版紧密，标明排版件数、拉布方式。严格按样板所示纱向排版，不许私自移动，排版完毕，一定要仔细检查版面是否育多版、漏版现象拉布前预先选料，按照版面定版长，布幅长短不得短或长于版长 |
| 四、 | 拉布规定 | 对照色卡确定面料正反面，拉布松紧适度，边幅对齐，随时观察色差及疵点情况，拉布剩下或甩出的布片要叠好，放妥，以备换片。拉布厚度不得超过 8cm |
| 五、 | 带刀规定 | 割刀前要核对版上的样片是否多片、少片，拉布方式是否正确。割刀要按粉印中心割进，割刀后的裁片必须符合样板，版面和版底层不允许有误差，按位打剪口，不许遗漏，剪口要准确，长短不得超过 0.3cm。带刀净裁厚度不得超过 4cm |
| 六、 | 捆活规定 | 清点裁片数量，将同一款式、型号、颜色的裁片捆在一起，要标明正反面，不得串号、串色 |
| 七、 | 打号规定 | 打号前要问清裁片的款号、正反面，打号部位要隐藏，打号要清晰、准确，不准有串号、漏号、半截号现象 |
| 八、 | 发活规定 | 发活前按色卡搭配面、里料，按生产单进行发活，不许串板，以免出现色差 |
| 九、 | 换片规定 | 换片时要注意面料的纱向，颜色不要出现色差，做好换片记录 |
| 十、 | 毛向规定 | 有倒顺毛的面料，排、划版、拉布时的毛向必须一致 |
| 十一、 | 粘衬规定 | 按照工艺指示部位伏衬。根据技术部下发的粘合标准（压力、速度、温度）进行操作，如出现不良时，立即找技术部确认。粘无纺衬时绝不能一垛布片，用熨斗一起汽烫 |

## 粘衬部位图示

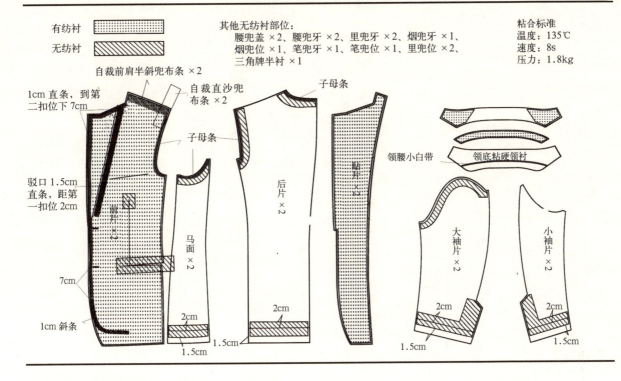

## 里子解剖图

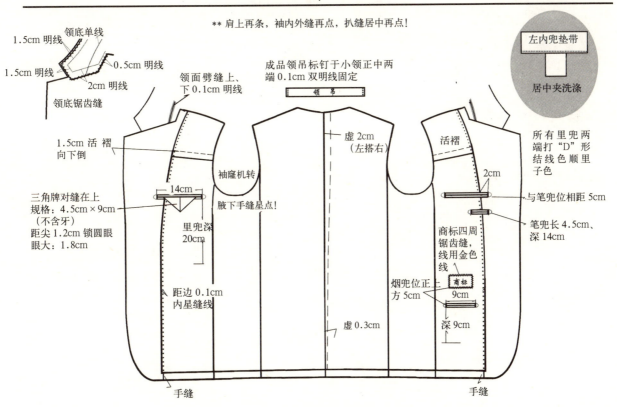

## 原辅材料使用说明

客户：　　　　　　　　款式：男上衣　　　　　　样板号：

| 材料名称 | 品质/规格 | 数量 | 单位 | 用途和要求 |
|---|---|---|---|---|
| 面料 | — | — | m | 前衣片×2，后衣片×2，马面×2，大袖片×2，小袖片×2 |
| | — | — | — | 贴边×2，领座×1，领面×1，胸兜牌×1，胸兜垫带×1 |
| | — | — | — | 腰兜牙×2，腰兜盖×2，省条×2（2cm×15cm） |
| 里料 | — | — | m | 前片里×2，后背里×2，马面里×2，大袖里×2，小袖里×2 |
| | — | — | — | 腰兜盖×2，腰兜垫带×2，三角牌×1，里兜牙×2 |
| | — | — | — | 里兜垫带×2，笔兜牙×1，笔兜垫带×1，烟兜牙×1 |
| | — | — | — | 烟兜垫带×1，再条×2，领头垫布×2（2.8cm×2cm） |
| 兜布 | — | — | m | 腰兜布×4，胸兜布×2，里兜布×4，里兜布帮条×2 |
| | — | — | — | 笔兜布×2，烟兜布×2 |
| | — | — | — | 前肩半斜兜布条×2，直纱兜布条×2 |
| 领底呢 | — | — | m | 领底×1 |
| 有纺衬 | — | — | m | 详见衬图 |
| 无纺衬 | — | — | m | 详见衬图 |
| 硬领衬 | — | — | m | 领底×1 |
| 小白带 | 0.6cm | — | m | 领底 |
| 胸斗牌衬 | 2.4cm | 0.12 | m | 胸兜 |
| 粘胶直条 | 1cm | — | m | 详见衬图 |
| 粘胶直条 | 1.5cm | — | m | 驳口 |
| 粘胶斜条 | 1cm | — | m | 圆摆 |
| 双面胶 | 1cm | — | m | 领底、胸兜、窜口 |
| 子母条 | 1.2cm | — | m | 袖窿一周、后领口 |
| 胸衬 | — | 1 | 副 | 前胸 |
| 肩垫 | — | 1 | 副 | 肩上 |
| 袖窿条 | — | 1 | 副 | 袖窿上 |
| 扣 | 20cm 大扣 | 2+1 | 粒 | 止口扣2粒，备扣1粒 |
| | 1.5cm 小扣 | 8+1 | 粒 | 袖扣8粒，备扣1粒 |
| | 1.5cm 小扣 | 1 | 粒 | 里兜扣1粒 |
| 大商标 | — | 1 | 个 | 烟兜正上方5cm处，四周锯齿缝，线色顺商标色 |
| 领吊标 | — | 1 | 个 | 领座居中位置，两端0.1cm明线固定，线色顺领吊标色 |
| 洗涤 | — | 1 | 个 | 左里兜垫带居中夹 |
| 吊粒 | — | 1 | 个 | 包装 |
| 吊牌 | — | 1 | 个 | 包装 |
| 备用袋 | — | 1 | 个 | 装备扣放入左侧里兜内 |
| 防尘袋 | — | 1 | 个 | 包装 |
| 衣架 | — | 1 | 个 | 包装 |

## 针迹说明

| 明线 | 每3cm 12～13针 | 暗线 | 每3cm 13～14针 |
|---|---|---|---|

| 手缝钉扣 | 手缝钉扣每眼双线三针，缠脖高0.3cm<br>钉"="形　　脖高0.3cm |
|---|---|

## 线的应用

| 线号 | 用途 | 部位 |
|---|---|---|
| 涤棉60/3 | 缝纫线 | 各部位的明线及暗线 |
| 丝30/3 | 锁眼线 | 所有部位的锁眼用线 |
| 丝50/3 | 打结线 | 各部位的打结处用线及锁眼封结线 |
| 涤棉60/3 | 商标线 | 缉商标用线 |
| 涤棉60/3 | 手缝线 | 钉扣用线及手缝的多种用线 |

实例3：大连富田洋服有限公司——马甲工艺单

**工艺标准**
GONG YI BIAO ZHUN

KALLCA 卡洛佳

款式号：
样板号：
产品名称：马甲
客　户：

| 样板制作 | 工艺制作 | 领导审核 |
|---|---|---|
|  |  |  |

大连富田洋服有限公司
　　年　月　日
　　　　　共　页

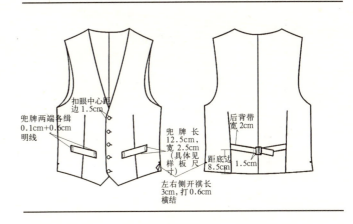

男马甲面分解图

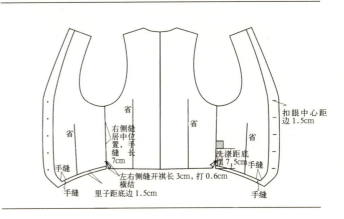

男马甲里子分解

## 裁剪要求

| 一、提料规定 | 按生产数额定量提料，清算每一次的提料数量，做好详细记录 |
|---|---|
| 二、放料规定 | 面料放料至少24h以上，才可使用 |
| 三、排版规定 | 量准幅宽，排版紧密，标明排版件数、拉布方式。严格按样板所示纱向排版，不许私自移动，排版完毕，一定要仔细检查版面是否有多版、漏版现象 |
| 四、拉布规定 | 拉布前预先选料，按照版面定版长，布幅长短不得短或长于版长，对照色卡确定面料正反面，拉布松紧适度，边幅对齐，随时观察色差及疵点情况，拉布剩下或甩出的布片要叠好，放妥，以备换片。拉布厚度不得超过8cm |
| 五、带刀规定 | 割刀前要核对版上的样片是否多片、少片，拉布方式是否正确，割刀要按粉印中心割进，割刀后的裁片必须符合样板，版面和版底层不允许有误差，按位打剪口，不许遗漏，剪口要准确，长短不得超过0.3cm。带刀净裁厚度不得超过4cm |
| 六、捆活规定 | 清点裁片数量，将同一款式、型号、颜色的裁片捆在一起，要标明正反面，不得串号、串色 |
| 七、打号规定 | 打号前要问清裁片的款号、正反面，打号部位要隐藏，打号要清晰、准确，不准有串号、漏号、半截号现象 |
| 八、发活规定 | 发活前按色卡搭配面、里料，按生产单进行发活，不许串板，以免出现色差 |
| 九、换片规定 | 换片时要注意面料的纱向，颜色不要出现色差，做好换片记录 |
| 十、毛向规定 | 有倒顺毛的面料，排、划版、拉布时的毛向必须一致 |
| 十一、粘衬规定 | 按照工艺指示部位伏衬。根据技术部下发的粘合标准（压力、速度、温度）进行操作，如出现不良时，立即找技术部确认。粘无纺衬时绝不能一垛布片，用熨斗一起汽烫 |

## 原辅材料使用说明

客户：　　款号：男马甲　　样板号：

| 材料名称 | 品质 | 数量 | 单位 | 用途和要求 |
|---|---|---|---|---|
| 面料 | — | — | m | 前片×2，贴边×2，腰兜牌×2<br>省条×2，（10cm×2cm） |
| 里料 | — | — | m | 前片里×2，后片里×2 |
| 兜布 | — | — | m | 腰兜布×4 |
| 有纺衬 | — | — | m | 前片×2，贴边×2 |
| 无纺衬 | — | — | m | 腰兜口×2，省尖×2 |
| 有胶直条 | 1.0cm直条 | — | m | 前领口，前止口 |
| 腰兜牌衬 | 2.4cm | — | m | 腰兜 |
| 纽扣 | — | 5 | 粒 | 止口 |
| 扦子 | — | 1 | 个 | 后背带 |
| 洗涤 | — | — | 个 | 见后图 |

## 缝制规定

| 腰兜 | 单牙兜2.5cm宽，腰兜口大12.5cm（具体见样板尺寸） |
|---|---|
| | 腰兜两端0.1cm+0.6cm |
| 侧开祺 | 左右侧缝长3cm，打0.6cm横结 |
| 前止口 | 止口5粒扣，距边1.5cm，等号钉 |
| | 扣眼大1.8cm，扣眼内径距边1.5cm |
| 缝份 | 所有缝份1cm |
| 里兜 | 无 |
| 贴边款式 | 普通贴边　没有明线 |

## 针迹说明

| 明　　线 | 每3cm 12～13针 | 暗线 | 每3cm 13～14针 |
|---|---|---|---|
| 手缝钉扣 | 手缝钉扣每眼双线三针，缠脖高0.3cm<br>钉"="形 | | 脖高0.3cm |

## 线的应用

| 线　号 | 用　途 | 部位 |
|---|---|---|
| 涤棉60/3 | 缝纫线 | 各部位的明线及暗线 |
| 丝30/3 | 锁眼线 | 所有部位的锁眼用线 |
| 丝50/3 | 打结线 | 各部位的打结处用线及锁眼封结线 |
| 涤棉60/3 | 商标线 | 缉商标用线 |
| 涤棉60/3 | 手缝线 | 钉扣用线及手缝的多种用线 |

### 4. 裁剪工艺

一般来说，裁剪是服装生产的第一道工序，其内容是把面料、里料及其他材料按排料、划样要求剪切成衣片，还包括排料、铺料、算料、坯布疵点的借裁、套裁、裁剪、验片、编号、捆扎等。

排料：一般采用单向、双向、任意等。

裁剪：一般采用套裁方式，常用的有平套、互套、镶套、拼接套、剖缝套等。

裁剪前要先根据样板绘制出排料图，"完整、合理、节约"是排料的基本原则。在裁剪工序中主要工艺要求如下：

（1）看样品，对应样板检查片数，看是否有丢片、顺片、丝绺等错误出现。及时向打版技术人员改正。再按照大货数量进行搭配，排大货。排完后，根据大货总数算单耗。再加损耗报跟单员确认。排样品时也要根据来客的供面料排出各种面料单耗，并上报。

（2）每一批大货面料到后要根据面料情况做百家衣（分匹抽）、缩率（50×50方格）。缩率包括自然缩、洗水缩两种。自然缩是指面料在大货生产中经过熨烫后或者面料放松后的自然收缩；测试面料正确的缩水率方法要跟大货成衣的洗水类型相同，如果成衣不洗水，面料只要用蒸汽熨斗打气后测量就行。洗水缩是指成衣洗水后的收缩面料，其质量一般包括布封、颜色、手感（质地）；色差、边差、段差、门幅不符、缩水率偏大可以要求退布。

（3）对于不同批染色或砂洗的面料要分批裁剪，防止同件服装上出现色差现象。对于一匹面料中存在色差现象的要进行色差、定位排料。排料时注意面料的丝绺顺直以及衣片的丝绺方向是否符合工艺要求，对于起绒面料（例如丝绒、天鹅绒、灯芯绒等）不可倒顺排料，按照客户要求确定是单向还是一件一方向，否则会出现跑毛、逆光等，会影响服装颜色的深浅。

（4）拖料时确认面料反正。拖布平整、松紧适度，样板数量要核对，注意避开疵点，量幅宽，分缸、分匹拖布。对于条格纹的面料，拖布时要注意各层中条格对准并定位，以保证服装上条格的连贯和对称。特别注意针织、摇粒绒、褶皱布等伸缩性较强的面料要提前放布，自然回缩24h再裁剪，以免裁剪后裁片过小。

（5）裁剪要求下刀准确，线条顺直流畅。铺型不得过厚，面料上下层不偏刀。同规格裁片与样板误差不能超过0.2cm，牙剪深度不超过0.6cm，不要出现同码不同片的情况。

（6）根据样板对位写号，卡号距边0.6cm（包括号在内），字号清晰，改号要清楚，每一片都要写号。

（7）采用锥孔标记时应注意不要影响成衣的外观。裁剪后要进行清量和验片工作，并根据服装规格分堆捆扎，附上票签注明款号、部位、规格等。

（8）每裁剪一张订单，将布头布尾留起备用，好作为车间的配片需要。

（9）做好拖布记录，核对单耗情况。

### 5. 缝制工艺

缝制是整个服装加工过程中技术性较强，也较为重要的成衣加工工序。它是按不同的款式要求，通过合理的缝合，把各衣片组合成服装的一个工艺处理过程。所以，如何合理地组织缝制工序，选择缝迹、缝型、机器设备和工具等都十分重要。

**1) 缝迹、缝线、缝针的要求**

缝线的选择原则上应与服装面料同质地、同色彩（特别用于装饰设计的除外）。缝线一般包括丝线、棉线、棉/涤纶线、涤纶线等。在选择缝线时还应注意缝线的质量，例如色牢度、缩水率、牢度租强度等。各类质地面料应采用的标准缝线见表3-13。

各类质地面料的标准缝线　　表3-13

| 面料的质地 | 缝线 |
| --- | --- |
| 丝绸、毛、丝/合成纤维、毛/合成纤维、以丝和毛为主的混纺交织布 | 丝线、涤纶线 |
| 棉、棉/合成纤维、以棉为主的混纺交织布 | 棉线、棉/涤纶线 |
| 上述质地以外的面料 | 涤纶线、棉/涤纶线 |

针迹密度是指针脚的疏密程度，以露在布料表面3cm内的缝合数来判断，也可用3cm布料内的针孔数来表示。梭织服装加工中标准的针迹密度见表3-14。

针迹密度　　表3-14

| 缝合方式的类别 | 运针数 |
| --- | --- |
| 直线缝锁缝（外衣） | 13～15针/3cm |
| 直线缝锁缝（中衣） | 15～17针/3cm |
| 联锁缝 | 12～13针/3cm |
| 包缝 | 13～14针/3cm |
| 包缝锁边 | 8针/3cm |
| 手工缭缝（翻边缭里边） | 3～4针/3cm |
| 手工缭缝（缭明缝） | 7～9针/3cm |

服装的缝制整体上要求规整美观，不能出现不对称、扭歪、漏缝、错缝等现象。条格面料在缝制中要注意拼接处图案的顺连，条格左右对称。缝线要求均匀顺直，弧线处圆润顺滑；服装表面切线处平服无皱痕、小折；缝线状态良好，无断线、浮线、抽线等情况；重要部位例如领尖不得接线。

（1）缝迹

由于面料的织物具有纵向和横向的延伸性（即弹性）的特点及边缘线圈易脱散的缺点，故缝制针织时装的缝迹应满足：

①缝迹应具有与针织织物相适应的拉伸性和强力。

②缝迹应能防止织物线圈的脱散。

③适当控制缝迹的密度。如厚型织物的平缝机缝迹密度控制在9～10针/2cm，包缝机缝迹密度为6～7针/2cm；薄型织物的平缝机缝迹密度控制在10～11针/2cm，包缝机缝迹密度为7～8针/2cm。根据客户要求确定。

（2）缝线

缝线要达到下列质量要求：

①缝纫机用纯棉线（缝线）应采用精梳棉线，它具有较高的强度和均匀度。

②缝线应具有一定的弹性，可防止在缝纫过程中由于线的曲折或压挤而发生断线现象。

③缝线必须具有柔软性。

④缝线必须条干均匀光滑，减少缝线在线槽和针孔中的受阻或摩擦，避免造成断线和线迹张力不匀等疵点。根据客户要求确定线号、颜色。

（3）缝针

缝纫机针又称缝针、机针。为了达到缝针与缝料、缝线的理想配合，必须选择合适的缝针。

**2) 粘合工技术操作规程**

粘衬在服装加工中的应用较为普遍，一般有纺衬、无纺衬，其作用在于简化缝制工序，使服装品质均一，防止变形和起皱，并对服装造型起到一定的作用。其种类以无纺布、梭织品、针织品为底布居多，粘合衬的使用要根据服装面料和部位进行选择，并要准确掌握胶着的时间、温度和压力，这样才能达到较好的效果。

（1）要严格按照工艺要求，对衣片进行粘衬操作，不得粘错衬，严禁少粘或多粘。

（2）要严格按照工艺要求，调整好粘衬机的温度和压力，不得出现粘糊、粘合不均和粘合不牢等现象。

（3）粘衬操作时，要注意面料和衬布的正反面，严禁将衬布粘在面料的正面或粘合机出现问题时，要及时报告。

**3) 锁眼钉扣**

服装中的锁眼和钉扣通常由机器加工而成，扣眼根据其形状分为平型和眼型孔两种，俗称为睡孔和鸽眼孔。

（1）睡孔

普遍用于衬衣、裙、裤等薄型衣料的产品上。

（2）鸽眼孔

多用于上衣、西装等厚型面料的外衣类上。锁眼应注意以下几点：

①扣眼位置是否正确。

②扣眼大小与纽扣大小及厚度是否配套。

③扣眼开口是否切好。

④有伸缩性（弹性）或非常薄的衣料，要考虑使用锁眼孔时在里层加布补强。纽扣的缝制应与扣眼的位置相对应，否则会因扣位不准造成服装的扭曲和歪斜。

（3）钉扣时还应注意钉扣线的用量和强度是否足以防止纽扣脱落，也不要出现芯柱开花、打歪、转动、破洞等不良现象。冲眼厚型面料服装上钉扣绕线数是否充足。

服装的缝制整体上要求规整美观，不能出现不对称、扭歪、漏缝、错缝等现象。条格面料在缝制中要注意拼接处图案的顺连，条格左右对称，缝线要求均匀顺直，弧线处圆润顺滑；服装表面切线处平服无皱痕、小折；缝线状态良好，无断线、浮线、抽线等情况；重要部位例如领尖不得接线。

### 6. 熨烫工艺

人们常用"三分缝制，七分整烫"来强调整烫是服装加工中的一个重要工序。一定要确认整烫方法，严格按照客户要求整烫。要确保整烫台的清洁卫生。折叠整烫时，要严格按照工艺要求操作，确保整齐划一。要确保服装产品不被污染，要严格执行"三无一杜绝"的规定，即无水花、无亮光、无麻印，杜绝烫糊。要按照规定对设备进行定期保养，确保设备外观清洁，如出现机器设备故障时，要及时通知设备维修人员，不得擅自拆卸机器。在使用蒸汽熨斗时，要注意绝缘。操作人员离开机器时，要注意随时关机。

操作过程中，对扣配好的衣片，要整齐堆放，不得乱丢乱放。熨烫工具要放在支架上，不得直接放在有衣片的案板上，以免烧坏案板。操作人员离开烫台时，要及时拔掉电源插头。整烫的主要作用有三点：

（1）通过喷雾、熨烫去掉衣料皱痕，平服折缝。

（2）经过热定型处理使服装外形平整、褶裥、线条挺直。

（3）利用"归"与"拔"熨烫技巧适当改变纤维的张缩度与织物经纬组织的密度和方向，塑造服装的立体造型，以适应人体体形与活动状态的要求，使服装达到外形美观、穿着舒适的目的。

影响织物整烫的四个基本要素是：温度、湿度、压力和时间。其中熨烫温度是影响熨烫效果的主要因素。掌握好各种织物的熨烫温度是整理成衣的关键问题。熨烫温度过低达不到熨烫效果；熨烫温度过高则会把衣服熨坏造成损失。

各种纤维的熨烫温度，还要受到接触时间、移动速度、熨烫压力、有无垫布、垫布厚度及水分有无种种因素的影响。

整烫中应避免以下现象的发生：

（1）因熨烫温度过高、时间过长造成服装表面的极光和烫焦现象。

（2）服装表面留下细小的波纹皱折等整烫疵点。

### 7. 成衣品质控制

成衣品质控制是使产品质量在整个加工过程中得到保证的一项十分必要的措施，是研究产品在加工过程中产生和可能产生的质量问题，并且制定必要的质量检验标准和法规。

成品检验是产品出厂前的一次综合性检验，包括外观质量和内在质量两大项目，外观检验内容有尺寸公差、外观疵点、缝迹牢度等。内在检测项目有面料单位面积重量、色牢度、缩水率等。

服装的检验应贯穿于裁剪、缝制、锁眼钉扣、整烫等整个加工过程之中。在包装入库前还应对成品进行全面的检验，以保证产品的质量。

成品检验的主要内容有：

（1）款式是否同确认样相同。

（2）尺寸规格是否符合工艺单和样衣的要求。

（3）缝合是否正确，缝制是否规整、平服。

（4）条格面料的服装检查对格对条是否正确。

（5）面料丝缕是否正确，面料上有无疵点、油污存在。

（6）同件服装中是否存在色差问题。

（7）整烫是否良好。

（8）粘合衬是否牢固，有否渗胶现象。

（9）线头是否已修净。

（10）服装辅件是否完整。

（11）服装上的尺寸唛、洗水唛、商标等与实际货物内容是否一致，位置是否正确。

（12）服装整体形态是否良好。

（13）包装是否符合要求。

### 8. 后处理

后处理包括包装、储运等内容，是整个生产过程中的最后一道工序。操作工按包装工艺要求将每一件制成并整烫好的服装整理、折叠好，放在胶袋里，然后按装箱单上的数量分配装箱。有时成衣也会吊装发运，将服装吊装在货架上，送到交货地点。

为了使工厂按时交货,赶上销售季节,在分析服装产品的造型结构、工艺加工等特点后,对纸样、样板设计、工艺规格、裁剪工艺、缝纫加工、整烫、包装等各个生产环节制定出标准技术文件,才能生产出保质、保量、成本低并满足消费者、客户需求的服装。

服装的包装可分挂装和箱装两种,箱装一般又有内包装和外包装之分。

内包装指一件或数件服装入一胶袋,服装的款号、尺码应与胶袋上标明的一致,包装要求平整美观。一些特别款式的服装在包装时要进行特殊处理,例如扭皱类服装要以绞卷形式包装,以保持其造型风格。

外包装一般用纸箱包装,根据客户要求或工艺单指令进行尺码、颜色搭配。包装形式一般有混色混码、独色独码、独色混码、混色独码四种。装箱时应注意数量完整,颜色尺寸搭配准确无误。外箱上刷上箱唛,标明客户、指运港、箱号、数量、原产地等,内容与实际货物相符。

# 四、工作室教学第三单元——三开身上装的工艺设计与制作

## 项目（一）西服的制作

### 1. 男西服的制作

**1）项目说明**

西服乃国际男装，具有100多年的历史，至今仍方兴未艾。挺括、舒适、潇洒、大方的男西服，烘托出了男子丰润饱满的健美体魄，给人以古朴、高贵、庄重、明快等美感。

西服的制作工艺周密、巧妙、精湛、讲究，一定程度上代表了成衣制作技术的最高水准。随着新材料、新工艺的不断推出，西服的制作工艺也在不断改进和发展。

(1) 西服的领子和装领工艺

①西服的三种领子工艺

a. 领外口兜缉工艺：适用于女西服、薄型西服、灯芯绒西服等，领里串口为直丝，后中拼接，领外侧止口领里坐进0.1cm。

b. 领里采用领底呢工艺：领底呢采用斜料，领外口用三角针将面里固定，领外口领面坐转0.4cm，目前大部分西服均采用这一工艺。

c. 挖领脚工艺：省去了领子归拔工艺，保证了领子自然窝服，便于西服的大工业生产。

②西服的两种装领工艺

a. "一把缉"工艺：缉领面串口时将领面与挂面、大身串口一把缉住。

b. "分开缉"工艺：缉串口时领面与挂面相缉，领里与大身相缉。

(2) 西服的袖衩与装袖工艺

①西服的三种袖衩工艺

a. 假衩工艺：非正规的简易工艺。

b. 真假衩工艺：正规的西服传统工艺。

c. 真衩工艺：目前流行的正规西服工艺。

②西服的两种装袖工艺

a. 坐缝工艺：装袖缝头不分开，这是西服的传统工艺。

b. 分缝工艺：将上段装袖缝头分开烫煞，袖山缝子清晰。

(3) 西服的三种胸省工艺

①坐省：胸省缝头朝侧缝坐倒，省道两侧厚薄不均，要求不高的低档西服采用。

②分省：省尖下4cm将胸省缝头分开烫煞。省道清晰，两侧厚薄均匀，但缝头较小，省道容易绷开，目前为大部分西服所采用。

③填省：收省时在省下填一块本色面料一起缉住，然后将填布与省缝缝头分开烫煞（假分缝），则胸省省道清晰，两侧厚薄均匀，适合高档薄料西服。

(4) 西服的归拔工艺

归拔工艺是西服制作工艺的重点，也是难点，贯穿于整个制作过程。西服的美感在于合体，平面衣片经收省虽已变为立体，但要合体，就必须经过"推、归、拔"工艺，借以推出胸部"胖势"，拔出腰部"吸势"，归烫袖窿以使袖窿圆润饱满，归拔领脚以使领子自然窝服。归拔工艺有一定的操作技巧和经验积累，需经一定量的实践操练才能掌握。

(5) 西服的止口工艺

一件西服止口的厚薄一定程度上反映了西服工艺的精湛程度。敷牵带以保证止口挺括不被拉还，缉止口要求缉线顺直，修止口使止口变薄，烫止口让止口服帖定型，拱止口让止口两侧面、里浑然一体。

(6) 西服的口袋工艺

西服的口袋有其实用功能，更有其装饰功能。西服大袋嵌线要宽窄一致，袋盖要饱满窝服，方正中又显圆顺；手巾袋袋口缝子清晰，袋415方正，挺括而又不显呆板。

(7) 西服的整烫工艺

西服重点整烫三个部位：

①止口、底边。将门里襟止口、领、驳头止口烫顺、烫煞，衣服下摆底边烫顺、烫煞。

②胸部。在布馒头上将胸部熨烫圆顺、饱满。

③领、驳头。按翻领线和驳口线将领子与驳头折转烫顺，领角、驳角两边对称，自然窝服。

**2）技术工艺标准和要求**

见表4-1～表4-4。

男西服裁片的质量标准　　　　　　　　　　　　　　　　　　　　　　　　　　　　　　　表 4-1

| 序号 | 部位 | 纱向规定 | 拼接要求 | 对条对格规定（明显条格在1cm以上） |
|---|---|---|---|---|
| 1 | 前身 | 经纱以领口宽线为准，不允许斜 | — | 条料对条，格料对横，互差不大于0.3cm |
| 2 | 后身 | 倾斜不大于0.5cm，条格料不允许斜 | — | 以上部为准条料对称，格料对横，互差不大于0.2cm |
| 3 | 袖片 | 大袖片倾斜不大于1cm，小袖片倾斜不大于0.5cm | — | 条格顺直以袖山为准，两袖互差不大于0.5cm；袖肘线以上前身格料对横，互差不大于0.5cm；袖肘线以下，前后袖缝格料对横，互差不大于0.3cm |
| 4 | 领面 | 纬纱倾斜不大于0.5cm，条格不允许斜 | 连驳领可在后中缝拼接 | 条格料左右对称，互差不大于0.2cm；背缝与后领面，条料对条，互差不大于0.2cm |
| 5 | 挂面 | 以驳头止口处经纱为准，不允许斜 | 允许两接一拼，接在两扣位中间 | 条格料左右对称，互差不大于0.2cm |
| 6 | 袋盖 | 与大身纱向一致，斜料左右对称 | — | 手巾袋、大袋与前身条料对条，格料对格，互差不大于0.2cm |

男西服成品规格测量方法及公差范围　　　　　　　　　　　　　　　　　　　　　　　　表 4-2

| 序号 | 部位名称 | 允许偏差（cm） | 备注 |
|---|---|---|---|
| 1 | 衣长 | ±1.0 | 上衣架测量 |
| 2 | 胸围 | ±1.5 | 5.3系列 |
|   |      | ±2.0 | 5.4系列 |
| 3 | 袖长 | ±0.7 | 上衣架测量 |
| 4 | 总肩宽 | ±0.6 | 上衣架测量 |

精做男西服外观质量标准表　　　　　　　　　　　　　　　　　　　　　　　　　　　　表 4-3

| 序号 | 部位名称 | 外观质量 |
|---|---|---|
| 1 | 领子 | 领面平服，领窝圆顺，左右领尖不翘 |
| 2 | 驳长 | 串口、驳口顺直，左右驳头密匝、领嘴大小对称 |
| 3 | 止口 | 顺直平挺，门襟不短于里襟，不搅不豁，两圆头大小一致 |
| 4 | 前身 | 胸部挺括、对称，面里衬服帖，省缝顺直 |
| 5 | 袋盖 | 左右袋高低前后对称，袋盖与袋宽相适应，袋盖与身的花纹一致 |
| 6 | 后背 | 平服 |
| 7 | 肩 | 肩部平服，表面没有褶，肩缝顺直，左右对称 |
| 8 | 袖 | 绱袖圆顺均匀，两袖前后长短一致 |
| 9 | 整烫 | 各部位熨烫平服整洁，无线头，高光，采用粘合衬的部位不渗胶、不脱胶 |

男西服外观和缝制标准　　　　　　　　　　　　　　　　　　　　　　　表4-4

| 项目 | 序号 | 轻缺陷 | 重缺陷 | 严重缺陷 |
|---|---|---|---|---|
| 外观及缝制质量 | 1 | 商标不端正，明显歪斜；钉商标线与商标底色的色泽不适应 | 使用说明内容不准确 | 使用说明内容缺陷 |
| | 2 | — | — | 使用粘合衬部位脱胶、渗胶、起皱 |
| | 3 | 领子、驳头面、衬、里松紧不适宜；表面不平挺 | 领子、驳头面、里、衬松紧明显不适宜、不平挺 | — |
| | 4 | 领口、驳口、串口不顺直；领子、驳头止口吐 | — | — |
| | 5 | 领尖、领嘴、驳头左右不一致，尖圆对比互差大于0.3cm；领豁口左右明显不一致 | — | — |
| | 6 | 绱领不牢固 | 绱领严重不牢固 | |
| | 7 | 领窝不平服、起皱；绱领（领肩缝对比）偏斜大于0.5cm | 领窝严重不平服、起皱；绱领（领肩缝对比）偏斜大于0.7cm | — |
| | 8 | 领翘不适宜；领外口松紧不适宜；底领外外露 | 领翘严重不适宜；底领外露大于0.2cm | — |
| | 9 | 肩缝不顺直、不平服；后省位左右不一致 | 肩缝严重不顺直；不平服 | — |
| | 10 | 两肩宽窄不一致，互差大于0.5cm | 两肩宽窄不一致，互差大于0.8cm | — |
| | 11 | 胸部不合适，左右不一致，腰部不平服 | 胸部严重不挺括，腰部严重不平服 | — |
| | 12 | 袋位高低互差大于0.3cm，前后互差大于0.5cm | 袋位高低互差大于0.8cm，前后互差大于1.0cm | — |
| | 13 | 袋盖长短、宽窄互差大于0.3cm；口袋不平服、不顺直，嵌线不顺直，宽窄不一致；袋角不整齐 | 袋盖小于袋口（贴袋）0.5cm（一侧）或小于嵌线；袋布垫料毛边无包缝 | — |
| | 14 | 门、里襟不顺直、不平服；止口反吐 | 止口明显反吐 | — |
| | 15 | 门襟长于里襟，西服大于0.5cm，大衣大于0.8cm；里襟长于门襟；门、里襟明显搅豁 | — | — |
| | 16 | 眼位距离偏差大于0.4cm，眼与扣位互差0.4cm；扣眼歪斜，眼大小互差大于0.2cm | — | — |
| | 17 | 底边明显宽窄不一致、不圆顺；里子底边宽窄明显不一致 | 里子短，面明显不平服；里子长，明显外露 | — |
| | 18 | 绱袖不圆顺，吃势不适宜；两袖前后不一致大于1.5cm，袖子起吊，不顺 | 绱袖明显不圆顺；两袖前后明显不一致大于2.5cm；两袖明显起吊，不顺 | — |
| | 19 | 袖长左右对比互差大于0.7cm；两袖口对比互差大于0.5cm | 袖长左右对比互差大于1.0cm；两袖口对比互差大于0.8cm | — |
| | 20 | 后背不平，起吊；开叉不平服、不顺直；开叉止口明显搅豁；开叉长短互差大于0.3cm | 后背明显不平服，起吊 | — |
| | 21 | 衣片缝合明显松紧不平、不顺直；连续跳针（30cm内出现两个单跳针按连续跳针计算） | 表面部位有毛，脱，漏（影响使用和牢固）；链式缝迹跳针有一处 | — |
| | 22 | 有叠线部位漏叠两处（包括两处）以下；衣里有毛、脱毛 | 有叠线部位漏叠超过两处 | — |
| | 23 | 明线宽窄，弯曲 | 明线双轨 | — |
| | 24 | 滚条不平服，宽窄不一致；腰节以下活里没包缝 | — | — |
| | 25 | 轻度污渍，熨烫不平服；有明显水花、亮光；表面有大于1.5cm的死线头3根以上 | — | 有严重污渍，污渍大于50cm²；烫黄、破损等严重影响使用和美观 |
| | 26 | — | 拼接不符合3.6的规定 | — |

男西服外观和缝制标准    续表

| 项目 | 序号 | 轻缺陷 | 重缺陷 | 严重缺陷 |
|---|---|---|---|---|
| 色差 | 27 | 表面部位色差不符合本标准规定的半级以内；衬布影响色差低于4级 | 表面部位色差超过本标准规定半级以上；衬布影响色差低于3～4级 | — |
| 辅料 | 28 | 缝纫线色泽、色调与面料不相适应；钉扣线与扣色泽、色调不适应 | — | — |
| 疵点 | 29 | 2、3部位超本标准规定 | 1部位超本标准规定 | — |
| 对条对格 | 30 | 对条、对格、纬斜超本标准规定50%以内 | 对条、对格、纬斜超本标准规定50%以上 | 面料倒顺毛，全身顺向不一致，特殊图案顺向不一致 |
| 针距 | 31 | 低于本标准规定2针以内（含2针） | 低于本标准规定2针以上 | — |
| 规格允许偏差 | 32 | 规格超过本标准规定50%以内 | 规格超过本标准规定50%以上 | 规格超过本标准规定100%及其以上 |
| 锁眼 | 33 | 锁眼间距互差大于0.4cm；偏斜大于0.2cm，纱线绽出 | 跳线；开线；毛漏；漏开眼 | — |

注：
1. 以上各缺陷按序号逐渐累积计算。
2. 本未涉到的缺陷可根据标准规定，参照规则相似缺陷酌情判定。
3. 凡属于丢工、少序、错序，均为重缺陷。缺件为严重缺陷。
理化性能一项不合格即为该抽验不合格。

### 3）实训场所、工具、设备

实训地点：服装车缝工作室。

工　　具：尺、手针、机针、划粉、锥子、割绒刀、西式剪刀。

设　　备：缝纫设备（平缝机、拷边机）、熨烫设备、数字化教学设备。

### 4）制作前的准备

（1）材料的采购及准备

①面料用量（表4-5）。

西服用料计算参考表（cm）　　表4-5

| 品种 | 幅宽 | 胸围 | 算料公式 |
|---|---|---|---|
| 单排扣西服 | 90 | 110 | 衣长×2+袖长+20，胸围超过110，每大3，加料5。里子=衣长×2+袖长+5 |
| | 144 | 110 | 衣长+袖长+10，胸围超过110，每大3，加料3。 |
| 双排扣西服 | 90 | 110 | 衣长×2+袖长+30，胸围超过110，每大2，加料2。里子=衣长×2+袖长+10 |
| | 144 | 110 | 衣长+袖长+15，胸围超过110，每大3，加料3 |

②里料用量：与面料相同或少于面料10cm。

③衬料：

有纺衬：1.2m。使用部位有前片、挂面、侧片上部、领面。

无纺衬：0.5m。使用部位有领里、袖口贴边、大袋、里袋、卡袋及嵌线。

黑炭衬、腈纶棉：各0.5m。使用部位为挺胸衬。

树脂有纺衬：手巾袋口衬。

1.2cm宽直料粘带：3m。使用部位有驳口线、驳头外口、串口、大身止口。

双面粘带：1m。使用部位有领串口、领角、手巾袋口。

④袋布：0.5m细布。

⑤垫肩：1副。

⑥纽扣：直径2.3cm纽扣2粒，直径1.5cm纽扣6粒

⑦配色线：1塔。

⑧领底呢：0.2m。

（2）剪裁

①面料、里料预缩：

在服装裁剪前，通常都要对面、辅料进行预缩处理，如毛料要起水预缩，美丽绸要喷水预缩，羽纱要下水预缩等，熨烫时尽可能在面料的反面进行，烫平皱折，便于划线剪裁。

②设计男西服成品规格（表4-6）

男西服成品规格（cm）　表4-6

| 部位 | 衣长(L) | 胸围(B) | 领围(N) | 肩宽(S) | 袖长(SL) | 袖口(CF) |
|---|---|---|---|---|---|---|
| 规格 | 76 | 108 | 42 | 46 | 61 | 15 |

③男西服款式图：见图4-1。

图4-1 男西服款式图

④男西服结构图：

a. 前后衣身、领结构图。见图4-2。

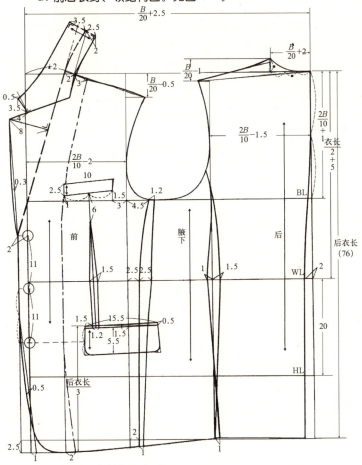

图4-2 前后衣身、领结构图（cm）

b. 袖片结构图。见图4-3。

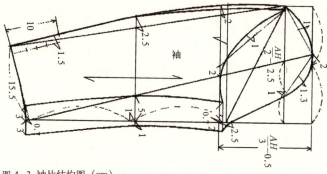

图4-3 袖片结构图（cm）

⑤男西服放缝、排料：

a. 衣片、袖子放缝

衣片底边放缝4cm，后背放缝1.5cm，肚省上口放缝2cm，袖口贴边放缝4cm，其余放缝1cm。注意：在制作样板时，应在衣片的腰节线、袖子的袖中点、袖肘线处打上剪口，做好对位标记，并在衣片和袖片上做好丝缕标记，见图4-4、图4-5。

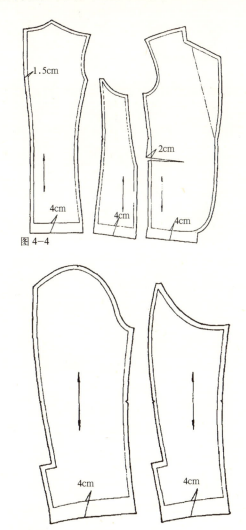

图4-4

图4-5

b. 挂面配置

依在放了缝的前片纸样上，肩缝抬高1cm，直开领放出2cm，串口抬高1.5cm，驳头外口拉直至驳头止点处形成缺口，再依止口边沿至底边净线下2cm形成圆角；挂面上口宽5cm，下口大8cm，划顺挂面里口弧线。见图4-6。

里子与挂面的拼缝缝头，应将里子放出2.5cm，底边净缝下去2cm，其余放出0.6cm。

侧片里子：底边净缝下去2cm，其余放出0.6cm。

后片里子：背缝放出1.5cm，底边净缝下去2cm，其余放出0.6cm。见图4-8。

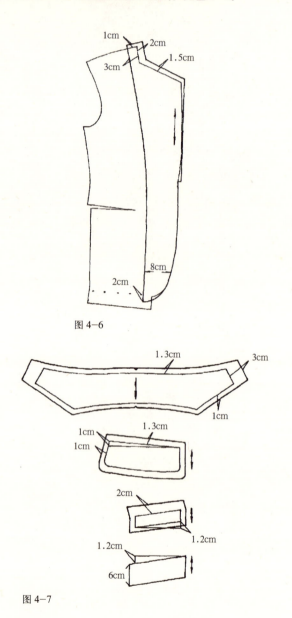

图4-6

图4-7

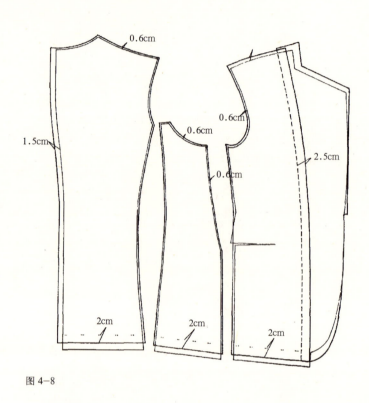

图4-8

袖子里子：大袖袖山放出1.5cm，小袖袖底放出2cm，袖口底边净缝下去2cm，没有袖衩，其余按原纸样。见图4-9。

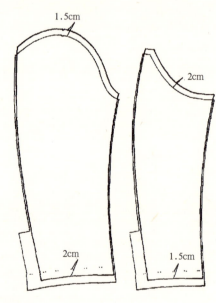

c. 部件放缝

领面上口放缝1.3cm，领角放缝3cm，其余放缝1cm；大袋盖上口放缝1.3cm，其余放缝1cm；手巾袋上口放缝2cm，其余放缝1cm，手巾袋垫头宽6cm，见图4-7。

d. 西服辅料配置

a）配里子（以放了缝的衣片纸样为基准）。

前片里子：在放了缝的前片纸样上，划去挂面宽，考虑到

图4-9

e. 西服排料

a) 西服面料排料：门幅：144cm，用料：衣长×2+10cm。见图4-12。

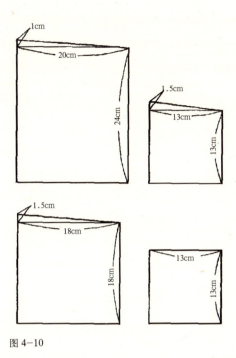

图4-10

b) 配袋布：大袋布：20cm×24cm，上口起翘1cm；手巾袋布：13cm×13cm，上口起翘1.5cm；里袋布：18cm×18cm，上口起翘1.5cm；卡袋布：13cm×13cm。见图4-10。

c) 配胸衬。依在放了缝的前片纸样上，肩缝抬高1.5cm，直开领处放出2cm，驳口线进1.5cm，离腰节线2cm，袖窿端进1cm、抬高1.5cm定点A，出胸省3.5cm定点B，连接AB，中间胖出略成弧形。AB弧线下1/3处和驳口线中点处各收省一个，省大1cm，省长6cm。见图4-11。

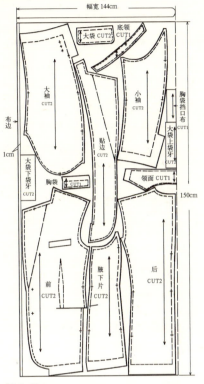

图4-12

b) 西服里料排料：门幅：144cm，用料：衣长×2+10cm。见图4-13。

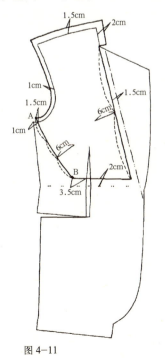

图4-11

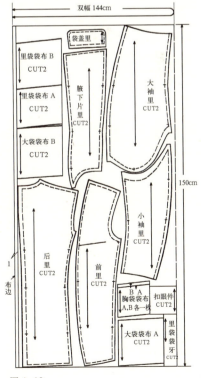

图4-13

c）西服厚衬排料：门幅：90cm，用料：衣长＋10cm。见图4-14。

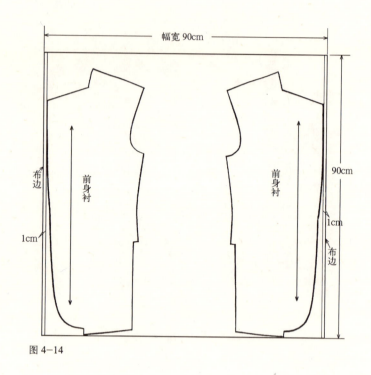

图4-14

d）西服薄衬排料：门幅：90cm，用料：挂面长＋5cm。见图4-15。

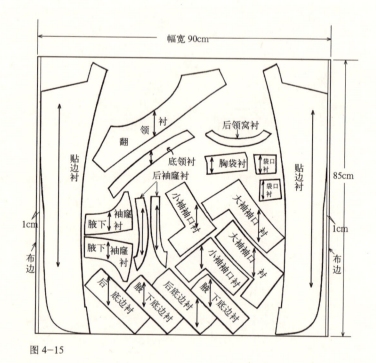

图4-15

**5）详细制作步骤**

（1）男西服工艺流程

打线钉→粘衬→缉省→归拔→做胸衬→做大袋→做手巾袋→敷胸衬→修止口→敷牵带→烫前身→做里袋→敷挂面→做止口→做后背→合缉摆缝→兜翻底边→合缉肩缝→做领、装领→做袖、装袖→锁眼、钉扣→整烫。

（2）男西服组合示意图

见图4-16。

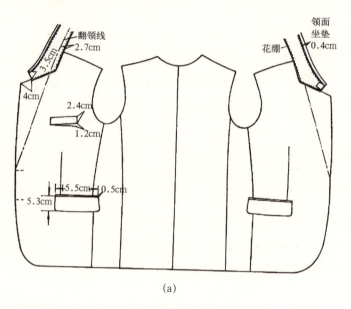

(a)

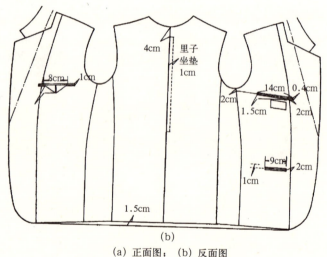

(b)

(a) 正面图；(b) 反面图

图4-16 男西服组合示意图（cm）

（3）男西服缝制程序

①打线钉

在以下部位打剪口或打线钉：

a．前片：驳口线、省位线、纽位、腰节线、底边线、手巾袋位、大袋位、装袖点、装领点。见图4-17。

b．后衣片：背缝线、腰节线、底边线、装袖点。见图4-18。

c. 袖片：袖山中点、偏袖线、袖肘线、袖衩线、折边线。

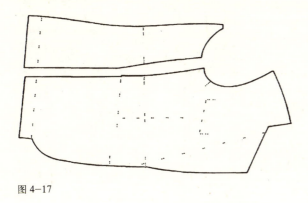

图 4-17

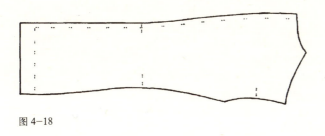

图 4-18

见图 4-19。

d. 领片：后领中点、肩缝点。

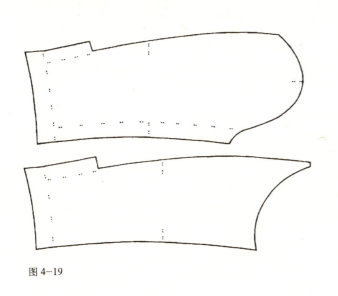

图 4-19

②粘衬

西服粘衬要经过压烫机热熔定型。由于粘合衬和面料品种的不同，粘合时所需的压机温度、压力、速度也不同。通常在粘压一批衣片前，先要用碎料做试验。例如某全毛西服衣片粘有纺衬，压机温度为140℃，压力为2.5～3kg，时间为14～16s。

家庭制作西服，粘衬可采取如下方法：将裁配好的有纺衬下水浸泡20分钟，稍稍沥干，带水熨烫。熨烫一律用铁熨斗（不用蒸汽熨斗）。将粘胶一面与衣片反面相合，四周与衣片依齐，注意衬略松些。用熨斗自衣片中部开始向四周先粗烫一遍，使面衬初步贴合平服，然后自下而上一熨斗一熨斗地慢慢细心熨烫。注意熨斗温度适当高一点，停留时间略长一点，熨烫压力应大一点，以保证粘合面完全熔合。注意在面衬完全粘合以前，切不可用熨斗来回磨烫，以免引起粘合衬松紧不一。刚粘烫好的衣片应待其自然冷却后再行移动。

西服的高贵是因为其挺括，西服的挺括是因为其有"衬"。粘合衬的优劣及其粘烫质量的好坏直接关系到西服制作的成败，因此，认真粘好、粘牢大身衬，保证以后不起壳、不起泡，这是做好西服的第一步。

左右前身片、挂面整体（或上半部）、侧片袖窿下10cm、后身片领口、袖窿、大袋位粘有纺衬（图4-20）。粘合衬丝缕同大身。为防止粘胶粘在压烫机上，与衣片相比，粘合衬四周应缩进0.5cm。

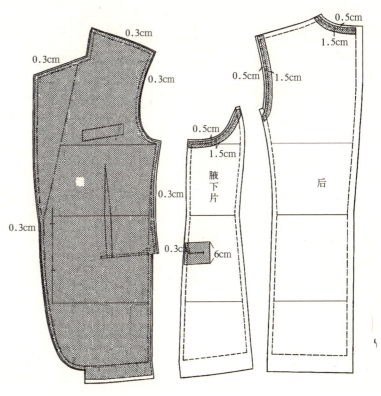

图 4-20

③缉省

a. 剪胸省：在大袋口位置将肚省剪开，剪到出胸省1cm止。然后按线钉将胸省剪开，剪至省尖下7cm止。注意，如是条格的，应该顺着条子单片剪开，以保证条子顺直，左右对称。见图4-21。

b. 缉胸省：

按标记将省缝垫条放在胸省下，上车缉直，上下层不能有松紧，省尖一定要缉得尖。省尖一端留5cm长线头打结，袋口一端回针打牢。见图4-22。

c. 分烫胸省：把胸省放到"驼背"上，熨斗从省尖开始，将省缝分开烫煞，为防止省尖坐倒，可用手缝针插入省尖熨烫。然后用1.5cm宽斜料粘带将缝头粘合封住。收胸省要求位置准确，长短左右对称，省缝平服无宽还，省尖无泡形。见图4-23。

d. 修肚省：将肚省修剪准确，上下片并拢成一直线无空隙，并用2cm宽无纺衬粘合封住。见图4-23。

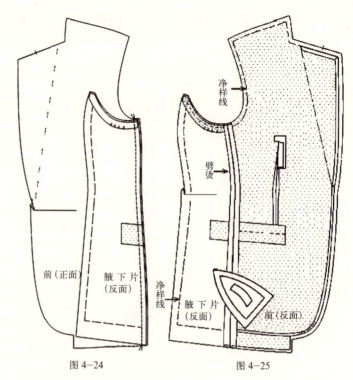

图4-24　　图4-25

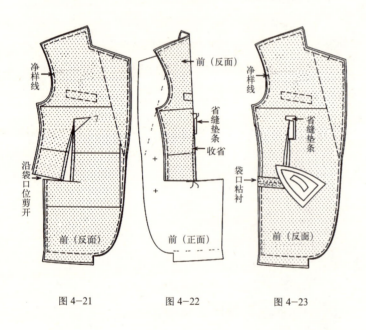

图4-21　　图4-22　　图4-23

e. 缉胁省：将侧片与前片正面相合，胁省边沿依齐，腰节线钉对准，缝头1cm先扎后缉，注意：袖窿下10cm处前片层进0.3cm松量，以满足胸部胖势需要，袋口以下直丝缉直。见图4-24。

f. 分烫胁省。刷上水，从两端至中腰将胁省缝头分开烫煞。见图4-25。

④归拔

衣片本是平面的，经过上述收省工艺后变成立体的了；但还必须经过推、归、拔的熨烫工艺，才能使衣片形状符合人体。

这种对前衣片特有的热处理工艺称为"归拔"或"推门"。

归拔步骤为：

a. 推烫止口。将大襟侧衣片反面朝上，止口靠自身一边摆平，喷上水，熨斗从省尖开始，经中腰将前侧丝绺向止口方向推烫，丝绺向止口方向弹出0.6cm，胸省后侧余势归拢，袋口以下丝绺归直，然后将驳口线中段归拔0.3cm。见图4-26。

b. 归烫中腰。摆缝朝自身一边摆平，让止口一侧中腰拱起，摆缝中腰拔出，再把胸省中腰后侧归拢，归到胸省和胁省之间。

c. 归烫摆缝。将腰胁摆顺，省缝略为归拔，胁省后侧多余围势分段归烫，摆缝上段横丝抚平烫顺，摆缝下段臀部胖势归拔烫直。

d. 归烫袖窿。将衣片胸部放平，胸部直丝略朝前摆，喷水

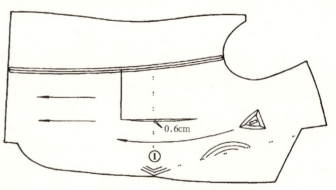

图4-26

将胸部烫挺，使袖窿产生回势，然后将回势归拢烫平。

e. 归烫肩头。先把领圈横丝烫平，直丝后推0.6cm。肩头横丝朝胸部方向推弯，回势归拢。外肩上端7cm处直丝伸长，使肩头产生翘势。

f. 归烫底边。将底边弧度向上推，把所产生的回势归拢，底边弧线归直。见图4-27。

c. 胸衬以黑炭衬为基础，把肩头衬放在黑炭衬与胸绒之间，黑炭衬在上，胸绒在下，缉三角线，车缉时要注意窝势。再将缉好的衬放在布馒头上，黑炭衬一面朝上，喷上水用高温熨斗反复磨烫，使绒衬合一，窝势适当。然后放置一段时间，让其充分冷却、定型（左右胸衬方法相同）。见图4-30。

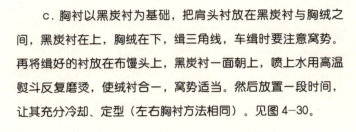

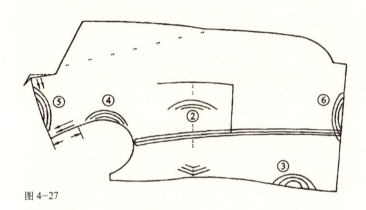

图4-27

⑤做胸衬

男西服要求胸部饱满挺括，所以除了大身衬以外，一般都加有挺胸衬。挺胸衬通常用黑炭衬和胸绒组成。

a. 按图4-28裁剪胸衬：黑炭衬、胸绒、肩头衬。

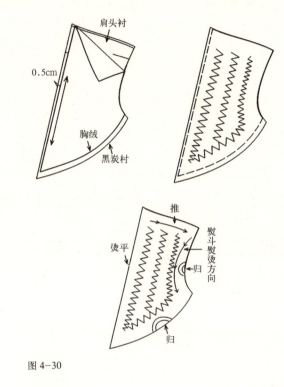

图4-30

⑥做大袋

a. 做袋盖：

a) 裁袋盖：袋盖净大15.5cm，宽5.3cm，前侧直丝缕，起翘0.8cm，下口、后侧略呈胖形，以显饱满。裁配时上口放缝1.3cm，其余三边面料放缝0.8cm，里料放缝0.8cm。条格面料对条对格原则为：对前不对后，对下不对上。见图4-31。

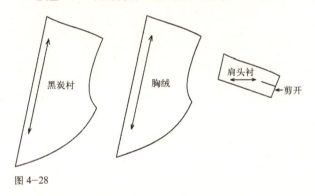

图4-28

b. 黑炭衬肩缝居中和胁下12cm处各收省一个，省大1cm，省长6cm，剪开后叠过1cm缉一道，再用三角针缉封。见图4-29。

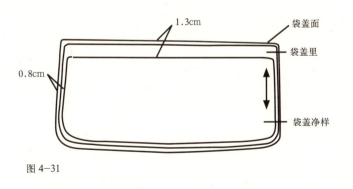

图4-31

图4-29

b）缉袋盖：在袋盖面上划净样线，然后把袋盖面与袋盖里面对面放好，边沿依齐，沿净缝线三边兜缉。缉时注意袋盖圆角处面料给一定的吃量。角要缉得圆顺，以保证翻出后袋角圆顺、窝服。见图4-32。

c）修缝头：将三边缝头修到0.4cm，圆角处修到0.3cm，过缉线0.1cm将缝头朝面子一侧烫倒。见图4-33。

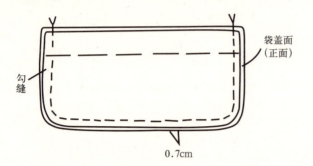

图4-32

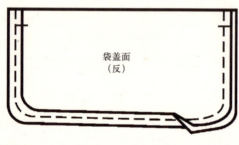

图4-33

d）翻烫袋盖：将袋盖翻到正面，翻圆袋角，袋盖面吐0.1cm。然后将袋盖烫好。见图4-34。

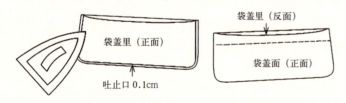

图4-34

b. 做嵌线：

a）按线钉划准袋位线，在袋位反面烫上20cm长、3cm宽的纸粘衬。

b）准备20cm长、7cm宽的直料嵌线条一根，一侧抽丝修直，反面烫上纸粘衬，修直一侧先向反面扣转1cm，以此为基准再扣转2cm烫准、烫顺。见图4-35。

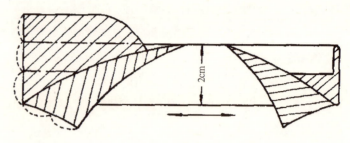

图4-35

c）缉嵌线：将扣烫好的嵌线条与大身正面相合，翻开下嵌线，嵌线条居中依齐袋位线，离上嵌线边沿0.5cm缝缉上嵌线，然后将下嵌线合上，离下嵌线边沿0.5cm缝缉下嵌线，注意缉线顺直，间距宽窄一致，起止点回针打牢。见图4-36。

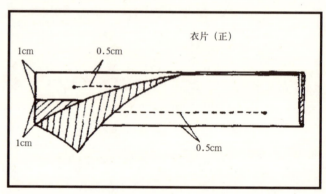

图4-36

d）开袋口：避开嵌线，在袋口位置开剪口。袋口两端开三角剪口，距两端缝线处留一根纱。然后将嵌线塞到反面，劈烫上下嵌线。上下嵌线缝头分别向大身坐倒，将嵌线扣烫顺直。见图4-37。

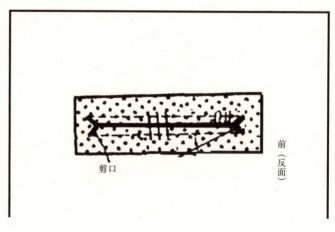

图4-37
(a)

f）绱袋布：将上袋布拼接到下嵌线上。见图4-39。

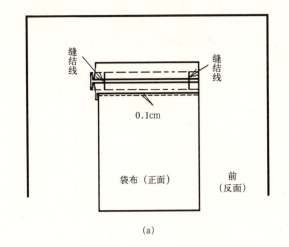

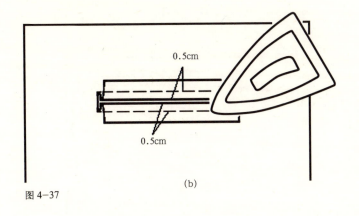

图4-37

e）封袋口：将上下嵌线拉挺，使袋口闭合，上下嵌线宽均为0.5cm。袋口两端来回三道封三角，以保证袋角方正不毛。见图4-38。

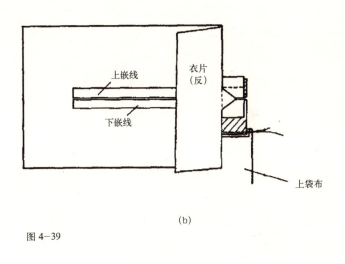

图4-39

g）将下袋布缉上垫头（本色里料），上面放上做好的袋盖，沿边缉一道将三者固定。见图4-40。

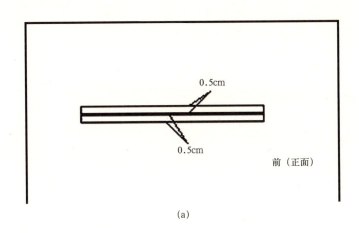

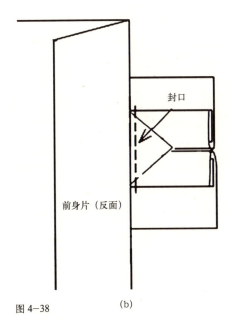

图4-38

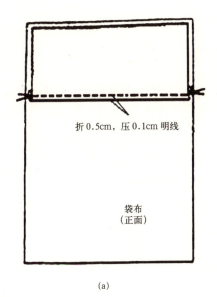

图4-40

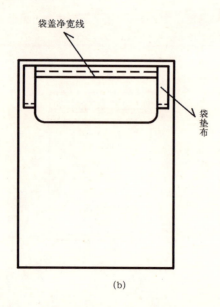

图 4-40

i) 兜缉袋布：掀起衣片，以1cm止口缝合袋布。见图 4-43。

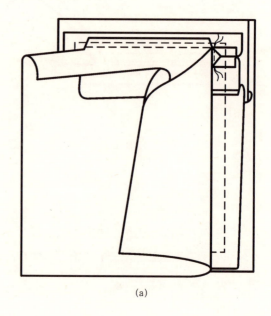

h) 将袋盖平插到上下嵌线中间，见图 4-41。再按袋盖净宽 5.3cm 及前侧直丝绺摆正位置，然后将大身向下翻转，在反面沿上嵌线原缉线将上嵌线、袋盖、垫头、下袋布一起缉住，见图 4-42。

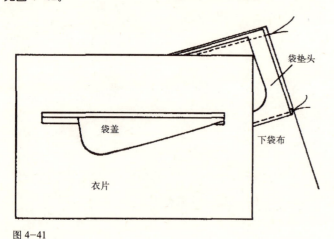

图 4-41

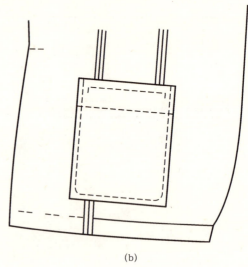

图 4-43

⑦做手巾袋

a. 裁配手巾袋面、衬。手巾袋袋口衬选用树脂衬，按袋口净样长 10cm、宽 2.4cm、起翘 1.2cm 裁配，丝绺同大身。袋口面料按上口放缝 2cm，其余三边放缝 1cm 裁配，并注意两侧为直丝，条格面料应与大身对条对格。见图 4-44。

b. 先将树脂衬粘烫在袋口面料反面，然后扣烫两侧，再扣烫上口，剪去三角，烫直上口，缉好上袋布。见图 4-45。

图 4-42

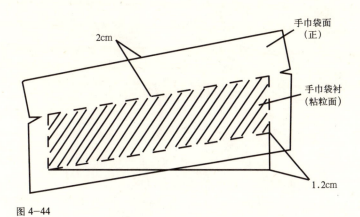

图 4-44

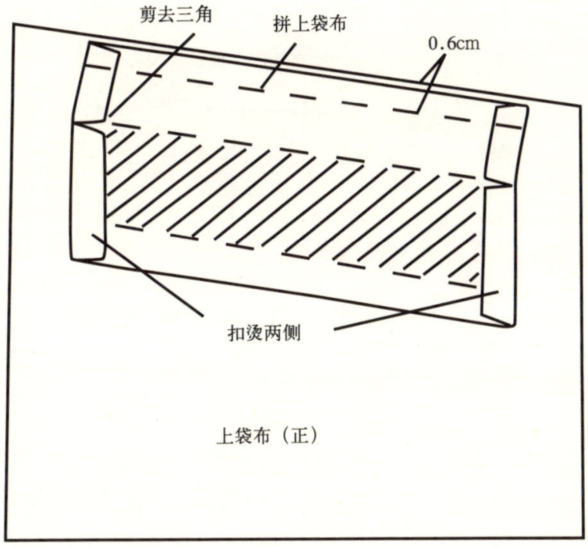

图 4-45

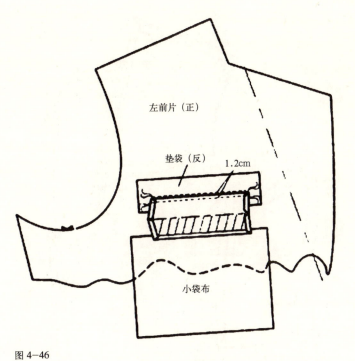

图 4-46

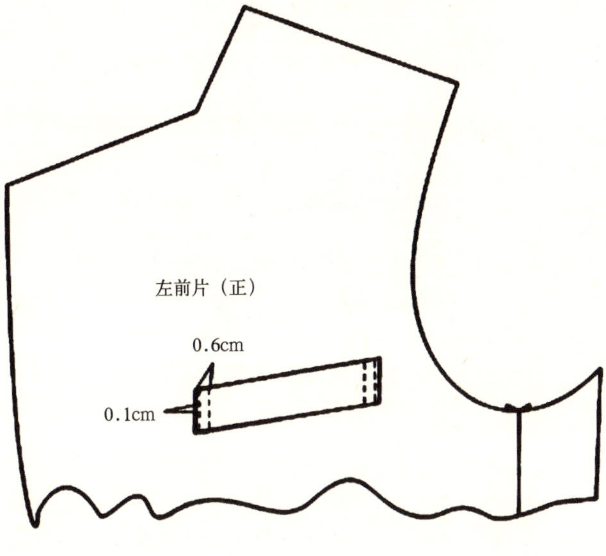

图 4-47

c. 袋垫长 13cm，宽 5cm，丝缕和大身相同。并按 0.6cm 缝份与下袋布缉住。现在也有直接用长 13cm、宽 11cm 的里料兼作袋布的。

d. 袋片与大身正面相合，依齐袋位线缉上袋片。离袋片缉线 1.2cm，平行缉上袋垫，袋垫缉线前端进 0.4cm，后端进 0.2cm，缉线两端回针打牢。见图 4-46。

e. 开袋口：在两道缝线中间开剪口，两边剩余 1cm 剪成三角，袋布翻进衣片反面，袋布与面料，垫袋与面料均劈缝熨烫，然后用暗线缉缝袋口止口。

f. 兜缉袋布：前衣片掀起，袋布底边缉缝 1cm 止口，止口要均匀，起止回针。

g. 缉袋角明线：见图 4-47。将袋布袋口放平，沿边缉缝 0.1cm、0.6cm 双明线，三角毛边要封牢。缉时应注意袋口丝缕顺直，四角方正，外观饱满挺括，起止点缉回针。

⑧敷胸衬

敷衬是将挺胸衬和大身胸部胖势对准，各处松紧相符地扎定在一起。敷衬通常先敷里襟，胸衬驳口线比大身驳口线进 1.5cm，胸衬下端在腰节上 2cm，摆准后衬在下、面在上依次扎定。具体步骤如下：

a. 距翻折线（驳口线）向里 1cm 的位置，把归拔定型后的胸衬拉上嵌条敷到胸部，用三角针固定（左右胸衬方法相同）。见图 4-48。

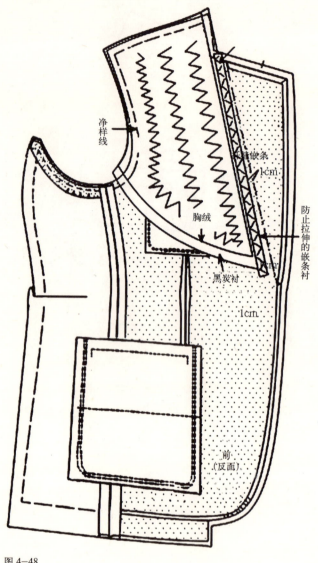

图 4-48

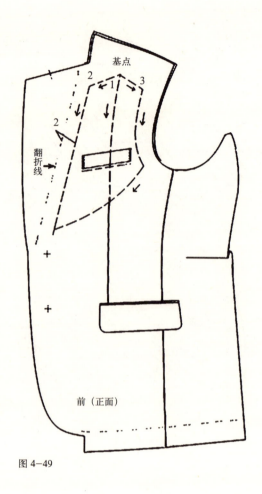

图 4-49

可通过调整贴边宽窄和缝头大小给以补正。再用净样板划准驳头、止口、圆角净缝,按0.8cm缝头将止口修顺。再将左右两片衬在里、面在外依齐相合,按修好的一侧为准,划修另一侧,以保证左右衣片一致。

⑩ 敷牵带

牵带起加固、牵制、固定作用,现在通常使用直料或斜料粘牵带。见图4-50。

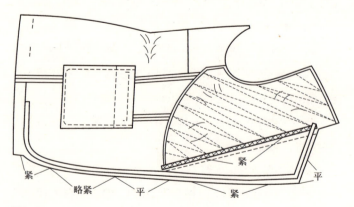

图 4-50

b. 从肩缝居中离下8cm起针,经胸省至中腰离上2cm止。注意中腰丝绺向止口方向推弹0.6cm。

c. 将袖窿一侧搁起,胸部窝转,离驳口线2cm扎一道。

d. 将驳头一侧搁起,胸部窝转,颈肩点下8cm起针,平行肩缝扎至离袖窿3cm转向沿袖窿扎,最后沿胸衬轮廓扎至2号线。见图4-49。

⑨ 修止口

因衣片经"推"、"归"、"拔"后,有一定的收缩和变形,所以修止口前先要校正衣长、胸宽、肩宽等尺寸,如有不足,敷牵带步骤如下：

a. 敷驳口线：将胸衬驳口线牵带中段略带紧与大身烫牢，并用本色线手工将大身与粘牵带拱住。注意拱针针距0.5cm，正面面料只拱住一两根丝，针迹呈点状。

b. 敷串口线：沿串口净线内侧用1.2cm宽的直料粘带平敷，一直粘敷到过串口驳口交点5cm止。

c. 敷大身止口线：沿大身止口内侧用1.2cm宽的直料粘带粘敷，注意驳头中段、圆角处略为敷急。

⑪ 烫前身

前衣片经过开袋、敷衬、敷牵带后，需对前身进行一次整烫，否则覆上里子后，有些部位就难以熨烫到位。整烫可由里而外、由上而下进行。

肩头要烫得有翘势。胸部、大袋放在布馒头上一半一半地烫，力求烫得圆顺、饱满。腰节拔开，胸省推弹，袋盖、底边窝服。驳头按线钉折转熨烫，注意左右对称。上、中段烫煞，下段10cm不烫煞。

⑫ 做里袋

a. 归拔挂面：将挂面外口直丝绺摆弯，使它与大身驳头外口形状相同，使挂面里口产生回势。然后把里口回势归烫平服，并将里口修顺。见图4-51。

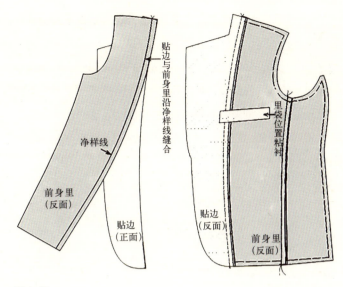

图4-52

附：里袋三角袋盖的做法

取长宽均为12cm的正方形西服里料一块，反面烫上薄纸粘衬，经向对折，然后将左下角和右下角分别提起，按对角线向中间折转即可。见图4-53。

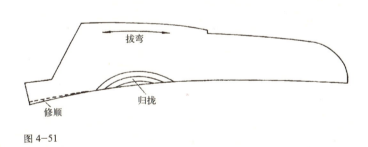

图4-51

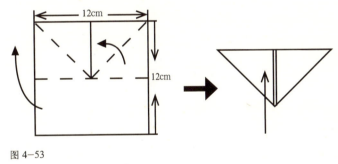

图4-53

b. 挂面（贴边）与前身里子缝合并倒烫：挂面（贴边）在下，里子在上，正面相合，上口依齐，0.8cm缝头合缉，注意眼位处里子略放层势。在里袋挖袋位置的反面粘垫衬；前身里与腋下片里缝合并倒烫，留0.2～0.3cm的活动量。所有拼缝和省道一律朝后身烫倒。见图4-52。

c. 做里袋。里子左右各做双嵌线里袋。一只，袋大14cm，嵌线宽0.5cm。里襟里袋装三角袋盖一只，大襟里子再做卡袋一只，袋大9cm，嵌线宽0.5cm。完成后大襟里袋下钉上商标和尺码。里袋、卡袋位置见图4-16。

⑬ 敷挂面（贴边）

先将两侧挂面外口拉丝修直，以保证驳头外口为直丝，这一点对有条格的西服尤为重要。覆挂面步骤如下：

a. 面料止口留1cm缝份，多余剪掉。

b. 将缝好挂面的里子与衣片面面相对，里子放在衣片的下边。

c. 在拔口线上扎第一道线，平服扎。

d. 扣位以上挂面比衣片大0.2cm，扣位以下挂面与衣片相同，多余剪掉。

e. 扎挂面时，在止口缝份上扎，扎时将拨头处挂面大出的 0.2cm 推进去。

f. 寨挂面：挂面驳角两侧层进 0.3cm，以保证驳头翻折后窝服。第一眼位至第二眼位下 4cm 处挂面略层，以保证锁眼后该部位平服不抽紧。再下面平扎，圆角处挂面捋出 0.3cm，捋出的目的是使止口翻出后挂面向里略拖紧，圆角不至外翘。见图 4-54。

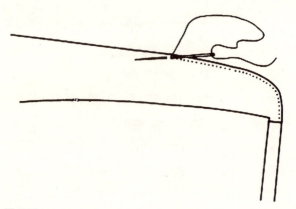

图 4-55

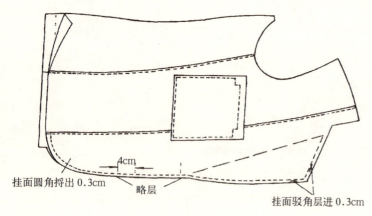

图 4-54

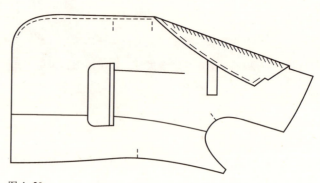

图 4-56

⑭做止口

a. 缉止口：大身在上，挂面在下，沿所划止口净线自缺嘴起针缝缉，经驳头、止口、圆角、底边至挂面边 1cm 处止打回针。扣位以上沿牵条边缉线，扣位以下沿牵条边 0.2cm 缉线。

b. 修止口：先将扎线拆掉，再在驳头缺嘴处打一刀眼，注意不能剪断缉线。自缺嘴开始将大身缝头向里按倒分缝烫煞，经圆头后顺势将底边按线钉扣烫好。最后再修剪止口缝头，大身留缝 0.4cm，挂面留缝 0.8cm。

c. 烫止口：将缝份向衬布方向扣倒，扣位以上驳头部位沿缉线扣倒，扣位以下止口部位过缉线 0.2cm 扣烫。

d. 翻扎止口

a) 将挂面翻转，驳角翻足翻平，扣位以下看挂面熨烫，以上看衣片熨烫。要求将止口烫得薄、顺、挺。并将驳角、底边圆角烫出向内窝势。

b) 扣位以下止口翻出后，用手工穿本色线暗拱。所谓暗拱止口：就是挂面处针点尽量缩小，挂面只拱牢一根丝缕，下层要拱牢牵条、衬布，但不能拱穿面料，离止口为 0.5cm，针距 0.7cm。见图 4-55。

c) 扎驳头止口：驳头以上看衣片，以下看挂面，离止口边 1.5cm，针距约 2cm。挂面要虚出衣片 0.1～0.2cm，驳头丝缕要扎直扎平。见图 4-56。

e. 滴挂面：先在前身正面将驳头沿驳口折转，扎一道线，使驳头具有窝势。然后将驳头放平，翻过来，沿挂面与里子拼缝定一条线。定时，先将下摆处挂面朝上搂紧，挂面上部横丝缕放平，用线固定。见图 4-57。再将里子沿定线翻开，肩缝下 8cm 起针，把挂面与里子的拼缝缝头与胸衬滴牢。并将里袋、手巾袋袋角缝头与胸衬或邻近的大身缝头滴牢。见图 4-58。

f. 修大身里子：大身正面朝上，摆缝回直，里子底边按大身净线放 1.5cm，袖窿、肩缝、摆缝按毛缝放 0.6cm，其余按大身毛缝将多余里子修去。

⑮做后背

西服后背工艺的重点是归拔后背。这是因为人体背部有两个明显隆起的肩胛骨，背中呈凹形，两肩呈斜形，在裁剪时虽做过背缝困势和肩斜，但还不够，要使平面衣片符合体形，还得用"推"、"归"、"拔"工艺。

a. 车缉背缝。按线钉重新划顺背缝线，先扎后缉，缉线

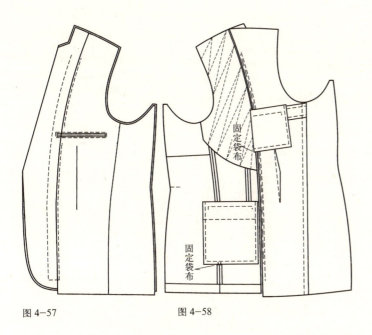

图 4-57　　　　图 4-58

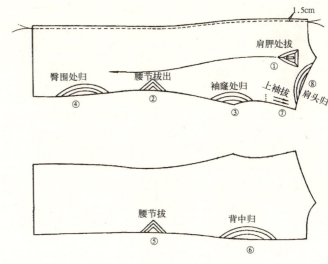

图 4-59

要顺直，并注意领口处背缝拼缉后呈整条，中腰以下为直丝。

b. 归拔后背。左右两片一起归拔，步骤如下：

a）将衣片喷水湿润，右手持熨斗从上口压住面料，左手将衣片肩胛部位用力拔伸，并用熨斗将拔伸部位水分烫干。

b）熨斗顺势烫下，将衣片中腰部位拔出，并将回势归平。

c）将袖窿及袖窿下 10cm 处归烫。

d）将摆缝臀围外凸处推进归烫，并将摆缝归烫顺直。

e）将衣片背缝靠自身一侧摆平，后腰节向外拔出，并将回势归平。

f）将背中部胖势向里推进，并归拔烫平回势。

g）后袖窿中点以上直丝向上略拔，以使肩头略翘。

h）后肩缝向里推进，回势归拔。见图 4-59。把后背两面归拔完毕后，再将背缝喷水分烫开。分烫时，中腰略为伸开，背缝胖势推向肩胛骨处，回势归掉，注意将背缝烫顺、烫煞。

c. 敷牵带：为了防止领圈和袖窿被拉还，后身片（面）领口、袖窿处敷 1cm 宽直料粘带，粘烫时略为带紧些。见图 4-60。

d. 后身片的后中缝劈烫。见图 4-61（a）。

e. 车缉后身片里：按图 4-61(b) 中的缝制方法缝合后身片里的后中缝。注意：上口 4cm 和腰节以下距净缝 0.2cm 缝缉，中间转出 1cm 缝缉，留有松量以满足背部活动需要。然后以上下口净缝为基准，将两端拉挺，让缝头倒向左身片熨烫。

f. 修后身片里子：后身片面、里反面相合，领口依齐，背缝对准扎定。里子底边按大身净线放 1.5cm，摆缝、袖窿放

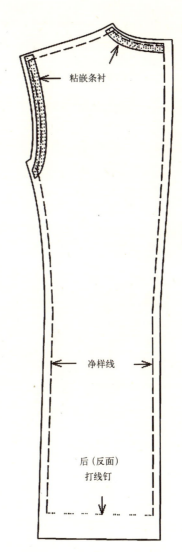

图 4-60

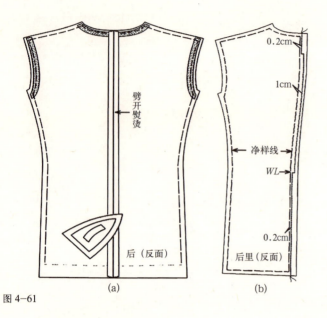

图 4-61

0.6cm，将多余的里子修去。

⑯ 合缉摆缝

a. 缉面摆缝：按净线缝合，袖窿下 10cm 处后背层进 0.5cm，腰节以下平缉。劈烫时前身止口朝身体一边摆平，摆缝用熨斗尖将缝份分开烫平，摆缝两边前后要顺势压平，摆缝向前身侧摆弯。见图 4-62。

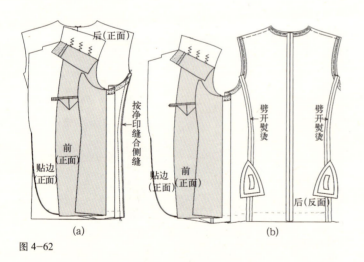

图 4-62

b. 缉里摆缝：方法同缉面摆缝。过缉线 0.2cm 倒向后身熨烫（左右两边制作方法相同），扣烫底摆折边。见图 4-63。

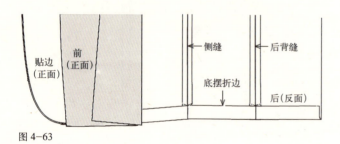

图 4-63

⑰ 兜缉底边

a. 把里子的下摆修剪后，按图 4-64 把里与面底摆线对齐后，在反面缝合 1cm，缝到距挂面（贴边）2～3cm 的位置停下，用三角针的方法扦缝面身片的下摆。

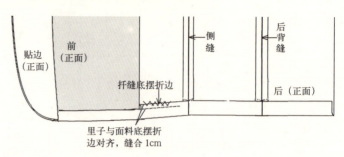

图 4-64

b. 将底边翻出，把里子盖下来整烫后，再把剩余的部分暗扦，挂面（贴边）外露的部分暗扦。见图 4-65。

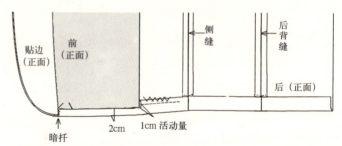

图 4-65

c. 滴摆缝：两侧都由下离上 10cm 处起，经中腰到袖窿离下 10cm 处。把里子摆缝滴到后衣片摆缝的缝份上，里子要放吃势约 0.5cm，滴线放松，使之面料平挺，有伸缩性，针距 2～3cm，采用摆缝下滴上的好处是底边坐势容易掌握。

⑱ 合缉肩缝

上衣的肩缝虽短，但工艺要求很高，它关系到后领圆的平服，背部的戤势和肩头翘势，因此在寨缉肩缝前，先要归烫背部和检查前后领圈，袖窿的高低进出是否一致，如有偏差应先修改，然后按肩缝弯度要求划顺剪准。

a. 缉肩缝：按 1cm 缝份缝合。后肩在上，前肩在下，后肩放 0.7～1cm 层势，层势应放在肩缝的里侧 1/3 附近。然后将层势烫匀、烫平。见图 4-66。

b. 分缉肩缝：肩缝放在铁凳上，缝头分开烫煞。注意不能把肩缝烫还。见图 4-67。

c. 滴肩缝：在肩缝正面，让前横开领直丝回直，前肩直丝朝上搂紧，使肩缝顺直。先在肩缝正面前肩一侧定一道，然后翻到反面，紧贴肩缝，用倒钩针将缝头与胸衬钉住。

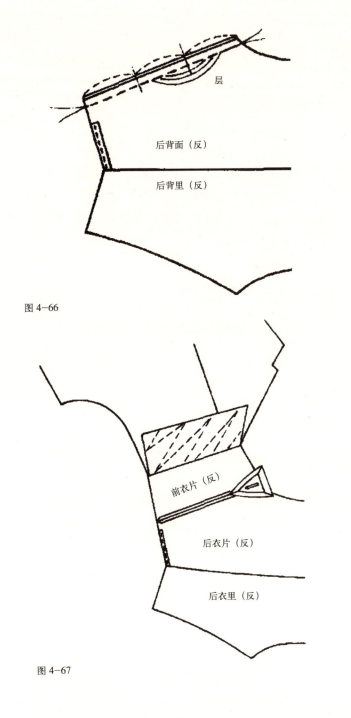

图 4-66

图 4-67

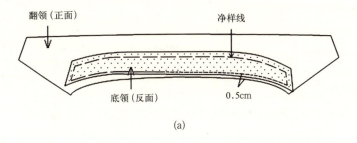

(a)

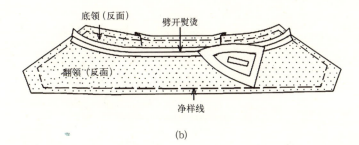

(b)

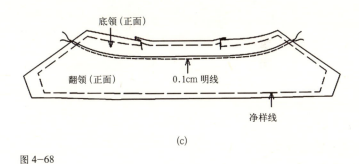

(c)

图 4-68

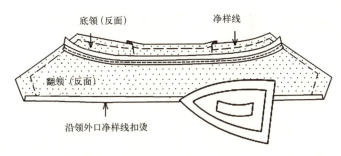

图 4-69

d．缉里子肩缝：合缉里子肩缝，并将肩缝缝头留 0.2～0.3cm 的活动量朝后肩烫倒。

⑲ 做领、装领

a．做领：做领前，应将领样与实际领圈进行复核，修正后再使用。具体做领工艺为：

a）粘衬：领面翻领与底领粘衬。

b）按 0.5cm 缝合领面翻领与底领的剪开线，然后进行劈缝熨烫，在翻领的正面接缝处压 0.1cm 的明线。见图 4-68。

c）按领面上所画净样线扣烫领面。见图 4-69。

d）领面与领底呢的领外口缝合，劈烫领面与领底呢的缝合处、压明线。见图 4-70。

e）扣烫领外口：沿领面上口净缝线扣转，注意领面坐转 0.4cm，烫好领外口。见图 4-71。

f）烫好翻领线：沿翻领线将领脚折转烫好，注意翻领线处略为归拢，使折转后的领子归烫成拱形。顺便把领角也折转烫

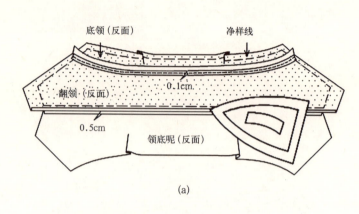

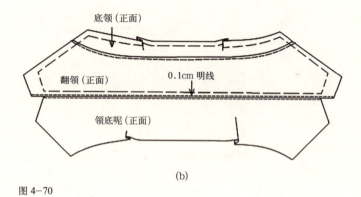

图4-70

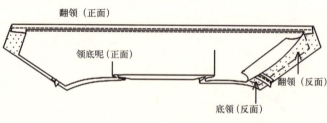

图4-71

好，要求两边领角大小对称一致。

b.装领：装领采用领面与大身面里"一把缉"工艺，具体步骤如下：

a) 扎领圈：将挂面与大身的串口、领圈以及后领圈的面里用扎线扎定成一体，并确保里外匀窝势，修准缝头，划出净线。

b) 装领面：将领面与挂面正面相合，串口、缺嘴对准，从里襟侧起针装领。注意缉串口时挂面略为拉紧，缉领圈时领子松量层在肩缝附近，肩缝、后中与领子眼刀对准。初学者可先将左右串口缉好，串口缉至领圈转角处打眼刀，再在布馒头上将领脚与大身领圈扎定，再上车缉装并将缝头朝领子烫倒。见图4-72。

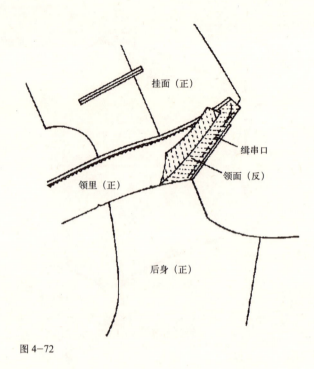

图4-72

c) 烫串口：将串口缝头分开烫平，大身留缝0.4cm，挂面留缝0.5cm，用双面粘带将串口缝头与领底呢粘烫服帖。见图4-73。

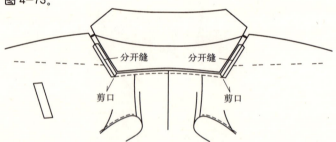

图4-73

d) 繰领脚：将领子放在布馒头上，把领底呢（领里）扎定到领圈上，注意领子翻折后的里外匀。上架观察领子是否服帖，领角、驳角是否对称、窝服。满意后再用本色线繰牢或花绷绷牢，针迹要整齐、细密。见图4-74。

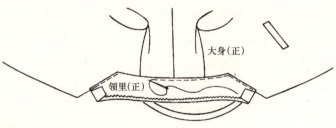

图4-74

e) 在底领上压 0.1cm 的明线，固定领底呢。见图 4-75。

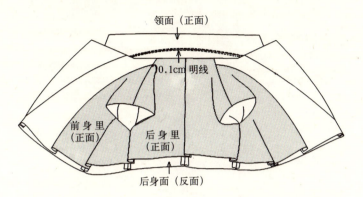

图 4-75

f) 烫领子：领面在下，领里在上，将领子、驳头外口放平，喷水将领驳头外沿止口烫平烫薄。然后翻过来，按驳口线和翻领线将驳头、领子烫顺、烫煞、烫窝服，注意：因为在领驳头正面熨烫，须喷水盖布熨烫。见图 4-76。

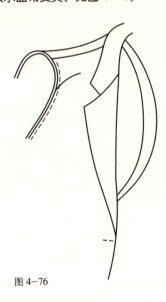

图 4-76

g) 钉吊带：吊带用本色里料制作，长 6cm，宽 0.6cm，两侧缉 0.1cm 清止口。钉在后中领里居中下方，吊带两端折光，0.1cm 来回四道闷缉，缉线钉穿领底呢。

⑳ 做袖、装袖

a. 做袖：

a) 缉前袖缝：大袖在上，与小袖正面相对，标记对准，缝份 1cm。然后按小袖片弯势摊平，在偏袖和小袖片处烫平烫煞。见图 4-77(a)。

b) 粘袖口衬：见图 4-77(b)。

c) 做大袖衩。

（a）扣转贴边，并沿外袖缝净线扣转大片袖衩，得袖衩顶点 O。见图 4-78（a）。

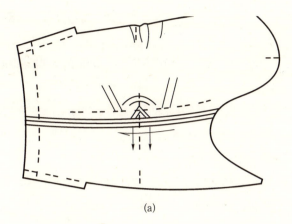

(a)

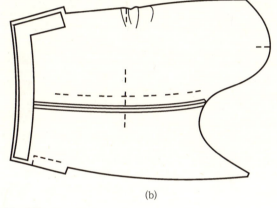

(b)

图 4-77

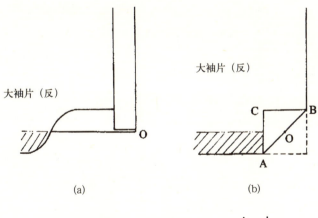

(a) (b)

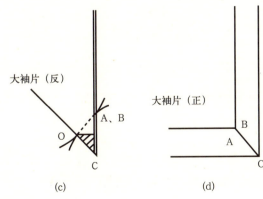

(c) (d)

图 4-78

(b) 翻开贴边与大衩，将袖片底角 AOB 折转烫一折痕。见图 4-78（b）。

(c) 将底角正面相合，沿 OC 对折，A、B 重合，沿 OB 缉线。见图 4-78（c）。

(d) 将衩角翻正，贴边与大衩折好，衩角缝头分烫开，大衩一侧即告完成。见图 4-78（d）。

d) 做小袖衩。

(a) 将小袖片贴边反向折起，离边 1cm 贴边衩边合缉，沿贴边上口衩边打 1cm 深剪口。见图 4-79（a）。

(b) 将小袖贴边翻正烫好，小衩一侧即告完成。见图 4-79（b）。

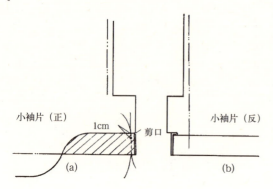

图 4-79

e) 合缉外袖缝：将大小袖片外袖缝依齐，袖口高低一致，合缉外袖缝，并转弯缉好袖衩。见图 4-80。

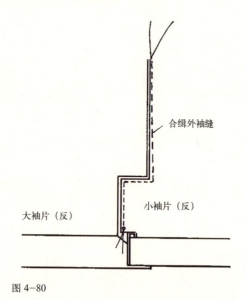

图 4-80

f) 分烫外袖缝：在袖凳上将外袖缝分开烫煞。分烫时在小片衩口缝头上打眼刀，再沿外袖缝将袖衩向大片扣倒，然后翻到正面将袖衩烫平烫顺。见图 4-81。

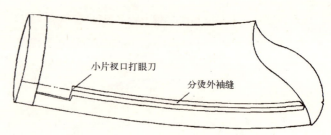

图 4-81

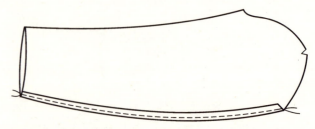

图 4-82

g) 缝袖里，合缉袖口：大片袖里偏袖缝中段略微拔开，缝头略大些分别缝合里袖缝、外袖缝，并将缝头过缉线 0.2cm 向大袖一侧烫倒。见图 4-82。将袖子面里反面翻出，面里缝子对齐，袖里口套在翻起的袖贴边外，面里袖口缝头依齐，1cm 缝头兜缉一周，并将该缝头用三角针与大身绷牢。见图 4-83。

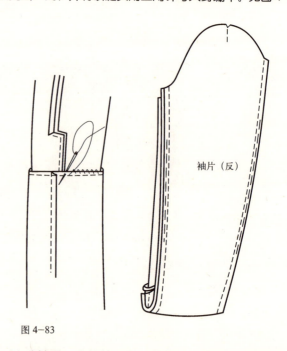

图 4-83

h) 滴袖里：先将袖子面、里翻正、摆平，在袖子里、外袖缝上端做好面、里定位粉印标记，再将袖子面、里翻到反面，袖子面、里相对、相合，粉印对同，缝头对齐。自袖衩角上 4cm 起至袖山下 10cm 止，用双股扎线将里子缝头与面子缝头滴牢。注意里、外袖缝都要滴，滴线要靠近缉线，滴线要稍松些。

i) 整烫袖子、修剪袖山里：在袖凳上先将袖子的里、外袖缝烫平、烫煞，然后摆正袖口、袖衩，将袖口上方10cm左右偏袖和袖衩熨烫服帖。以面子的袖山弧线为基准，里子袖山长出1cm，袖底长出1.5cm，将袖里的袖山弧线修剪圆顺，并做好袖中眼刀。见图4-84。

大身的直横丝绺，依齐袖山和袖窿边缘，缝头0.8cm扎顺。袖山、袖窿依齐比照时，比照面积要摊大，以保证袖子扎线整体圆顺。见图4-87。

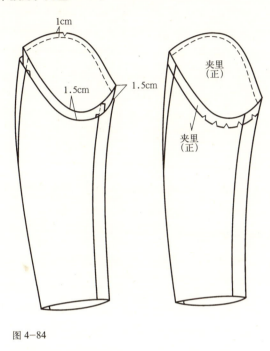

图4-84

b. 装袖。装袖步骤如下：

a) 收袖山层势。

第一步：作比较。将大身袖窿和袖子袖山修圆顺，把袖山周长和袖窿周长进行比较，通常袖山比袖窿大3cm左右，薄料2cm左右。这长出的量即为"袖山层势"，这是保证袖子装得圆顺、饱满所必需的。假如"层势"太多，可将本身袖窿缝开深一点；如果"层势"太少，可将袖子略微开深一点。

第二步：收层势。用1.5cm宽的斜料涤棉平布为牵带，边缘依齐袖山，适当拉紧牵带，层进袖山，缝头0.6cm车缉，自袖标点起到过外袖缝6cm止，逐段以直代曲，均匀拉缉。自然形成前袖"层势"适中，上袖"层势"略少，后袖"层势"略多，边缘立起似"铜锣状"的圆顺袖山，将袖山反面朝外扣在铁凳上，喷水将袖山"层势"烫匀。见图4-85。

b) 装袖。

第一步：扎袖。先扎左袖。将大襟袖窿处放平，见图4-86，确定前袖窿凹势点A为装袖始点，将袖底里袖缝端点A′点对准A点，经前袖窿向肩缝扎。注意袖中线钉对准肩缝后0.7cm处，外袖缝对准后背装袖线钉。在单件制作中，装袖对刀位置常有偏差，应按实际情况进行调整。扎袖时应注意摆正袖子和

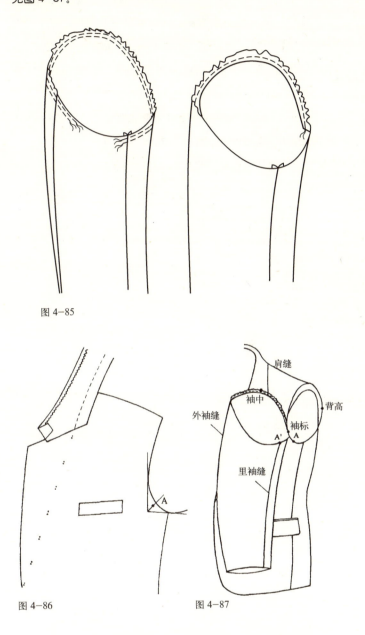

图4-86　　图4-87

扎好左袖后上架试看：层势是否均匀，袖山是否圆顺，袖子前后是否合适（袖子以盖住口袋二分之一为准）。满意后再扎右袖。扎右袖时以左袖为基准，从外袖缝扎至里袖缝。然后上架试看，待两袖对称一致了，方可上车机缉。

第二步：缉袖。先将袖子"层势"在铁凳上烫匀，然后沿扎线里侧将袖子缉圆顺。缉时可用镊子压住袖山层势，不使袖窿缉还和层势走动。

缉到肩缝时，垫上"过桥衬料"。这是因前肩有大身衬、挺胸衬，较厚，后肩什么衬也没有，较薄，为避免肩缝处厚薄

落差过大，袖山不圆顺，常在后肩袖窿处垫一衬料作过渡之用，俗称"过桥"。"过桥"可用长 4cm、宽 2.5cm 的斜料黄浆衬，放在后袖窿上端与前身肩头平齐，在缉袖时一起缉住。

缉宽为 4cm 的斜料袖窿垫绒。袖窿在上，袖子在下，将袖窿垫绒放在袖子下方，依齐装袖缝头，沿装袖缉线再缉一遍，将垫绒缉住。垫绒自离里袖缝 3cm 起至过外袖缝 6cm 止。由于垫绒位于袖子一侧，将利于袖子的圆顺、饱满、登起。

c）装肩垫。将肩垫对折，中点对准肩缝后 1cm 处，肩垫中间出装袖线 1.2cm，两端出 0.8cm。用双股扎线自肩垫一端起针，沿袖窿缉线外侧将肩垫与装袖缝头定牢，肩垫中部与肩缝缝头（衬头）定牢，注意定线松紧适宜。最后将袖子轧烫圆顺。

d）缲袖里：将袖里山头扣倒 0.8cm，在离里子袖窿边沿 1cm 处划上粉印。按粉印、对刀标记，袖子里盖袖窿里用扎线定扎圆顺。然后将衣服翻正，上架检查袖里是否吊住、合格后再用本色丝线缲牢。见图 4-88。

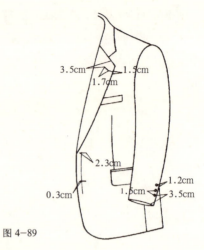

图 4-89

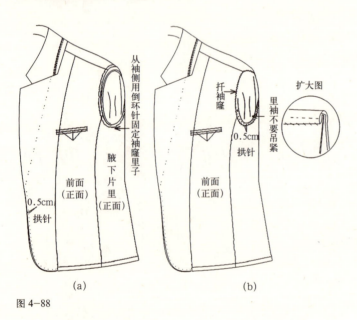

图 4-88

㉑ 锁眼、钉扣

a. 大襟锁圆头眼两只，高低按纽位线钉，进出按前中线出 0.3cm，或按止口线进 1.5cm。锁眼可用手锁或机锁。用圆头锁眼机锁眼时，挂面在上，眼位粉印应划在挂面一侧，并注意眼位与止口垂直。锁完后，眼尾用套结机打套结封牢。或将锁眼的三根留线两根引向反面，一根穿手缝针手工缝尾。

b. 大襟驳角锁插花眼一只。通常有机锁、手锁和拉线襻三种方法。插花眼起装饰作用，不剪开。

c. 里襟钉扣两粒，位置按纽位，左右袖口各钉样纽三粒。见图 4-89。

㉒ 整烫

整烫是西装缝制过程中的最后一道工序，它能使西服平挺而富有立体感，更加符合体形，并能弥补缝制过程中的不足之处。西服整烫步骤如下：

a. 烫下摆贴边。将下摆贴边烫顺烫煞，并将里子底边坐势烫平。

b. 烫门襟止口。挂面正面朝上，将门襟止口及下摆圆角烫顺、烫薄，趁热再用手将圆角窝一下。

c. 烫驳头。下垫"布馒头"，挂面正面朝上，用干湿布将挂面烫平，驳头止口烫顺、烫薄，再按驳口线将驳头折转烫平、烫煞。注意驳头下三分之一处不能烫煞，两格驳头宽窄一致。

d. 烫领子。下垫"布馒头"，领子正面朝上，用干湿布将后领烫平，再按翻领线将领子折转烫平。然后将翻领线与驳口线拉直连顺，把前领与驳口一起烫顺烫煞。烫完后，趁热将领驳角再窝一下。

e. 烫领圈。在铁凳上将后领圈周围烫平。

f. 烫肩头。在铁凳上按肩膀圆形将里外肩及邻近的前胸后背烫平。

g. 烫胸部。在"布馒头"上按胸部的形状烫圆顺，注意要一半一半地烫，不可将胸部的胖势烫平。同时将手巾袋丝绺烫顺。

h. 烫后背。在"布馒头"上将背阔袖窿处略归，腰节处略拔，并将背缝烫直、烫顺。

i. 烫摆缝。将摆缝摆直，从底边处沿摆缝朝上熨烫，将摆缝归直烫平。

j. 烫袋口。腰胁放平熨烫，胸省、胁省向止口方向推弹，大袋要放在"布馒头"上一半一半地烫。要烫出窝势，袋盖丝绺要与大身丝绺一致。

西服成品质量检验部位：

① 规格尺寸

a. 衣长符合成衣制作要求，误差允许在 ±1.0cm。

b. 胸围符合成衣制作要求，误差允许在 ±2cm。

c. 袖长符合成衣制作要求，误差允许在 ±0.7cm。

d. 肩宽符合成衣制作要求，误差允许在 ±0.6cm。

② 制作工艺

a. 前片

a) 左右肩部平服，肩缝顺直，左右后片肩部吃势均匀一致。

b) 胸部丰满，面、里、衬服帖、挺括，位置准确，左右对称。

c) 手巾袋平服方正，袋板宽窄一致，纱向正确，开袋无毛露。

d) 胸省平服、顺直，左右长短一致。

e) 左右大袋对称，袋口方正、平服、无毛露现象，缝结牢固，纱向正确。

f) 贴边平服，缉线顺直。

g) 腋下片与前片接缝顺直、平服。

b. 后片

a) 腋下片与后片接缝顺直、平服，不吃不拉。

b) 后背缝平服、顺直，缝份均匀。

c) 后肩背圆顺，熨烫平整。

d) 后领窝圆顺、平服。

c. 领子

a) 领面平服，领口圆顺、抱脖，领外口顺直、平服、不反吐，串口顺直，领子左右长短一致。

b) 领台、领角左右对称，大小一致，驳头平服，驳口顺直，不反吐。

d. 袖子

a) 袖子前后位置适宜，不翻不吊，左右对称，以大袋1/2前后1cm的位置为宜。

b) 袖山头圆顺，吃势均匀，部位准确，垫肩窝势符合人体。

c) 袖内、外缝缝线顺直，平服，不吃不拉，两端打结牢固。

d) 袖口平服，两袖口大小一致。

e) 袖开衩整洁、顺直，袖扣位置准确，整齐牢固。

f) 袖里与袖面平服，袖里不松不紧。

e. 门里襟止口

a) 门里襟平服不反吐，不起翘，不搅不豁，止口顺直，长短一致，下摆圆角一致。

b) 扣眼位置准确，扣眼与扣相对，扣与眼的大小相适应。

f. 底摆

底摆折边宽窄一致，熨烫平整，与身片服帖，并扦缝固定。

g. 里子

a) 里子各拼合缝顺直，熨烫时留有0.2~0.3cm的活动量。

b) 里子熨烫平整，无折痕。

c) 里子底摆留有1cm的活动量。

d) 里袋袋口整齐，袋牙宽窄一致，封口牢固、整洁。

h. 外观

a) 款式新颖，美观大方，轮廓清晰，线条流畅，外观平服，外形效果良好。

b) 整体结构与人体规律相符，局部结构与整体结构相称，各部位比例合理、匀称。

### 2. 礼服——燕尾服的制作

#### 1) 项目说明

起源：

燕尾服起源于英国。在18世纪初，英国骑兵骑马时，因长衣不便，而将其前下摆向后卷起，并把它别住，露出其花色的衬里，没想到这却显得十分美观大方。于是，许多其他兵种相继仿效。18世纪中叶，官吏和平民纷纷穿起剪短前摆的服装作为一种时尚，这样燕尾服就产生了，并且很快地遍及了全英国。到了18世纪晚期，燕尾服已经在欧美大部分国家风靡起来了。

随着时间的推移，燕尾服发展成两种样式。其一为英国式。英国式主要为高翻领，且是对称的三角形，扣上扣时为对襟形状。它一般与白色的短外裤一同穿，如是穿紧身裤，就应以黑皮靴相配。其二是法式。法式的主要特点是：带有较长的前摆，若与黑色的绒短裤相配，会显得英俊潇洒。后来燕尾服成为某种高雅的象征。特别是19世纪中期，燕尾服已不再是原来的对襟了，而是时兴单排扣和不剪下摆的样式，也可不必再与靴子相配。在当时，许多典礼或隆重场合都可见到燕尾服的身影，尤其黑色的燕尾服成为众多欧洲男子的宠儿。

时装在不断发展，渐渐地，燕尾服似乎即将退出流行的舞台。但制式燕尾服又给了人们一次机会。这时的燕尾服已不再是以前那样的单调。举个例子来说，教育部门的官员穿的是蓝黑色天鹅绒领子的深蓝色燕尾服；饭店的工作人员穿着素黑色的燕尾服，而且有黑色蝴蝶结作为配物；上层人士、富人及其仆人则穿相应有金银边的燕尾服。

燕尾服最初是硬翻领，领下是披肩，到了18世纪末发展为两种式样：英国式和法国式。英国式是对称三角形宽折高翻领，燕尾服在扣上扣时成对襟形状，它与有白护套的短外裤配套穿，如穿皮裤或紧身裤时就要与黄翻口或不翻口的皮靴配套。法国式的燕尾服带有下前摆，在拿破仑帝国初期时的隆重场合下，它与黑天鹅绒短裤配套穿。19世纪30年代，各种配色的黑燕尾服独占欧洲男子时装鳌头。此时的燕尾服式样是单排扣和不剪下摆，它不再与靴子配套。从19世纪50年代起，燕尾服仅在隆重的场合穿着。制式燕尾服的兴起，促使燕尾服的再次流行。

人们仍然可以通过电视，在国外一些重大盛典、会议上看到穿燕尾服的人；在音乐会上，也可见到穿燕尾服的指挥家。虽然当今的燕尾服有些改变，如领子、袖口等，但总体的改变不大。见到它，让人有一种肃然起敬的感觉，这也正是燕尾服带给人们的魅力所在。

缝制：

燕尾服一般用黑色或藏青色的精纺礼服呢（dress worsted）或驼丝锦（doeskin）来做。其正面造型为：宽宽的枪驳头上蒙一层无光泽的平纹绸或塔夫绸面，前门襟的扣子也是用同样的平纹绸包起来的包扣，左右各有三粒，袖口处的三至四粒装饰扣也是同样的小包扣。驳头上有插花用的扣眼，左胸前有手巾兜。肩较宽，肩头较方，胸部的放松量较大，有英国式西服的造型特点。前衣片在腰围处收紧后向外张，也就在这种外张的感觉刚刚开始就被切断了。从前面看，燕尾服很像流行于20世纪30～50年代的夏季用晚宴服"麦斯·茄克"。（mess jacket，也称作 military mess dress，麦斯是会餐的意思，这是在1889年驻南非的英国陆军士官会餐时作为礼服穿的一种白色无尾短茄克，到20世纪30年代才作为夏季略礼服流行于民间，美国人也非常喜用这种茄克）。

穿着风俗：

燕尾服的后衣片长垂至膝部，后中缝开衩一直开到腰围线处，形成两片燕尾。后背两侧由公主线构成，使其造型非常合体，腰部有横向切断线，与前面的衣摆切断线相接，在横切断线下连接着燕尾部分，这是维多利亚时代男装基本裁法的继承。后腰横切断接缝上装饰着两粒包扣，后中缝和两侧的公主线均采用劈缝做法，不缉明线。

燕尾服的袖子很细，袖山很高，袖窿较小，在袖根内侧的腋窝部分有一块做成双层的三角形垫布，以增加耐磨性和吸汗性。

燕尾服衣身部分的里子一般为黑色缎子，袖里子则是白色的人字形斜纹绸。为了使胸部富有体积感，同时又有柔和的悬垂感，在前胸要用弹性较好的马尾衬，后背部分一般用棉布衬或缩绒衬，驳头上要用八字形的针脚来纳，以增加驳头的折返弹性。

与燕尾服相搭配的礼服裤也不同于一般的西裤，立裆较深，一般不用腰带，而用背带"萨斯喷达"（suspender）。裤子前面有两个活褶，裤腿从臀到膝较宽松。裤长略长一些，但没有卷裤脚。外侧裤缝处装饰两条与燕尾服驳头同色同质的丝带。两侧的裤兜为直开兜，前腰省的旁边有单开线的表兜，一般没有后裤兜，要有也只是一侧有，是双开线的挖兜。因使用背带，故裤子前后都装有背带扣。后腰中央有三角形缺口，这里保留着过去定做时代的痕迹。

### 2）技术工艺标准和要求

见表4-7

礼服质量标准　　　　　　　　表4-7

| 项目 | 序号 | 质量标准 |
|---|---|---|
| 结构 | 1 | 胸部造型饱满合体，不起空 |
| | 2 | 腰部线条顺滑流畅，紧贴人体，无多余褶皱 |
| | 3 | 裙子蓬松，褶裥分布均匀，摆缝直顺 |
| | 4 | 袖子与手臂套松紧适宜，比例适当 |
| | 5 | 面料光泽一致，无疵点 |
| 工艺 | 1 | 机缝针码 3cm14～16针 |
| | 2 | 缉线顺直、平服、美观 |
| | 3 | 起止打倒针，面底线松紧适宜 |
| | 4 | 缉线不吃赶或起涟现象 |
| | 5 | 各缝份处理干净，无毛茬外露现象 |
| | 6 | 斜纱部位拉吃得当，造型符合人体 |
| | 7 | 各缝份平服，无线头和极光现象 |

### 3）实训场所、工具、设备

实训地点：服装车缝工作室。

工　具：尺、手针、机针、划粉、锥子、割绒刀、西式剪刀。

设　备：缝纫设备（平缝机、拷边机）、熨烫设备、数字化教学设备。

### 4）制作前的准备

（1）材料的采购及准备

①面料用量（表4-8）。

燕尾服用料计算参考表（cm）　　　　表4-8

| 品种 | 幅宽 | 胸围 | 算料公式 |
|---|---|---|---|
| 燕尾服 | 144 | 110 | 衣长＋袖长＋10，胸围超过110，每大3，加料3 |

②里料用量：与面料相同或少于面料10cm。

③衬料：

有纺衬：1.0m。使用部位有前片、挂面、侧片上部、领面。

无纺衬：0.5m。使用部位有领里、袖口贴边、大袋、里袋、卡袋及嵌线。

黑炭衬、腈纶棉：各0.5m。使用部位为挺胸衬。

树脂有纺衬：手巾袋口衬。

1.2cm宽直料粘带：3m。使用部位有驳口线、驳头外口、串口、大身止口。

双面粘带：1m。使用部位有领串口、领角、手巾袋口。

④袋布：0.5m细布。

⑤垫肩：1副。

⑥纽扣：直径2.3cm纽扣6粒，直径1.5cm纽扣6粒。

⑦配色线：1塔。

⑧领底呢：0.2m。

（2）剪裁

①面料、里料预缩：

在服装裁剪前，通常都要对面、辅料进行预缩处理，如毛料要起水预缩，美丽绸要喷水预缩，羽纱要下水预缩等，熨烫时尽可能在面料的反面进行，烫平皱折，便于划线剪裁。

②设计燕尾服成品规格：17/88（A）（表4-9）。

燕尾服成品规格（cm）　　　　表4-9

| 部位 | 衣长（$L$） | 胸围（$B$） | 领围（$N$） | 肩宽（$S$） | 袖长（$SL$） | 袖口（$CF$） |
|---|---|---|---|---|---|---|
| 规格 | 108 | 100 | 40 | 43 | 58 | 15 |

③燕尾服款式图：见图4-90。

④燕尾服结构图：见图4-91。

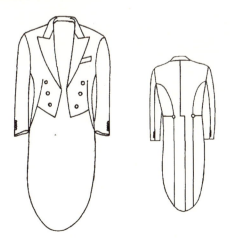

图4-90 燕尾服款式图

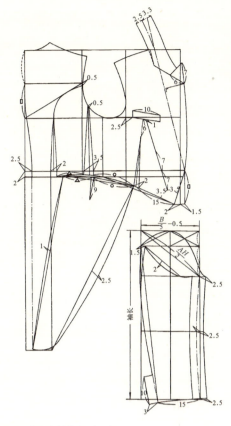

图4-91 燕尾服结构图（cm）

**5）缝制要点**

（1）后背明衩工艺

①敷牵带、合缉背缝。牵带用直丝有纺粘合衬制作。里襟用2cm宽的粘合衬离衩边2cm粘烫，并将衩口贴边2cm折转烫平。门襟用4.5cm宽的粘合衬一侧依齐背衩净线、上口较衩位高0.5cm粘烫，再将衩口贴边2cm折转烫平，见图4-92。然后按线钉合缉背缝，注意起止点打好回针，并将背缝缝头分开烫平

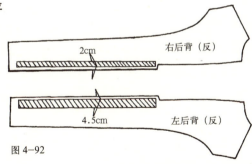

图4-92

②缉里子、烫出坐势。燕尾服后片里子为断腰节结构。先将后片里子腰节以下部分与衣片背衩部分扎好，背衩上口面里平齐，里子底边较衣片线钉长出1.5cm，然后将后衩面、里的一个缝头缉牢，并将衩口烫平，注意将里子烫出0.3cm坐势，里子距背衩止口约0.8cm左右。

③打剪口、缉封衩口。在背衩上端门、里襟缝头上打一剪

口至开衩位,注意要剪至缉线但不能剪断缉线,将门襟背衩向上折转,缝头向下拉出、摆平,来回4次将衩口与里襟上端封牢。见图4-93。

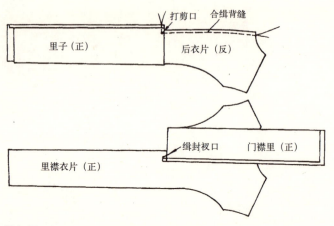

图4-93

④拱衩口、烫服背衩。将背衩翻下,在门襟正面开衩上端用拱针拱缝两行将衩口拱牢。然后在正面将背缝和背衩喷水盖布烫顺、烫服。见图4-94。

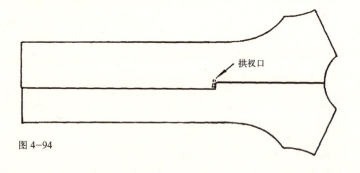

图4-94

(2) 后侧刀背缝工艺

①扎缉刀背缝。将后衣片与后侧片的袖窿深及腰节线钉对准,0.8cm缝头扎好烫平,1cm缝头合缉。缉完后在腰节下3cm处后衣片缝头上打剪口,剪口以上缝头分开烫平,剪口以下缝头向侧片坐倒,无论分缝坐缝,均应将缝子烫顺烫直,缝头烫煞。见图4-95。

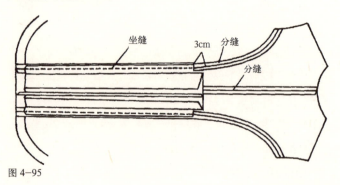

图4-95

②扣烫下摆贴边。按面子下摆线钉位置,将底边扣烫顺直,将衣片翻到正面喷水、盖布,将背衩熨烫顺直,然后用三角针将下摆贴边与大身绷牢。见图4-96。

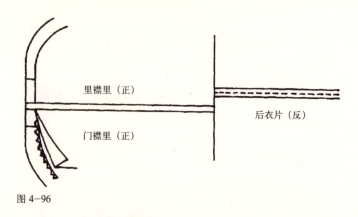

图4-96

③缉后片里子。由于后衣片里子是断腰节的,故应先将后衣片下端里子与后侧片下端里子缝合,缝头向侧片坐倒、烫平,并与衣片缝头滴牢。然后缉腰节以上部分的背中缝,缝头向里襟坐倒,注意里子背缝坐势1cm。

④扎后片里子。衣片反面向上放平,里子反面向下覆上,背中缝对准,沿背中先扎定一道,并将刀背缝一个缝头折光,盖在后侧片里子上扎定,然后将后片里子腰口缝头折转,背中缝折成宝剑头形状,尖角长2cm,坐势1cm,扎牢、烫平。最后离面子底边1cm将里子下摆折转、烫平。

⑤绷后片里子。仔细查看后衣片,应面里平服,不皱不吊,然后用暗绷针将刀背缝、腰口、底边里子绷牢,针距0.5cm。见图4-97。

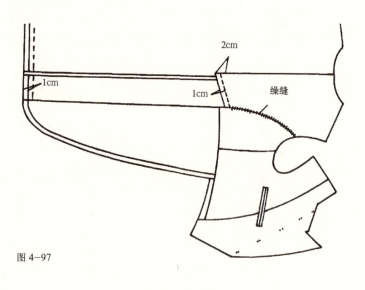

图4-97

# 项目（二）设计制作西服生产企划

## 1. 西服企划明细表

见表 4-10。

表 4-10 西服企划明细表

| 商标 | 品名 | 三粒扣平驳头男西服 | 型号 | S | M | L | XL |
|---|---|---|---|---|---|---|---|
| | | 产品正背面款式图 | | 项目 | 线号 | 针号 | 针码 |
| | | | 制作名称、线号、针号 | 平缝 | 11 | 14 | 5cm23 |
| | | | | 明线 | | 14 | 5cm23 |
| | | | | 扣眼 | | | |
| | | | | 钉扣 | | | |
| | | | | 拱针 | | | 5cm10 |
| | | | 材料名称 | | | 毛涤 | |
| | | | 面料裁断纱向 | | | 材料标样 | |
| | | | 前身 | 经纱 | | | |
| | | | 后背 | 经纱 | | | |
| | | | 腋下 | 经纱 | | | |
| | | | 大袖 | 经纱 | | | |
| | | | 小袖 | 经纱 | 面样板数量 | | 13 |
| | | | 领面 | 经纱 | 里样板数量 | | 8 |
| | | 粘衬部位 | | | 衬样板数量 | | 14 |

| 产品序号 | | 面料 | 幅宽 144cm | | 规格 | 颜色 |
|---|---|---|---|---|---|---|
| 订货单位 | | 用量 | 160cm | 缝纫线 | | |
| 订货日期 | | 里料 | 幅宽 144cm | 钉扣线 | | |
| 订货人 | 素材规格 | 用量 | 150cm | 锁眼线 | | |
| 材料名称 | | 衬料 | 幅宽 90cm | 拱缝线 | | |
| 材料号码 | | 用量 | 175cm | 白棉线 | | |
| 规格级别 | | 垫肩 | | 胸衬 | | |
| 材料输入日 | 单件 | 用量 | 1 副 | 黑炭衬 | | |
| 总生产量 | | 纽扣 | 直径 2.3cm、1.5cm | 纤条衬 | | |
| 交货日期 | | 用量 | 大 3 个、小 8 | 袖口衬 | | |

## 2. 缝制规格表

见表4-11。

缝制规格表　　　　　　　　　　　　　　　　　　表4-11

| 制表人 | | 产品号 | | 规格尺寸 | 型　号 | | | |
|---|---|---|---|---|---|---|---|---|
| | | 型　号 | | | XL | L | M | S |
| 附属品 | | 材料标样 | | 胸　围 | 117cm | 114cm | 111cm | 108cm |
| 纽扣 | 大3个 | | | 后衣长 | 76cm | 74cm | 72cm | 70cm |
| | 小8个 | | | 肩　宽 | 47cm | 46cm | 45cm | 44cm |
| 号型标 | 1个 | | | 前胸宽 | | | | |
| 商　标 | 1个 | | | 后背宽 | | | | |
| 袖　标 | 1个 | | | 袖　长 | 60cm | 59cm | 58cm | 57cm |
| 洗涤标 | 1个 | | | 袖　口 | 16cm | 15.5cm | 15cm | 14.5cm |

面样板、缝份、合印标记位置及其他（cm）

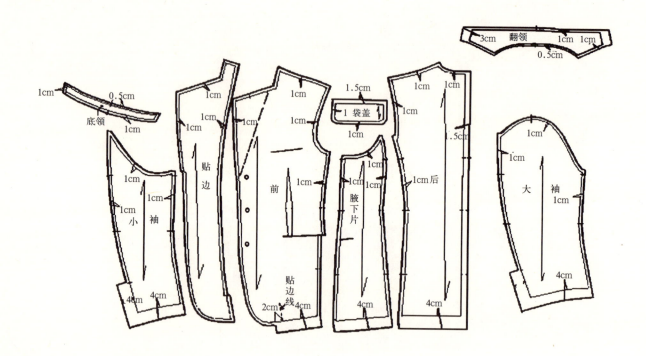

| | 部位 | 面 | 里 |
|---|---|---|---|
| 缝头倒向、处理办法 | 后中心 | 劈烫 | 倒烫 |
| | 前身 | 劈烫 | 倒烫 |
| | 侧缝 | 劈烫 | 倒烫 |
| | 袖内缝 | 劈烫 | 倒烫 |
| | 袖外缝 | 劈烫 | 倒烫 |
| | 肩缝 | 劈烫 | 倒烫 |
| | 袖开衩 | 倒烫 | |
| | 领串口 | 劈烫 | |
| | 前门止口 | 倒烫 | |
| | 胸袋 | 劈烫 | |
| | 大袋袋牙 | 倒烫 | |

缝制要点：
1. 胸袋缉明线部位，明线要顺直、饱满，不能有接线位置；
2. 驳头、翻领领头左右要对称、大小要一致；
3. 两个大袋左右要对称，双袋牙宽窄上下要一致；
4. 袖开衩倒向大袖；
5. 扣眼：锁圆头扣眼三个、左侧驳头上一粒插花眼；
6. 钉扣：双线绕脚钉扣；
7. 整烫要到位，表面不能有褶皱；
8. 里子熨烫时要留余量，余量大小为0.2～0.3cm；
9. 前门止口无反吐现象；
10. 前后身袖子：全里

## 3. 加工裁断粘衬指示书

见表 4-12。

加工裁断粘衬指示书　　　　表 4-12

| 制表人 | | 产品号 | | | 衬布接受条件 | | |
|---|---|---|---|---|---|---|---|
| | | 型　号 | | | 温度 | 120℃ | |
| | | 产品名 | | | 压力 | 2.5kg | |
| | | 加工数量 | | | 熨压时间 | 25s | |
| 色号 | 色名 | 型号 | | 合计 | 商品型号名称 | 喷汽时间 | 8s |
| | | XL　L　M　S | | | | 真空时间 | 6s |
| | | | | | | 温度 | |
| | | | | | | 压力 | 2kg |
| | | | | | | 熨压时间 | 23s |
| | | | | | | 喷汽时间 | 7s |
| | 素材条件 | | 衬布明细表 | | | 真空时间 | 5s |
| 面料 | 经　1%～2% 伸缩<br>纬　0.5%～1% 伸缩 | | 前身衬 | | 单件耗料 | | |
| | | | 贴边衬 | | | 幅宽 | 长度 | 排版尺寸 |
| | | | 领衬 | | 面料 | 144cm | 165cm | 160cm |
| 里料 | 经　0%～0.5% 伸缩<br>纬　0% 伸缩 | | 下摆衬 | | 里料 | 144cm | 155cm | 150cm |
| | | | 袖口衬 | | 衬料 | 90cm | 90cm | 85cm |
| | | | 胸衬 | | | | | |

里样板排版图

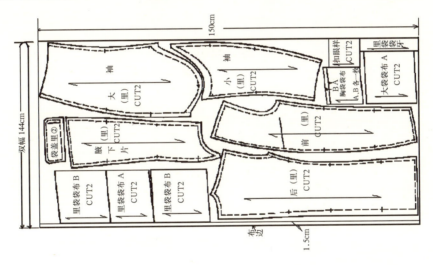

面样板排版图

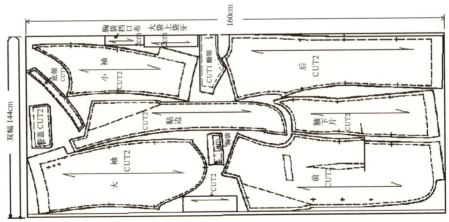

排料注意事项：
1. 布料反面朝外，布边对齐，使纵横纱向成直角；
2. 排版时要正对正、斜对斜、凸对凹进行排版，样板纱向要与布边平行；
3. 有倒顺毛的面料排版方向要一致；
4. 排版时要先排大身，后排零部件；
5. 若面料上有疵点，排版时应避开

### 4. 男西服结构制图

款式说明：此款为单排三粒扣男西服，衣身采用了比例制图方法，前胸宽、后背宽、袖窿深都是按胸围尺寸进行一定比例的计算，取得和人体相接近的数值；但胸部、腰部、臀部的尺寸加放量，可根据流行、体形和材料的不同而增减。袖子制图是根据袖窿圈的尺寸计算袖山的高度和袖肥的宽度，袖子为两片袖，袖口有三粒装饰扣。见图 4-98、图 4-99。

胸围余量加放：净胸围 20～22cm（余量）（表 4-13）。

成品规格（cm） 表 4-13

| 部位 | 后衣长 | 胸围 | 肩宽 | 袖长 | 袖口 |
|---|---|---|---|---|---|
| 规格 | 76 | 112 | 46 | 59 | 15.5 |

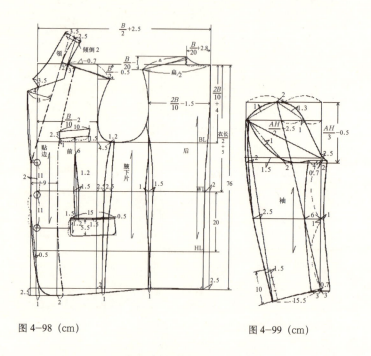

图 4-98 (cm)　　图 4-99 (cm)

### 5. 男西服工业用样板缩放

在样板缩放前，要选定一标准的样板，首先决定要放大、缩小的部位与尺寸，然后再计算各缩放点的缩放数据（表 4-14）。具体的缩放方法、缩放量及基点的位置见图 4-100～图 4-106。

档差表（cm） 表 4-14

| 部位 | 衣长 | 胸围 | 背长 | 袖长 | 腰围 | 臀围 |
|---|---|---|---|---|---|---|
| 档差 | 2 | 3 | 1 | 1 | 3 | 3 |

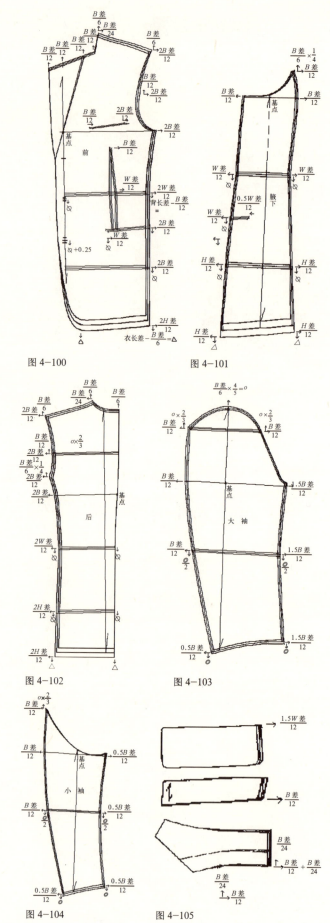

图 4-100　　图 4-101

图 4-102　　图 4-103

图 4-104　　图 4-105

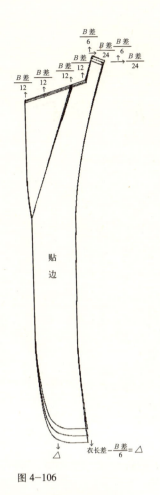

图 4-106

### 6. 男西服工业用样板设计

由初次样板制作完成样品样板及样品后,要进一步验证设计与面料的适合性。为使样板适应高效率的生产与一定的价格,就要重新修正样板,这是样板订正。对所作的样板要进行订正的有:余量的订正;各缝合线的订正;合印点的订正;零部件、纱向的订正。具体的订正部位见图 4-107～图 4-116。

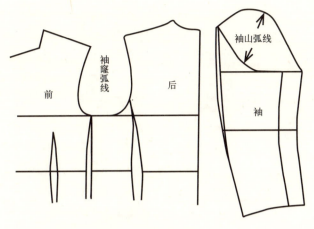

图 4-108 核对袖山弧线吃量是否合适

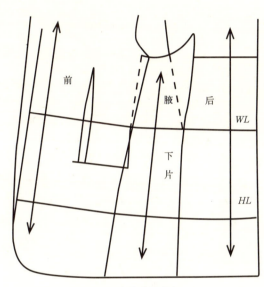

图 4-109 核对臀围尺寸对余量进行确认

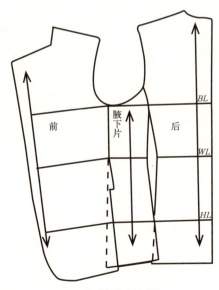

图 4-107 核对胸围尺寸对余量进行确认

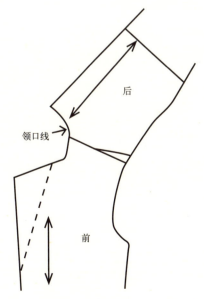

图 4-110 看领口线是否顺接

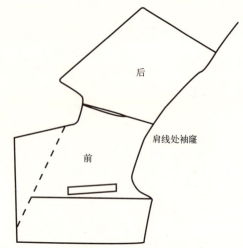

图 4-111 看在肩线外的袖窿弧线是否顺

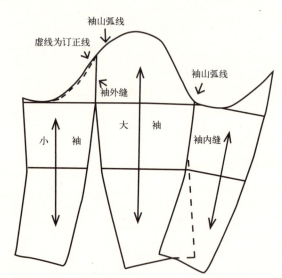

图 4-112 看袖山弧线是否顺接

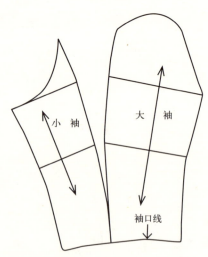

图 4-113 看袖口线是否顺接

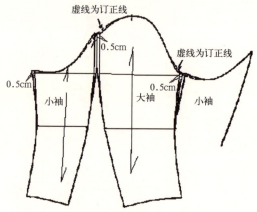

图 4-114 袖里在放缝前的订正

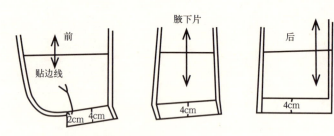

图 4-115 男西服底摆的放缝方法

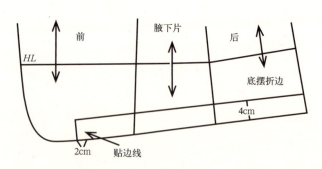

图 4-116 男西服底摆

## 7. 工业用样板的制作

根据设计、面料、缝制方法的不同，缝头的方法、放量也不同。为了正确、均一地缝制，要按缝制顺序加放缝头。缝合部位的缝头宽要一致，放缝线要与缝合线（净样线）平行。

工业用样板的制作方法见图 4-117、图 4-118。

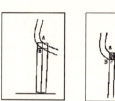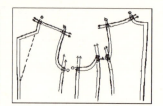

图 4-117

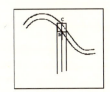 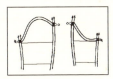 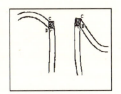

图 4-118

### 8. 制作生产用局部样板

生产用局部样板主要是为了在制作时使产品的关键部位达到一致，起到模板的作用。

例如，前身的左右大袋盖；前身下摆圆角处；左右领角等。局部样板见图 4-119。

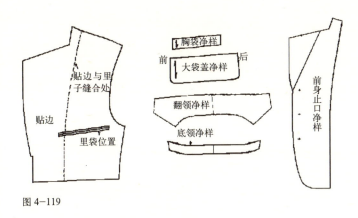

图 4-119

### 9. 男西服面料排版图

排版时，有倒顺毛、倒顺光的面料要排成同一方向，没有的可以颠倒，但尽可能排成同向比较好。带有格子的面料要对格，那么，就要多准备 10% 左右的面料。排版图见图 4-12。

### 10. 男西服里料排版图

同一尺寸的样板，因里料的幅宽不同使用的长度也不同，在这里有两种幅宽的里料排版图供参考。

144cm 幅宽的里料排版图见图 4-13。

### 11. 男西服衬料排版图

前身使用厚衬，其余部位使用薄衬。厚衬排版图见图 4-14，薄衬排版图见图 4-15。

### 12. 男西服面、里、衬的工业用样板

**1）男西服面样板**

见图 4-120、图 4-121。

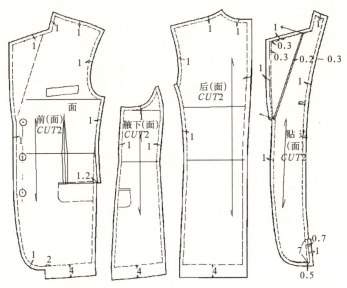

图 4-120 男西服面料样板（一）（cm）

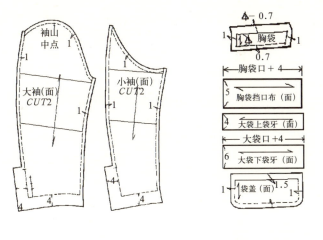

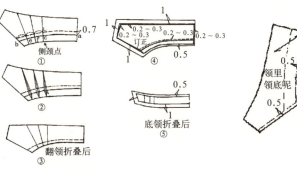

图 4-121 男西服面料样板（二）（cm）

## 2）男西服里样板

见图 4-122。

## 3）男西服衬样板

见图 4-123。

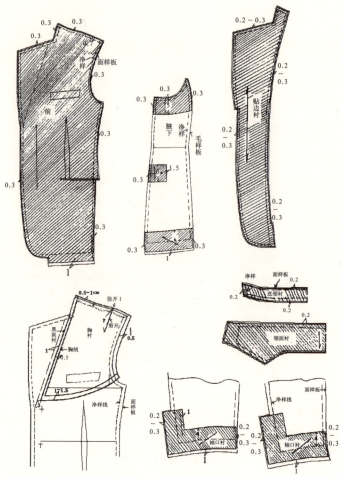

图 4-123 男西服衬样板（cm）

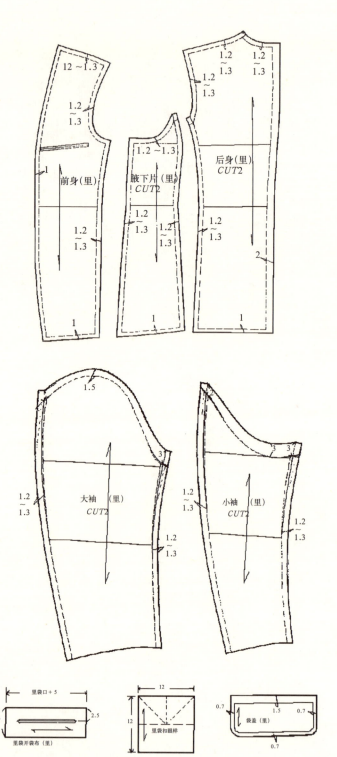

图 4-122 男西服面料样板（cm）

# 五、工作室教学第四单元——连身结构的工艺设计与制作

## 项目（一）连身结构的制作

### 1. 旗袍的制作

**1）项目说明**

中国传统女袍由满族女装演变而来，因满族曾被称为"旗人"而得名。原本旗袍是旗人所穿的服装，特点是宽大，平直，下长至足，材料多用绸缎，衣上绣满花纹，领、袖、襟、裾都绲有较宽的花边。这种服装在清朝时已很普遍，但只有满族妇女和宫廷中的女性才穿着。20世纪20年代，汉族的妇女开始模仿穿着。20世纪30年代，它已完全脱离原本形式，而变成一种具有独特风格的妇女服装。也就是在此时，旗袍奠定了它在女装舞台上不可替代的重要地位，成为中国女装的典型代表。旗袍主要分为京派与海派，它们代表着艺术、文化上的两种风格。海派风格以吸收西艺为特点，标新且灵活多样，商业气息浓厚；京派风格则带有官派作风，显得矜持凝练。当时造旗袍比较出名的是上海师傅，手工都较为精妙。"人人都学上海样，学来学去学不像，等到学到三分像，上海已经变了样。"这是20世纪30、40年代流行于世的歌谣，形象地反映出上海在当时的服装界占有多么显要的领先地位，也是中国近代女装最光辉灿烂的时期，而20世纪30年代可以说是这一时期灿烂的顶峰。加上这一时期外国的面料不断地进入中国，各大报纸杂志上都有服装专栏，还有当时流行的月份牌时装美女画，都推动着时装的产生与流行。20世纪50年代也有过灿烂的一瞬，在人民当家做主的时代，流行的主导已转向平民，可惜20世纪60、70年代被冷落。"文革"时期是传统文化的浩劫，也是旗袍的灾难。20世纪80、90年代辉煌难再，旗袍的鼎盛年代已经远去，被冷落了30年之久的它，在改革开放后的中国显得有些落伍了。

经过了几十年的演变，旗袍的各种基本特征和组成元素慢慢稳定下来。旗袍成为一种经典女装，主要是突出女性的线条美，所以现今的旗袍都是收紧腰身，把女性的身段尽量表现出来。特别是近十几年来，时装中重新出现的旗袍，在国际时装舞台频频亮相，风姿绰约有胜当年，并被作为一种有民族代表意义的正式礼服出现在各种国际社会礼仪场合。无论你到地球的哪个地方，只要看到一袭旗袍，看到那婀娜多姿、高贵典雅的服饰，就能看到中国女性。这便是中国旗袍鲜明的民族特色。

旗袍的制作过程与制造其他衣服的过程是大同小异的，首先替客人度身，再由客人选择布料和款式。制作的工序主要分为三个部分：裁剪、画图和绣花。传统的旗袍通常较长，到脚踝，亦有短的旗袍，多在膝盖对上一寸左右。

近代旗袍进入了立体造型时代，衣片上出现了省道，腰部更为合体并配上了西式的装袖，旗袍的衣长、袖长大大缩短，腰身也越为合体。式样简洁合体的线条结构代替了精细的手工制作。大量运用各种镶边、滚边和嵌边等常用的特殊工艺手法来装饰旗袍（单色镶边、单色滚边、滚嵌滚、嵌边、混合滚、三色镶边）。

除此之外旗袍的花纽装饰也极具特色，旗袍花纽具有其他服装上纽扣所不能比拟的作用，它不仅仅是一个纽扣，而是旗袍本身一件精美的装饰品。花纽设于旗袍领部、襟部，能起到画龙点睛的功效，采用的图案多为古色古香的龙、凤、孔雀、福、禄、寿、喜、吉祥如意等。与中国传统文化相呼应。

另外，绣花、手绘也是旗袍装饰中广泛使用的一种手法，它是我国传统的绣花工艺及国画艺术，用国荟点缀国服，可谓起到锦上添花的作用。

曾被中外媒体誉为"旗袍皇后"的李霞芳就是现代旗袍制作的代表人物之一，在继承旗袍传统风格的基础上，大胆改革创新，将中西服饰文化元素融为一体，使她的旗袍独树一帜。首先是保留了旗袍的经典元素，如盘扣、立领、滚边等。其次是大量运用了新型面料，突破了以往旗袍用料的传统，如编结材料、手绘布料等。她不仅是旗袍设计师，还涉猎服饰文化，她牢牢记住余秋雨对她说的话："没有艺术，就没有生命力"。

**2）技术工艺标准和要求**

见表5-1~表5-3。

旗袍裁片的质量标准　　　　表 5-1

| 序号 | 部位 | 纱向要求 | 拼接范围 | 对条格部位 |
|---|---|---|---|---|
| 1 | 前衣身 | 经纱，倾斜不大于 2.5cm | 不允许拼接 | 大小片 |
| 2 | 后衣身 | 经纱，倾斜不大于 2.5cm | 不允许拼接 | — |
| 3 | 袖片 | 经纱，倾斜不大于 1cm | 不允许拼接 | 前袖窿 |
| 4 | 夹里 | 经纱，倾斜不大于 2.5cm | 不允许拼接 | — |
| 5 | 领子 | 经纱，倾斜不大于 1cm | 不允许拼接 | 左右领角 |

旗袍成品规格测量方法及公差范围　　　　表 5-2

| 序号 | 部位 | 测量方法 | 公差 |
|---|---|---|---|
| 1 | 领围 | 按后中线对折，摊平 | ±0.5cm |
| 2 | 肩宽 | 前后衣身摊平，测两肩端点距离 | ±0.8cm |
| 3 | 胸围 | 系好纽扣，摊平，横量胸部 | ±1.2cm |
| 4 | 腰围 | 合好拉链，摊平，横量腰部 | ±1.0cm |
| 5 | 臀围 | 摊平衣身，横量臀部 | ±1.2cm |
| 6 | 衣长 | 摊平衣身，从颈肩点量至下摆 | ±2.0cm |
| 7 | 袖长 | 摊平袖片，量袖中线 | ±0.5cm |

精做旗袍外观质量标准　　　　表 5-3

| 序号 | 部位 | 外观质量标准 |
|---|---|---|
| 1 | 领子 | 左右领角形状一致，平挺 |
| 2 | 省道 | 省尖圆顺，省道顺直 |
| 3 | 开衩 | 开衩平服、顺直，不豁不搅 |
| 4 | 滚边 | 宽窄一致，松紧适中 |
| 5 | 缝线 | 与衣身配色，针距密度 14～17 针，缝线松紧适中，手针不露线迹 |
| 6 | 偏襟 | 顺直，平服，门、里襟松度一致 |
| 7 | 纽扣 | 针距、缝线松紧适中，位置准确 |
| 8 | 整烫 | 熨烫平挺，缝份倒伏，无水花，无极光，无污渍 |

### 3）实训场所、工具、设备

实训地点：服装车缝工作室。

工　　具：尺、手针、机针、划粉、锥子、割绒刀、西式剪刀。

设　　备：缝纫设备（平缝机、拷边机）、熨烫设备、数字化教学设备。

### 4）制作前的准备

（1）材料的采购及准备

①面料用量（表 5-4）。

旗袍用料计算参考表（cm）　　　　表 5-4

| 品种 | 幅宽 | 胸围 | 算料公式 |
|---|---|---|---|
| 旗袍 | 77 | 96 | （衣长＋袖长）×2，胸围超过 96，每大 3，加料 3 |
| | 90 | 96 | 衣长×2＋袖长＋10，胸围超过 96，每大 3，加料 3 |
| | 114 | 96 | 衣长＋袖长＋30，胸围超过 96，每大 3，加料 5 |

②里料用量：与面料相同。

③辅料用量：

a. 领面用树脂粘合衬，粘牵带；

b. 滚条 4m，嵌线 4m（可买现成的，亦可用剩余面料自行制作）；

c. 隐形拉链一根；

d. 配色线若干；

e. 葡萄纽 2 副（可买现成的，亦可用剩余面料自行制作）。

（2）剪裁

①面料、里料预缩

在服装裁剪前，通常都要对面、辅料进行预缩处理，如毛料要起水预缩，美丽绸要喷水预缩，羽纱要下水预缩等，熨烫时尽可能在面料的反面进行，烫平皱折，便于划线剪裁。

②设计旗袍成品规格

号型：160／84A（表 5-5）

旗袍成品规格（cm）　　　　表 5-5

| 名称 | 衣长($L$) | 胸围($B$) | 腰围($W$) | 臀围($H$) | 领围($N$) | 肩宽($S$) | 背长 | 下摆 | 袖长($SL$) | 袖口 |
|---|---|---|---|---|---|---|---|---|---|---|
| 规格 | 128 | 90 | 72 | 94 | 38 | 40 | 38 | 72 | 54 | 12 |

③旗袍款式图

见图 5-1。

图 5-1 旗袍款式图

④旗袍结构图

前后身片结构。见图5-2、图5-3。

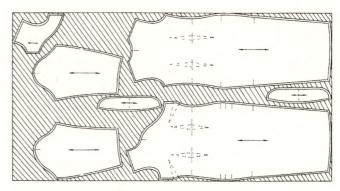

图5-4 旗袍放缝、排料图

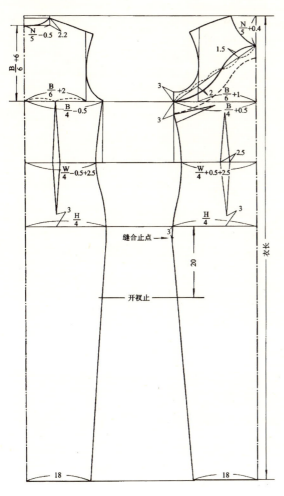

图5-2 前后身片结构图（一）（cm）

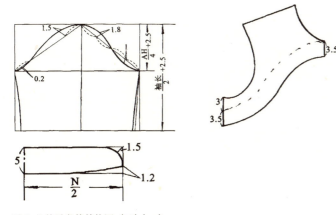

图5-3 前后身片结构图（二）（cm）

⑤旗袍放缝、排料

门幅：114 cm；用料：衣长+袖长+30cm。见图5-4。

## 5）详细制作步骤

（1）旗袍工艺流程

作标记→收省→归拔衣片→烫牵带→做里襟→做嵌线、滚条→装拉链→合肩缝、侧缝→做里、装里→做领、装领→做袖、装袖→做纽、钉纽→整烫。

（2）旗袍缝制程序

①做标记

a. 钻眼和眼刀：前后衣片、袖片、里襟的省道采用省尖钻眼定位（钻眼位离省尖0.3cm），省根眼刀定位。

b. 线钉：腰节线、臀围线、开衩止点、缝合止点、衣片前中线、领子领中线，袖子袖中线采用打线钉作标记。

c. 粉印：单件制作时可将画上粉印的衣片与未画粉印的另一衣片反面相合，边沿依齐摆正，在垫呢上拍一下，将粉印复印到另一片上，然后将粉印再加深重画一遍，衣片净线可用此法获得。见图5-4。

②收省

将前后衣片、袖片、里襟的省道收好，缝头烫倒。收省采用先扎后缉，省尖要收得尖，省尖处留5cm线头打结。注意腰省缝头向中间烫倒，胸省缝头向上烫倒，袖省缝头向上烫倒。见图5-5。

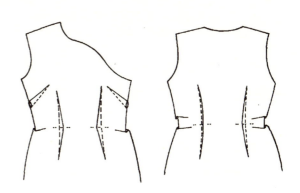

图5-5

③归拔衣片

将前衣片按前中线正面相合对折，熨斗在前中线里侧腰节上下拔伸熨烫，将腰省拔伸烫服，再在侧缝一侧腰节上下拔伸熨烫，并将腰节拔出，臀围至开衩止点一段略归，胸部处应下垫"布馒头"熨烫，以烫出胸部胖势。后衣片归拔可参照前片进行。见图5-6。

⑤做里襟

将里襟面、里正面相合，边沿依齐，1cm缝头合缉。注意将缝头修至0.6cm，并在前中打上眼刀，弧度部位打剪口，将里襟面、里翻出，里子坐进0.2cm烫平，并在里子上缉0.1cm清止口压定。见图5-8。

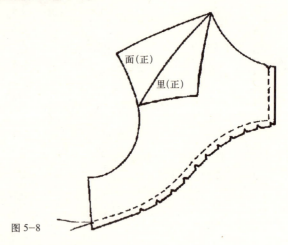

图5-8

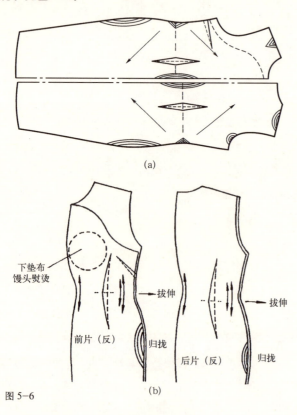

图5-6

④烫牵带

需烫牵带部位：前衣片大襟弧线至右侧缝再至开衩止点下3cm，左侧缝开衩止点下3cm始向上18cm，后衣片袖窿下至开衩止点下3cm。牵带沿净线内侧粘贴，弧线处注意胖处要略松，凹处要略带紧，并根据需要打剪口。见图5-7。

⑥做嵌线、滚条

a. 准备嵌线、滚条：

a) 选富有弹性而又柔软的丝绸面料，断纹45°正斜裁剪，见图5-9。注意：通常在滚料括浆阴干后再裁。滚条应尽量避免接头，滚条接头应直丝拼接。见图5-10。

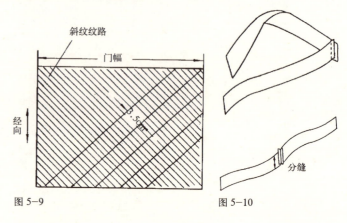

图5-9　　　　　图5-10

b) 一件普通旗袍大约需要滚条长度为4m，滚条宽度可按以下公式确定：

滚条宽度 = 制成宽度 + 缝头 + 面料厚度 + 里侧宽度 + 里侧缝头

例如：欲制成宽度为0.8cm的滚边，则滚条布宽度应为：
0.8 + 0.8 + 0.1 + 0.8 + 0.7 = 3.2cm

考虑到滚边布在长度方向拉伸后宽度变窄，滚条布实际宽度应为3.5cm。

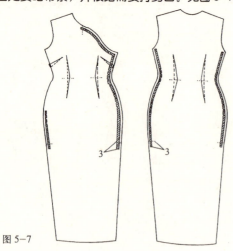

图5-7

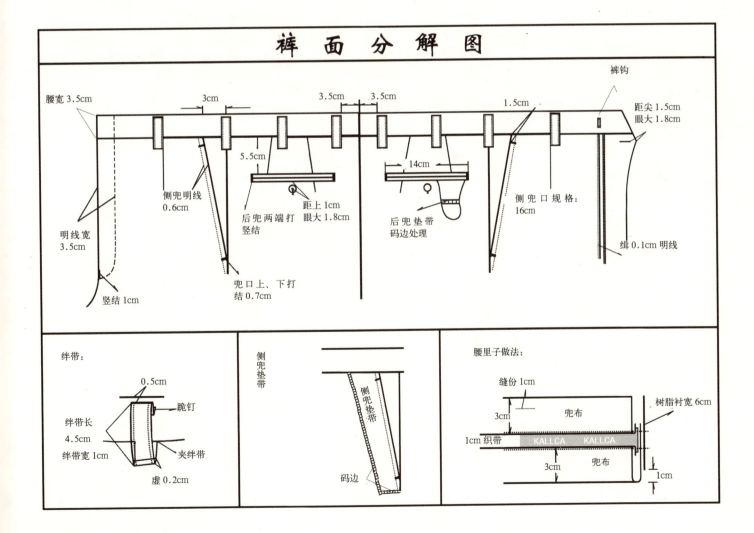

c) 冬瓜圈法。旗袍在单件制作时可利用面料余料作滚条，滚条的裁剪与拼接可采用冬瓜圈法，见图 5-11（a）先按 45°画线，AB 与 CD 为直丝方向，且相差一根滚条的宽度，然后按图 5-11（b）将 A 点对准 C 点，B 点对准 D 点直丝拼接，分缝烫开，然后可螺旋式一圈圈地将滚条连续剪下。

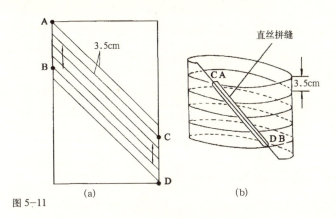

图 5-11

d) 预缉嵌线：为使滚边及嵌线处保持宽窄一致，可将嵌线正面在外对折烫好，修至 0.8cm 宽，光口朝里，与滚条正面相合，边沿依齐，0.6cm 缝头合缉，也就是保证嵌线宽度 0.2cm 合缉，按此方法将嵌线预缉到所有的滚条上。见图 5-12。

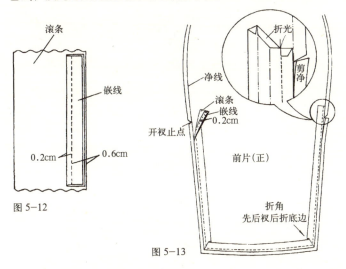

图 5-12

图 5-13

b. 滚开衩、下摆：

a) 划出开衩、下摆净缝线，滚条与大身正面相合，则嵌线必位于其间，滚条边沿与大身净缝线依齐，按滚条反面预缉嵌线的线迹缉线，将滚条、嵌线、大身一并缉住。注意：衩口处滚条应超过开衩止点 3cm，滚条上端毛口折转扣光，滚条缉至衩、摆转弯处应向摆缝方向折转后再缉线。见图 5-13。

b) 将滚条翻正烫平，衩口以下，大身缝头按净线修准，然后将滚条包实、烫挺，滚条反面按 0.7cm 宽扣光烫好，满意后用双面胶固定。见图 5-14。

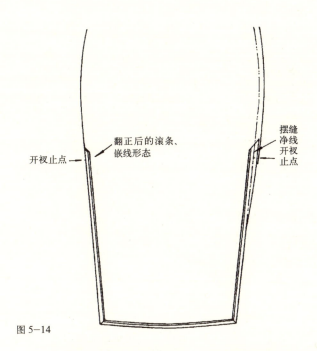

图 5-14

c. 滚偏襟。同理将偏襟滚好，注意滚偏襟圆弧时凸处应略松，凹处应略紧。

⑦装拉链

a. 拉链开口位于袖窿下 3cm 处，拉挺拉链，置于前后衣片右侧缝处，在开口、腰节、臀围处做好对同粉印。

b. 将拉链置于后片右侧缝位置，与衣片正面相合，拉链齿边依齐净缝线，用隐形拉链专用压脚或单边压脚紧靠齿边将拉链先与后衣片缉上。

c. 再让里襟与后片正面相合，右侧缝依齐，则拉链夹于其间，用单边压脚再缉一遍，将三者缉住。并顺势缉至袖窿底，装好里襟。见图 5-15。

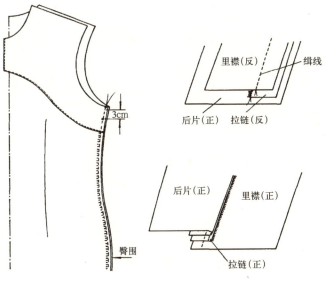

图 5-15

d. 采用同样的方法自下而上地将拉链的另一侧与前衣片侧缝缉住。

⑧缝合肩缝、侧缝

a. 合侧缝。将前后衣片正面相合，侧缝依齐，腰节、臀围、开衩止点眼刀对准，1cm 缝头合缉，衩口上端注意将翻正的滚条一并缉住。缉完后在腰节缝头上打眼刀，再将缝头分开烫煞。右侧缝实际上只合缉臀围至开衩止点一段，臀围以上为装拉链位置。

b. 合肩缝。前后衣片正面相合，前肩在上，后肩在下，肩缝依齐，1cm 缝头合缉，注意在后肩里侧1/3处略放层势，缉好后将缝头在铁凳上分开烫煞。

⑨做里、装里

a. 里子收省：里子收省的部位、大小、方法参照面子收省，省缝缝头倒向与面子缝头倒向相反，即腰省缝头向两侧烫倒，胸省缝头向下烫倒。

b. 缝合里子侧缝、肩缝。里子侧缝、肩缝的缝合方法与面子相同，左侧缝自袖窿底合缉至开衩止点，右侧缝只合缉臀围至开衩止点一段，然后再合缉肩缝，缝头均为1cm，合完后均向后身烫倒。

c. 做里子贴边：里子下摆贴边采用卷边缝做法，内缝0.7cm，缉线净宽1cm，缉完后将贴边熨烫服帖。

d. 定里子、手工缲缝：将做好的里子套入面子里，各处缝头、眼刀对准，面、里松紧适宜，将里子毛口部位折光扎定后手工缲缝。缲缝部位有：开衩位、拉链位、斜襟、领下口、袖窿。

⑩做领、装领

a. 做领：

a) 粘衬（粘合树脂衬）：领面、里上口均为净缝，领面所用领衬略小0.1cm，领里无纺衬，大小相同，面、里所用衬均宜选用斜丝方向，粘衬时从中间向两边分烫，适当控制温度，粘衬后领面平服无起泡或起皱现象。见图5-16。

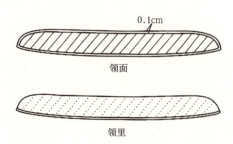

图5-16

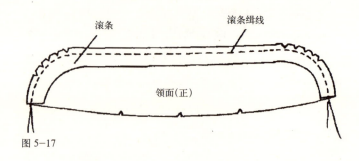

图5-17

b) 将缉有嵌线的滚条与领面正面相合，边沿依齐，离边0.6cm沿领面上口缉合，圆头转弯处打上剪口，再将滚条翻正烫平。见图5-17。

c) 将领里下口折转0.8cm烫平，领子面、里正面相合，在领外口净缝线外侧0.1cm处合缉滚条与领里，合缉时应注意圆头处领里稍稍拉紧，然后将圆头处缝头修小，领子面、里翻正烫平，注意领里坐进0.2cm。见图5-18。

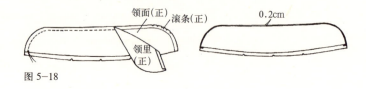

图5-18

b. 装领

a) 将领面与大身正面相合，领面领脚和大身领圈依齐，后中、肩缝眼刀对准，0.8cm 缝头缉合，并在缝头上打剪口。见图5-19。

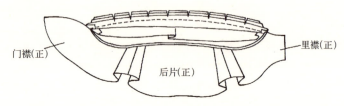

图5-19

b) 将领子翻正烫好，待装上里子后，再让领里压住领圈里子扎实，熨烫服帖后再行缲缝固定。见图5-20。

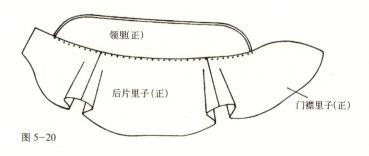

图5-20

⑪ 做袖、装袖

a. 做袖

a）归拔袖片：将里弯袖线袖肘处拔开。

b）1cm 缝头合缉袖底缝，并将缝头分开烫煞。

c）滚袖口：缉上嵌线的滚条与袖口正面相合，边沿依齐，0.6cm 合缉，再将滚条翻正、包实烫平。

d）0.7cm 缝头缝缉并抽拉袖山层势，再在铁凳上将袖山层势烫均匀，层势多少按面料厚度来定，通常在 1cm 左右。

e）缝合袖里。将袖子面、里反面相合，袖里套在袖面外，袖底缝对准，袖口塞到折光的滚条里扎定、绷牢。再将袖子翻正，在袖子上部将面、里扎定。

b. 装袖

装袖应先扎后缉。袖子与大身正面，袖山弧线与袖窿弧线边沿依齐，袖中眼刀对准肩缝，袖底缝与摆缝对齐，0.8cm 缝头先一圈扎定，当两袖均扎好，上架观察左右对称、层势均匀、袖子圆顺后再上车缉装，然后再装肩垫。袖里可先将袖山折光 0.8cm 后扎定到里子袖窿上，满意后再手工绷缝。

⑫ 做纽、钉纽（以琵琶纽为例）

a. 准备纽条

a）按 45°正斜断纹裁剪宽 1.5cm、长 50cm 的斜料做纽条，反面均匀刮上薄浆，晾干烫平后待用。纽条宽度可根据面料厚薄略有增减。

b）纽条两侧各扣烫 0.3cm～0.4cm，其间夹入 4～5 根棉线或铜丝。

c）用本色线将两侧绕缝搭接在一起，形成圆筒形。

b. 制作琵琶纽

琵琶纽的制作过程见图 5-21。

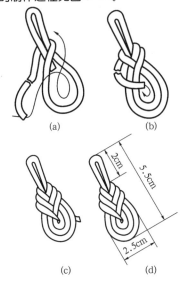

图 5-21

c. 装钉琵琶纽

a）通常纽头钉在门襟上，纽襻钉在里襟上。

b）将纽头与纽襻的开口端纽条用本色线绷缝，绷缝线迹应隐匿在纽条背面。

c）为使钉纽处面料不被拉扯起皱，可先用倒钩针将扣位处面、里固定。见图 5-22。

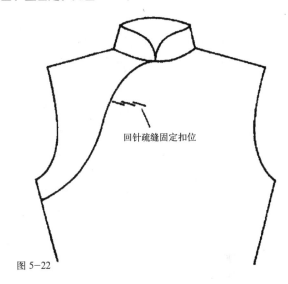

图 5-22

d）将纽襻和纽头置于相应位置摆正置，绷缝固定。绷缝时针线穿过纽条向上约 2/3 的厚度，以保证纽条挺直并富于立体感，每针间距约 0.2cm，缝至距纽头 0.3cm 处止。

e）缝合完成后，纽头刚好露在门襟之外。

⑬ 整烫

a. 熨烫旗袍的胸、腰部位时要放在烫台上，不可将归拔产生的立体造型烫平。

b. 先烫夹里的省道、侧缝、下摆，再把袖窿夹里放在铁凳上，扎烫圆顺，翻到正面，盖上干布，垫入布馒头，先烫背部，再烫省道，肩部放在铁凳上，丝绺烫挺，外肩略翘，领子平烫，圆顺窝服。

c. 最后烫袖子，烫前、后袖缝，左手放入里面顶住袖山，用熨斗快速轻抹，将整个衣身烫平理顺，完成后垂直挂起。

旗袍成品质量要求：

a. 各部位规格准确，缉线顺直。

b. 滚边宽窄一致，顺直平服，大襟处无接缝。

c. 衣片与夹里松紧适宜，无牵吊。

d. 领面平服，两侧领角对称。

e. 胸部饱满，腰吸自然，造型优美。

f. 大襟与里襟位置配合准确平服。

g. 手缝线迹整齐，牢固，针距紧密，正面不露线迹。

h. 装袖位置准确，袖子服帖美观。

i. 熨烫平整，无烫黄，无污渍。

## 2. 插肩袖男大衣的制作

### 1) 项目说明

大衣也包括风衣和雨衣。它是指衣长过中指的服装。

大衣按衣身长度分有长、中、短三种。第一种是长度至膝盖以下，约占人体总高度的5/8+7cm，为长大衣；第二种是长度至膝盖或膝盖略上，约占人体总高度的1/2+10cm，为中大衣；第三种是长度至中指或中指略下，约占人体总高度的1/2，为短大衣。

按材料分有用厚型呢料裁制的呢大衣；用动物毛皮裁制的裘皮大衣；用棉布作面、里料，中间絮棉的棉大衣；用皮革裁制的皮革大衣；用贡呢、马裤呢、巧克丁、华达呢等面料裁制的春秋大衣（又称夹大衣）；在两层衣料中间絮以羽绒的羽绒大衣等。

按用途分有礼仪活动穿着的礼服大衣；以御风寒的连帽风雪大衣；两面均可穿用，兼具御寒、防雨作用的两用大衣。

每到春、秋、冬季时，大衣都是必不可少的经典单品。如今大衣品种之繁多、质量之上乘已非昔日所能比拟，它已是男士服装最重要的一个门类了。男大衣制作工艺中有三个重点。

（1）暗门襟

暗门襟通常有两种做法：一种是将两块暗门襟里布与左衣片、左挂面分别缉合做光，另一种是用一斜料里子在左挂面上开口滚光，暗门襟正面都缉有约6cm宽的明止口。

（2）后衩

先在衩口反面烫上粘合衬，再合缉后背缝，沿背缝将后衩折转熨烫顺直，并将下摆贴边一并烫好。在左片衩口（向上2cm）缉压明止口，然后在后背缝左侧压明止口并与后衩止口叠过2cm接顺，最后明封后衩口。

（3）领、袖

风衣的领子应做出里外匀，翻下面、里窝服，竖起挺拔不倒。装风衣斜肩袖应注意袖窿斜丝不能拉还，可沿边烫粘牵带或做倒钩针，然后在袖子一侧缉压明止口并熨烫平服。

### 2) 技术工艺标准和要求

见表5-6～表5-8。

男插肩袖暗门襟大衣裁片的质量标准　　表5-6

| 序号 | 部位 | 纱向要求 | 拼接范围 | 对条对格部位 |
|---|---|---|---|---|
| 1 | 前衣片 | 经纱，以领开门线为准，不允许偏斜 | 不可拼接 | 左右衣片、袋与衣片、侧缝 |
| 2 | 后衣片 | 经纱，以背中线为准，倾斜不大于1cm，条格料不允许偏斜 | 不可拼接 | 左右后衣片横向对格、侧缝 |
| 3 | 前袖片 | 经纱，以袖中缝线为准，倾斜不大于1.5cm | 不可拼接 | 前后中缝、前衣片 |
| 4 | 后袖片 | 经纱，以袖中缝线为准，不大于2cm | 不可拼接 | 前后中缝、后衣片 |
| 5 | 斜插袋牙 | 按袋位处衣片纱向 | 不可拼接 | 与衣片对条对格对纱向 |
| 6 | 领面 | 纬纱，不允许偏斜 | 不可拼接 | 与后片对经向条格 |
| 7 | 领里 | 斜纱或纬纱 | 可拼接2～3道 | — |
| 8 | 挂面 | 经纱，以横开领线为准，倾斜不大于1.5cm | 驳头上段不可拼接，驳口线下7cm可拼接2～3道 | 挂面上段（驳口以上）需对条对格，下段可不对条格 |

男插肩袖暗门襟大衣成品规格测量方法及公差范围　　表5-7

| 序号 | 部位 | 测量方法 | 公差 | 备注 |
|---|---|---|---|---|
| 1 | 衣长 | 衣服平放于案板上，摊平，由颈肩点垂直下量至底摆 | ±1.5cm | 测量时可将衣服套于模台上 |
| 2 | 袖长 | 由颈肩点顺肩端点垂直下量至袖口 | ±1.5cm | |
| 3 | 胸围 | 将衣服摊平，纽扣扣好，沿腋下水平横量 | ±2.0cm | |
| 4 | 肩宽 | 将衣服摊平，后片在上，由左肩端点横量至右肩端点 | ±1.0cm | |
| 5 | 领围 | 顺上领线围量一周 | ±2.0cm | |

精做男插肩袖暗门襟大衣外观质量标准　　　　　　　　　　　　　　　表 5-8

| 序号 | 部位 | 外观质量标准 |
| --- | --- | --- |
| 1 | 衣领、驳头 | 1. 领子里外围平服，圆顺，左右对称，不荡不抽，串口顺右，左右领尖不向外翻翘。<br>2. 有驳头的款式驳头窝服，外形止口缉线直顺，缉线宽窄一致。条格料领尖、驳头左右对称，对比差距不大于 0.3cm。<br>3. 装领正，左右领肩点刀眼与肩缝对准，误差不大于 0.4cm |
| 2 | 前衣身 | 1. 胸部饱满，面、里衬服帖。<br>2. 止口直顺窝服，不搅不豁，门、里襟长短一致，止口不外翻，不倒吐。门、里襟止口长短差距不大于 0.4cm（一般门襟可稍长于里襟）。<br>3. 斜插袋角度准确，四角方正，左右袋高低、前后位置误差不大于 0.4cm。<br>4. 底边圆顺，窝服。<br>5. 有条格料的前衣身在胸部以下条料直顺，左右两襟衣身格料横向对格，误差不大于 0.3cm，斜料左右对称 |
| 3 | 后衣身 | 1. 背缝顺直无松紧，背衩不搅不豁，平服、自然，长短适宜，两边对比差距不大于 0.2cm。<br>2. 摆缝直顺，两侧对称，后背平整圆顺。<br>3. 条格料以背缝以上部为准，左右后背条料对条，格料对格，误差不大于 0.3cm。<br>4. 插肩袖肩头前后平服，不紧，不起波纹 |
| 4 | 袖子 | 1. 插肩袖前后匀称，前、中、后袖缝吃势适当匀顺，前后一致。<br>2. 前后袖片袖缝的外形止口缉线宽窄一致，缉线整齐、顺直、松紧适宜。<br>3. 袖口平整，大小一致，袖口宽窄的对比差距不大于 0.3cm。<br>4. 左右袖襻安装位置的高低及与袖缝的距离，误差不大于 0.4cm，袢纽结实。<br>5. 袖里平服，松紧适宜。<br>6. 条格顺直，认袖山为准，两袖对称，误差均不大于 0.5cm。<br>7. 袖与前身，其格料为横向对格，误差不大于 0.4cm |
| 5 | 其他部位要求 | 1. 前后衣片在侧缝部位，格料横向对格，误差不大于 0.3cm。<br>2. 挂面，底边滚条不扭曲，宽窄一致，无皱褶。<br>3. 里袋高低、大小一致，滚条嵌线整齐，袋盖适位，封口牢固。扣与眼相对，商标清楚。左右里袋大小和位置的高低对比差距不大于 0.6cm。<br>4. 衣里的松紧适宜，和面服帖。<br>5. 各部位缉线，手缲线整齐、牢固。<br>6. 底边平服不外翻，里子折边宽窄一致，折边距底边宽窄一致。底边缲牢不透线，没有针迹。<br>7. 各种辅料性能与面料相适宜，线、扣的色泽、档次与面料一致。<br>8. 熨烫平整、挺括，外观好，无亮光、水花。驳头、止窝服帖 |

### 3）实训场所、工具、设备

实训地点：服装车缝工作室。

工　　具：尺、手针、机针、划粉、锥子、割绒刀、西式剪刀。

设　　备：缝纫设备（平缝机、拷边机）、熨烫设备、数字化教学设备。

### 4）制作前的准备

（1）材料的采购及准备

①面料用量（表 5-9）。

男插肩袖大衣用料计算参考表（cm）　　表 5-9

| 品种 | 幅宽 | 胸围 | 算料公式 |
| --- | --- | --- | --- |
| 男插肩袖大衣 | 144 | 120 | 衣长 ×2+10，胸围超过 120，每大 3，加料 5 |

②里料用量：与面料相同或少于面料 5cm。

③有纺衬：1.5m。使用部位有前片、挂面、领面。

④无纺衬：0.5m。使用部位有领里、袖口贴边、插袋嵌线、里袋嵌线及袋位、暗门襟、袖襻、腰带。

⑤1.2cm 宽直料粘带：1m。使用部位袖窿、袖山。

⑥袋布：0.5m 细布。

⑦垫肩：1 副。

⑧纽扣：直径 2.3cm 纽扣 7 粒。

⑨配色线：1 塔。

（2）剪裁

①面料、里料预缩

在服装裁剪前，通常都要对面、辅料进行预缩处理，如毛料要起水预缩，美丽绸要喷水预缩，羽纱要下水预缩等，熨烫时尽可能在面料的反面进行，烫平皱折，便于划线剪裁。

② 设计男插肩袖暗门襟大衣成品规格

号型：170/92A （表5—10）

男插肩袖暗门襟大衣成品规格（cm）　表5—10

| 部位 | 衣长(L) | 胸围(B) | 领围(N) | 肩宽(S) | 袖长(SL) | 背长(BAL) |
|---|---|---|---|---|---|---|
| 规格 | 112 | 116 | 42 | 48 | 62 | 43 |

③ 男插肩袖暗门襟大衣款式图

见图5—23。

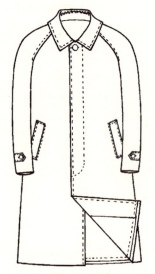

图5—23 男插肩袖暗门襟大衣款式图

④ 男插肩袖暗门襟大衣结构图

a. 前后身片、袖片结构图。见图5—24。

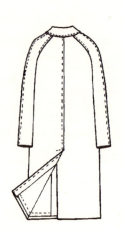

图5—24 男插肩袖暗门襟大衣前后身片、袖片结构图（cm）

b. 领、腰带结构图。见图5—25。

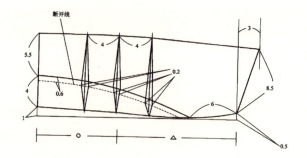

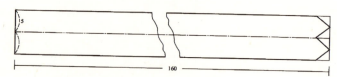

图5—25 男插肩袖暗门襟大衣领、腰带结构图（cm）

⑤ 男插肩袖暗门襟大衣放缝、排料

a. 裁片放缝

面子：衣身领圈0.8cm，袖窿、后中1.2cm，底边4cm，其他1cm；挂面领圈0.8cm，底边4cm，其他1cm；后袖中缝0.7cm，后袖底缝1cm；前袖中缝1.2cm，前袖底缝1cm，前后袖窿0.7cm，袖口3.5cm，斜肩袖领圈0.8cm；袋片、袖襻、腰带1cm；领子四周1.5cm。见图5—26。

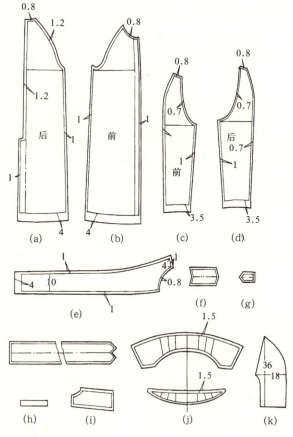

图5—26（cm）

里子：按衣片毛样放缝，虚线为里子毛缝。见图5-27。

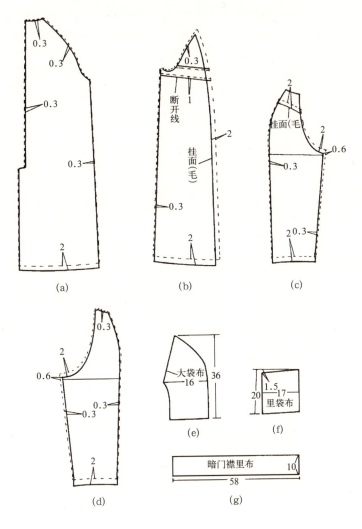

图5-27（cm）

b. 排料图

门幅144cm，用料244cm。公式：衣长×2+20cm。见图5-28。

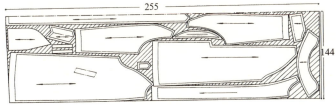

图5-28

**5）详细制作步骤**

(1) 男插肩袖暗门襟大衣工艺流程

前衣片：打线钉→粘衬→敷牵带→开袋→做挂面→开里袋→做暗门襟→覆挂面。

后衣片：缉后中缝→做后衩。

前后衣片组合：合面、里侧缝→做面、里底边。

袖子：做袖面→做袖里→袖子面、里缝合→装袖。

领子：做领→装领。

手工：锁眼→手工→钉扣。

整烫：将所有缝子熨烫一遍，衣身熨烫平服。

(2) 男插肩袖暗门襟大衣缝制程序

① 前衣片

a. 打线钉。前衣片：领缺嘴、袋位、底边、暗门襟止口位、装袖对同位。见图5-29。

b. 粘衬：前衣片、挂面用有纺衬粘合。见图5-30。

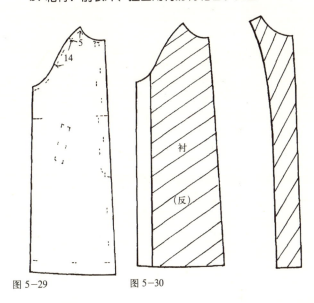

图5-29　　图5-30

c. 开袋：

a) 做袋板：袋板面子反面粘衬并划出净线，面、里正面相合，两端缉线缝合，注意面松里紧。见图5-31（a）。

b) 将缝头向面子一边扣转0.1cm烫平。

c) 翻到正面，袋板止口向里子一边烫0.1cm坐缝，并缉0.9cm明止口，再划出袋板净宽线。见图5-31（b）。

d) 袋板里正面与上袋布缉合。见图5-31（c）。

e) 将上下袋布分别与衣身缉合，两线间距1.2cm，上袋布缉线与袋板长短一致，下袋布缉线两端各缩进0.4cm。见图5-31（d）。沿袋口中间剪开，两端剪成"Y"形。

f) 下袋布翻到衣身反面一侧缉0.1cm明线，见图5-31(e)。

g) 上袋布翻到衣身反面坐倒在衣身正面缉压0.1cm明线，两端三角暗藏在袋布与袋板中间，袋板两端缉0.1cm、0.9cm明止口，转角处45°来回缉封三道。见图5-31（f）。

h）将上下袋布放平，兜缉袋布，缉线两道。见图5-31（g）。

e．开里袋（详见西服里袋）。

f．做暗门襟：

a）确定纽位，按眼大3cm划出开口位。见图5-34（a）。

b）裁配暗门襟里子，按开口位向上2cm，向下4cm，宽10cm配置。见图5-34（b）。

c）左挂面与暗门襟正面相合，按开口位缉线，缝头0.8cm。见图5-34（c）。

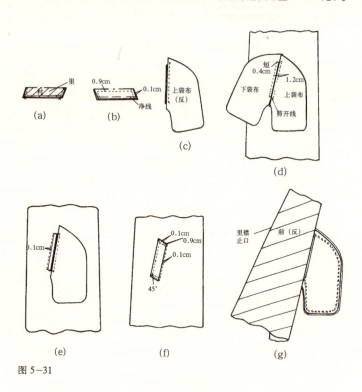

图5-31

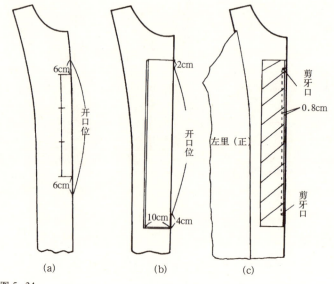

图5-34

d）开口两端剪眼刀，里子坐进0.1cm，正面缉0.9cm明线，烫平后机锁扣眼。见图5-35（a）。

e）左衣片与另一暗门襟里子正面相合，按开口位缉线，缝头0.8cm。见图5-35（b）。

f）开口两端剪眼刀，里子坐进0.1cm，正面缉0.9cm明线。见图5-35（c）。

i）将口袋放平，在反面喷水将口袋烫平。门里襟、袖窿敷牵带，前衣片正面盖湿布烫平。见图5-32。

要求：左右衣片袋板宽窄、进出、高低一致，袋板两端三角不外露，止口缉线宽窄一致。

d．拼挂面、划里袋：

a）挂面粘衬后与前片里子缉合，缝头1cm，开袋一段镶面料袋位布，反面粘衬。

b）划里袋位：袋口大13cm，开过挂面1.5cm，高低在袋位布居中位。见图5-33。

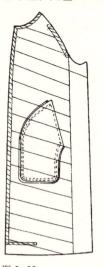

图5-32

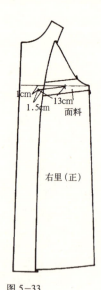

图5-33

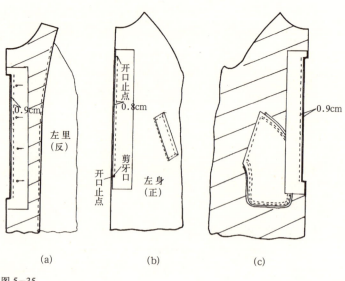

图5-35

g. 覆挂面、做止口：

a) 左挂面与左衣片正面相合缉止口，车缉领缺嘴时回针打牢，留出开口位，底边做活口。挂面下端离大身底边净线1.5cm，然后按衣身留缝0.4cm、挂面留缝0.7cm 修好止口缝头。见图5-36（a）。

b) 将衣片翻到正面，手工钉合前衣片面、里。见图5-36（b）。

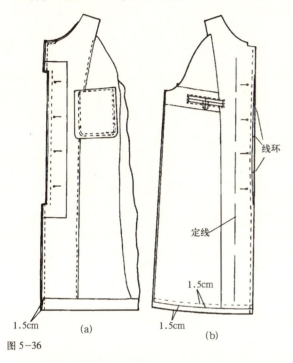

图5-36

c) 右挂面与右衣片合缉做止口，方法同左衣片。

d) 按面子修里子：侧缝、袖窿里子放0.3cm，底边里子短3cm。

②后衣片

a. 后片打线钉、粘衬：

线钉部位：后中缝、后衩、底边、装袖对刀位。并在后衩位粘衬，袖窿粘牵带。见图5-37。

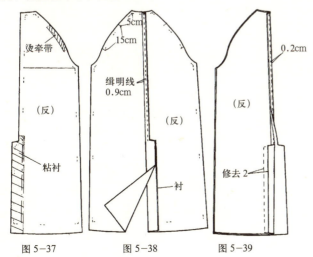

图5-37　　图5-38　　图5-39

b. 缉后中缝：缝头1.2cm，上下松紧一致，缉至开衩位，缝头向左片烫倒。见图5-38。

c. 缉里子后中缝：缝头1cm，缝头向左片坐进0.2cm烫倒，门襟衩里子修去2cm。见图5-39。

d. 做后衩：

a) 里子净长比面子短1.5cm，里子贴边缉线净宽1.8cm。

b) 先缉门襟衩口明止口，缉线超过衩位2cm，再缉背缝明止口至衩位，明止口宽度0.9cm。面里衩位对准，分别将门、里襟的面、里正面相合，0.9cm缝头缉合，然后将门、里襟翻正，在里襟正面压0.1cm明线，门襟正面压1cm明线。见图5-40。

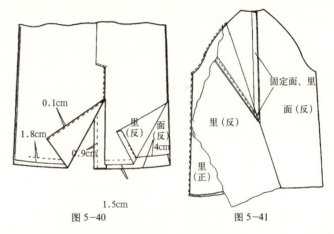

图5-40　　图5-41

c) 将后中缝面、里固定，按面子修剪里子，侧缝、袖窿里子比面子大0.3cm。

并在正面明封衩口。见图5-41。

③前后衣片组合

a. 缉面子侧缝，缝头1.2cm，烫分开缝。

b. 缉里子侧缝，缝头1cm，向后衣片烫坐倒缝。

c. 做贴边：

a) 面子缝头4cm，沿衩位折顺，底边锁边后按线钉扣烫顺直。

b) 里子底边沿衩位折顺，缉卷边缝，缉线净宽1.8cm，再将底边烫平。

c) 离袖窿边10cm定线一道，将衣片面、里固定。见图5-42。

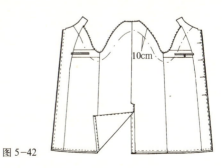

图5-42

④袖子

a. 做袖

a）袖子打线钉部位：肩端点、袖窿、贴边、袖中缝、袖底缝。前袖肩缝按刀眼位。

敷牵带。见图5-43。

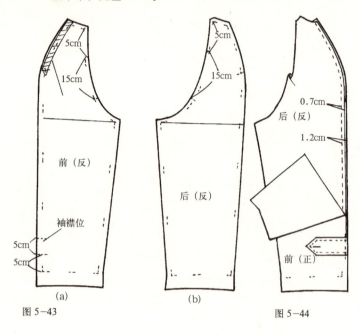

图5-43　　　　　图5-44

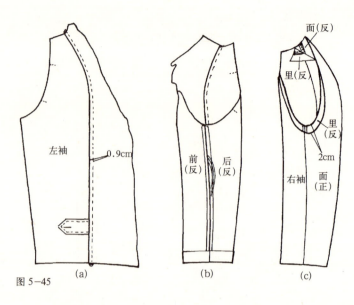

图5-45

b）袖襻面反面粘衬并划出净线，按净线合缉面、里，留大小缝头0.4cm、0.6cm，将袖襻翻到正面烫平，缉0.9cm明线，并划出净长先缉到前袖片上。

c）缉袖中缝：后袖在上，前袖在下，正面相合，后袖缝头0.7cm，前袖缝头1.2cm合缉。注意肩部刀眼对准，后肩里段1/2处放0.7cm松量。见图5-44。

d）缝头向后袖烫倒，在袖中缝正面后袖一侧缉0.9cm明线。见图5-45（a）。

e）缉袖底缝：前袖在上，后袖在下，正面相合，1cm缝头合缉，袖肘处后片略松，烫分开缝，并将贴边折转烫平。见图5-45（b）。

f）做袖里：袖里缝头0.8cm，缝头向后袖烫倒，坐缝0.2cm。

g）合缉袖口面、里：袖口贴边面、里正面相合，里子在上，缝头0.8cm平缉。面、里缝子对准，将贴边缝头与大身手缝缲牢，针距为1针/1cm。

h）面、里袖缝钉合：袖肘上下10cm一段面、里袖缝缝头用手缝固定。

i）修里子：袖底处按面子放出2cm，其余放出0.5cm修准袖里。见图5-45（c）。

b. 装袖：

a）袖子、大身正面相合：袖子0.7cm缝头，大身1.2cm缝头合缉。注意：缝头宽窄一致，大身袖窿与袖子线钉对准。

b）装袖缝头倒向袖子一边，在正面袖子一侧按标记缉0.9cm明线。见图5-46。

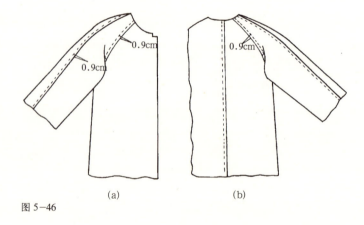

图5-46

c）装垫肩：垫肩弧度转折处对准肩缝刀眼，缝头与肩垫钉牢。

d）里子装袖与面子相同，缝头0.8cm。

⑤领子

a. 做领：

a）粘衬：上、下领里粘衬，按净样板在领里上划出净线及拼接对位刀眼。上领面两端粘衬，下领面全粘。上下拼接缝留缝0.6cm，其余按1cm缝头修准。见图5-47。

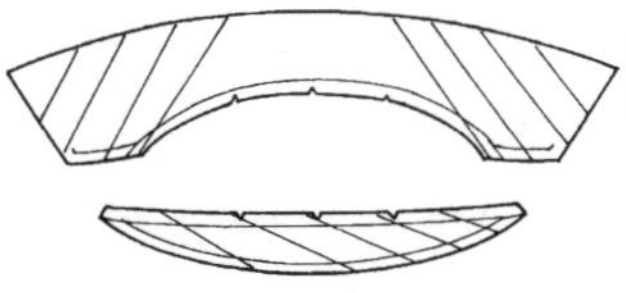

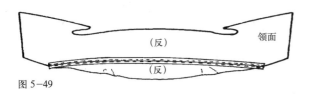

图 5-47 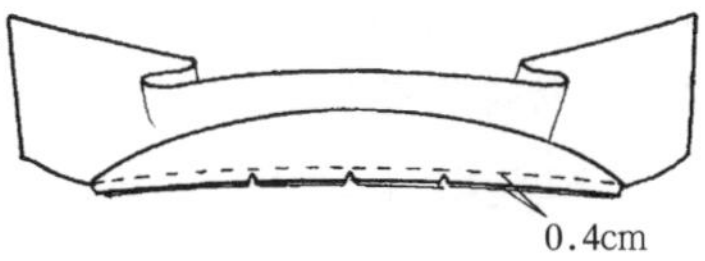　　　　　　　　图 5-48

b）领面、领里上下拼接，合缉后按 0.4cm 缝头修准。见图 5-48。

c）领面烫分开缝，正面拼缝两侧各缉 0.1cm 明线。见图 5-49。

图 5-49

d）领里缝头向下坐倒，正面下领里一侧缉 0.1cm 明线。

e）兜缉领外口：领子面、里正面相合，面、里断缝对准，按领子净线缉合，领角两侧领面放松量 0.3cm，留缝 0.4cm、0.8cm。

f）将缝头向面子一边坐进 0.1cm 喷水烫平，再翻到正面让领里坐进 0.1cm 烫平，装领缝头按里子比面子大 0.3cm 修准。

要求：两领角长短一致，左右对称。

b. 装领：

a）领里与大身缉装，从门襟一侧开始缉装，两边领圈各留一针，后中刀眼对准，肩缝两侧对称。

b）领面与挂面缉装，两边领圈塞足，领面止口不外露，面、里刀眼对准。见图 5-50。

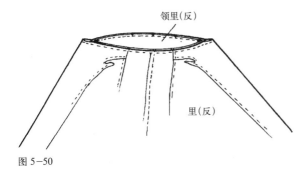

图 5-50

c）领里装领缝头转弯处打几个刀眼，烫分开缝。领面与挂面一段装领缝头烫分开缝，领面与里子一段装领缝头向领子坐倒。

d）领子面、里缝头缉合，注意领子面、里外围松量。

c. 缉压领子、门里襟明止口：止口宽 0.9cm，从衣身正面门襟一侧始经领外口缉至里襟一侧止。见图 5-51。

图 5-51

d. 喷水盖布将止口熨烫平挺。

⑥手工

a. 锁眼：袖襻锁眼 2 个，眼大 1.7cm，比纽扣直径大 0.2cm；门襟锁眼 5 个，眼大 3cm。

b. 手缝：下摆暗缲针；面、里侧缝缝头定针，定针位于底边向上 20cm 至袖底向下 10cm 一段，用双线，针距 4cm；袖窿面、里缝定 4 针，上、下、左、右各 1 针；挂面下端拉线襻，襻长 1.5cm；左右侧缝底边拉线襻，襻长 4cm；拉线襻用粗线。

c. 钉扣：门襟钉扣 6 粒：明扣 1 粒、暗扣 5 粒。三上三下钉扣，绕三圈纽脚，纽脚长 0.5cm。袖襻钉装饰扣一粒，不绕纽脚。

⑦做腰带

a. 腰带面粘衬，划出腰带净宽线。

b. 腰带面、里正面相合，沿净线兜缉三边，中间留洞 10cm 以便翻出。

c. 修缝后在反面将腰带烫平，翻到正面，留洞一段暗针缲牢。

d. 在正面将腰带烫平，沿边一圈兜缉 0.9cm 明线。

⑧整烫

整烫前先清除所有扎线和线钉，拍去粉印，去除污迹，然后先上后下、先里后外循序进行。

a. 烫里子。将整衣里子熨烫平整。

b. 烫面子。面子正面须盖湿布熨烫。熨烫顺序为：肩部、胸部；后领圈、背部；口袋；侧缝、底边；门里襟挂面、门里襟止口；领里、领面。

要求：整烫是成衣工艺的最后一道工序，直接影响产品的外观质量，因此必须烫平、烫挺每一部位，而且不能烫出极光。

# 项目（二）理论试题及答案

## 一、判断题

1. 任何面料熨烫的最佳温度是指稍低于面料所能承受的最大温度。（√）
2. 男西裤整烫时，后裤烫迹线臀部位要推出胖势，横裆以下部位需要拔开。（×）
3. 西装门里襟口在外观质量上占着很重要的地位，它是上衣缝制中关键性的工序之一，直接影响着一件上衣质量的好坏。（√）
4. 根据国家标准，精梳毛织物女大衣合格品干洗后起皱级差指标不小于3。（×）
5. 根据国家标准，缝制精梳毛织物女大衣要求三浅包缝的针距密度为3cm不少于6针。（×）
6. 标准是衡量产品质量的依据，企业内部以及与外部之间对产品进行检查，验收考评都必须有一个共同依据的统一标准。（√）
7. 熨烫时，应不断地移动烫头不要让其长时间停留在一个位置上。（√）
8. 减少缝头厚度的方法是剪眼刀。（×）
9. 缉底边挂面时，挂面向反面折转，从挂面开始缉线。（√）
10. 男衬衫门襟锁竖扣眼5个，进出离门襟止口1.9cm，门襟底领锁横眼1个。（×）
11. 女衬衫锁横眼五个，第一个为横开领下1.5cm。（√）
12. 西服裙前后片四边都要锁边。（×）
13. 通常印花要在缝合前先印好。（√）
14. 有里马甲为了合体，前后幅不单只收了腰省，在后中还有破骨。（√）
15. 运动服前中全开口车开尾拉链。（√）
16. 上装侧缝、袖底缝都是一次过车缝完成的。（×）
17. 通常一件出厂的成品，在正面侧缝处车的唛头叫洗水唛。（×）
18. 有里马甲锁眼，通常为横向圆头眼。（√）
19. 连袖服装袖长的度法有后中度至袖口和肩端点度至袖口两种。（×）
20. 有公主线连衣裙在后幅腰节一定装有腰带。（×）
21. 工人吊带裤护胸、护背都是原身出的，上面均缉有双线。（×）
22. 运动服裤子插布上下的拼接方法是平缝。（√）
23. 来去缝在缝合袋布时经常用到。（√）
24. 运动服的袖子插肩袖居多。（√）
25. 通常在车缝时遇到转角位，需打剪口处理。（√）
26. 马甲后中面里处理方法是一样的。（×）
27. 马甲上的手巾袋、D袋缝制方法不同。（×）
28. 斜开袋四周车0.1cm边线，作用：一是固定缝份，二是装饰。（√）
29. 马甲、男西裤作对位标记的方法是打线钉。（√）
30. 女西裤装有6个裤耳。（×）
31. 五袋牛仔裤后幅车有机头。（√）
32. 在缝制过程中，需要作对位标记。方法有：打剪口、打线钉、钻孔或粉印。（√）
33. 长短绗针也称绷缝。面料上为长绗线迹，下为短绗线迹。（√）
34. 内外包缝特点相反。内包缝正面可见一根线，反面可见两根线。（√）
35. 缝型就是一定数量的布片与线迹在缝制过程中的配置状态。（√）
36. 手针针法种类很多，按缝制方法分类可分为平针、回针、斜针等。（√）
37. 形似裤，实为裙是裙裤的主要特征。（×）
38. 裙裤、运动短裤都是连腰的。（√）
39. 擦猫须是牛仔服的一种后处理方法。（√）
40. 牛仔服的后处理方法有：石磨、擦猫须等。（√）
41. 牛仔裤上的工字纽要求：不能脱落或脱线，不能损坏。（×）
42. 前后浪又称前后窿门。（√）
43. 缝合袋布的方法很多：来去缝、平缝后锁边、平缝后滚边均可。（√）
44. 男女西裤的褶倒向两侧，与前挺缝线要接顺。（√）
45. 男西裤上前幅车褶2个，后幅收省2个。（√）
46. 传统五袋牛仔裤上车双线，尺寸为0.1/0.5cm。（√）
47. 裙裤装腰，后中开口车隐形拉链。（×）
48. 弯袋又称月亮袋、弧形插袋、袋中袋。（×）
49. 车裤脚口，由内侧缝起车缝，起落针处可不回针。（×）
50. 连衣裙无领、无袖，领和袖的缝份采用落贴处理。（√）

51．旗袍的开口位在右侧缝处装了隐形拉链。（√）
52．牛仔机恤上车有直插袋，并加了袋盖。（√）
53．牛仔机恤缝合前幅切驳拼块，压明线只能在两侧片上。（×）
54．旗袍和牛仔机恤都有开袖衩。（×）
55．牛仔机恤的后领圈里车有2个挂袢。（×）
56．牛仔服必须经过后处理，穿着才能舒服。（√）
57．旗袍车脚口，处理方法是滚边。（√）
58．缝型中内外包缝的特点正好相反。（√）
59．贴袋袋口上端可还口折烫后车缝。（√）
60．运动短裤的前后浪缝份分烫，为了加固可采用分压缝缝制。（√）
61．西裙开衩位置在侧缝。（×）
62．西裙裙摆略张，A字裙裙摆略收。（×）
63．缝制A字裙通常是在开口位上装隐形拉链。（√）
64．运动短裤脚口车明线处理，西裙、A字裙的脚口是用三角缲针处理的。（×）
65．在西裙和A字裙的腰头上都有锁眼、钉纽。（√）
66．男唐装无肩缝，女唐装有肩缝。（×）
67．男女唐装前中开口都是偏襟。（×）
68．男唐装的垫襟是车在左幅的，与女唐装位置相反。（×）
69．旗袍的最初造型是宽腰直筒式，袍长及足面，加许多镶滚。（√）
70．弯裤头腰围尺寸量度，需"V"度才准确。（√）
71．有里马甲和男西装的胸袋都是手巾袋。（√）
72．男女西装袖子在款式上是一样的。（×）
73．西装面布后背缝份是朝向左边烫倒的。（×）
74．有里马甲、男女西装在车袋后都要对裁片进行推、归、拔的熨烫。（×）
75．传统款式上男女衬衫袖口都是开三尖袖衩。（×）
76．文胸在生产过程中要做好品质的自检、互检和巡检，完成后要送往经过专业培训的检验室，由专检人员进行全方位品质复验和验针。（√）
77．样板有里马甲为了合体，前后幅不单只收了腰省，在后中还有破骨。（√）
78．半胸筒针织T恤衫通常衫脚有开衩。（√）
79．男衬衫的领子要窝服不反翘，装袖时一定要让袖子有一定吃势。（√）
80．通常前后浪上车明线，止口烫倒方向（着装后）朝右。（×）
81．男衬衫袖口有褶，车缝时褶倒向大衩一侧。（√）
82．工人吊带裤上下身连起来设计，可增大工人上班时着装的安全系数。（√）
83．公主线的分割可使做出来的服装更合体。（√）
84．中式女装的盘扣钉5对。（√）
85．晚礼服的拉链用开尾拉链。（×）
86．对于薄料或质地疏松的衣料，熨斗的压力宜轻不宜重，移动速度要稍慢一些。（×）
87．男西裤装拉链时，拉链齿上端应离开门襟止口0.8cm，下端离开门襟止口1cm。（×）
88．西服驳头上段直丝不允许偏斜，上眼位至驳头5~6cm之间允斜0.5cm。（√）
89．西服驳头整烫时，驳口线烫至驳头长的2/3处，留出1/3的量不要烫煞，以增加驳头的立体感。（√）
90．装垫肩时应把垫肩的中点与肩缝对齐。（×）
91．缝迹是缝料上两个相邻针眼之间所配置的缝线形式。（×）
92．平绒衣料熨烫时不易重压，否则会使衣料绒毛倒伏，失去光泽。（√）
93．西服领子左右领型对称互差不超过0.2cm。（√）
94．为使挂面与大身相符，应在挂面止口驳头下段略拔开，里口胸围线处归拢。（×）
95．中山装上领时，肩缝转折部位领头要有吃势。（√）
96．正确掌握熨烫温度是指掌握熨斗温度，和织物耐热度无关。（×）
97．粘合衬粘合三要素是指粘合温度、粘合压力和粘合时间。（√）
98．在缝纫形式的图示方法中规定缝料有边限以直线表示。（√）
99．归就是归拢，把衣片某一部位按预定要求伸长。（×）
100．制作西服裙一般是先做腰头，装腰头，再缝合侧缝、装拉链。（×）
101．男女西裤装腰头时把腰里的眼刀对准腰节对应位置，腰里在上，裤片在下，缝头对齐。（√）
102．缝合西裤侧缝和下档缝时是把后裤片放在下层，前裤片放在上层。（√）
103．女、男西裤整烫步骤是相同的，因为二者款式是相同的。（×）
104．在缝合衬衫领里、领面时注意领角处不可缺针或过针。

（√）

105. 缝合女上衣前、后刀背缝的工艺方法是相同的．（√）

106. 整烫女西服衣袋时在袋盖两角处用手指朝里捻一下，使之窝服。（√）

107. 西服领里在粘合衬工艺中一般不采用法兰绒布。（×）

108. 敷男大衣牵带时将衣片反面向上摆平，敷粘合衬牵带，在领串口和驳角处平敷，在驳头外口中段要略敷紧些，在驳头扣眼以下止口平敷，下角、底边和驳口略敷紧。（√）

109. 女大衣对领子的工艺要求是平挺、窝服、对称、左右领互差不大于0.2cm，绱领端正，领窝圆顺、平服，左右肩缝对称，互差不大于0.4cm。（√）

110. 女大衣对工艺技术要求很严格，门襟止口要求顺直，长短一致，互差不大于0.4cm。（√）

111. X型腿的特征是直立时，膝盖能并拢，两脚并不拢。（√）

112. 合理套排是指在保证衣片数量的前提下，节约用料的套排画样。（×）

113. 色光的三原色混合后变成白色光。（√）

114. 我们可以将服装分为分离式、整体式、穿脱式、穿着式等，这样一种分类方法是按着装方式来分的。（×）

115. 1958年我国纺织工业部制定缝纫机命名的部颁标准，以后经过多次修改运行，1983年通过了新缝纫国家标准。（×）

116. 男大衣整烫步骤与西服完全一样。（×）

117. O型腿与X型腿体形特征相反，调整方法也相反。（√）

118. 真丝产品吸湿性高，保湿性好，能吸收和散发水分，耐摩擦。（√）

119. 纽扣、扣链、钩、环等是服装的附属材料。（√）

120. 在明度对比中，高短调有高雅、温柔、恬静、女性化的感觉。（√）

121. 在互补色调和时，调和方法之一是增强一方的纯度以达到调和的效果。（×）

122. 由于纽扣在衣装上常处于明显位置，正确选择好纽扣，可产生画龙点睛的效果。（√）

123. 纽眼是整件服装工艺中不可缺少的组成部分，按穿着习惯，男装的眼位在右面，手工锁眼或机器锁眼均可。（×）

124. 根据国家标准，精梳毛织物女大衣外观质量要求领子平服，领窝圆顺，左右领尖可允许略有些翘。（×）

125. 根据国家标准有关经、纬向技术规定，精梳毛织物女大衣后身经纱以腰节下背中线为准，倾斜不大于0.2cm，条格料不允斜。（×）

126. 客供样品及有关文字说明或者本企业试制的确认样和产品标准规定，是编制工艺文件的依据。（√）

127. 市场营销观念是指企业领导人在组织和谋划企业的营销管理实践活动时，所依据的指导思想和行为准则。（√）

128. 企业市场营销战略的系统性就是企业各个方面的问题是一个彼此紧密配合和有机联系的整体，系统无层次、主次和大小之分。（×）

129. 市场预测是人们根据市场过去和现在的资料，运用已有的知识、经验和科学方法，对市场的发展趋势作出估计和推测。（√）

130. 巴洛克时期法国风时代以女装变化最为显著。（×）

131. 绘制纸样时，国际上惯用的标准是女装采取右半身制图，男装采取左半身制图。（√）

132. 两个物质相互接触摩擦会产生静电现象，特别是纤维、塑料等电的不良导体之间的摩擦，更易引起静电，但是，羊毛纤维制成的面料不会产生静电现象。（×）

133. 纤维摩擦产生的静电现象，按强弱依次排序为：涤纶—维纶—锦纶—腈纶—蚕丝—醋酸纤维—羊毛—粘胶纤维—棉。（√）

134. 在人们的实践中，把胸围用四分法和三分法来计算裁制服装大块垂线分割，被通常称为三开身、四开身。（√）

135. 有些裁剪方法应用中，前后直领深度不同及落肩数值不同，是因为确定肩缝线位置不同造成的。（√）

136. 在文化式原型绘板中，因为袖山高通过AH值换算而得，因此与胸围的变量并无关系。（×）

137. 裥是介于省道和皱褶之间的一种有规律的形式，裥的构成起到省的作用，又是有规律的外观效果。（√）

138. 比例裁剪和原型裁剪有所不同，原型本身也是依据公式画出的，但在使用上，进一步绘制加放的衣片时，就不用公式了，而比例裁剪还需用公式计算。（√）

139. 在技术标准中，没有规定原材料经、纬向的技术规定和对条、对格、对花规定。（×）

140. 袖山高度的变化除了影响袖肥与袖山弧线长度之外，还关系到袖管斜度与手臂的活动范围。（√）

141. 袖山大小的计算公式是一样的。（×）

142. 人体的腋窝围、腋宽、腋窝深这三项构成袖窿的主

要部位，是随着人体净胸围的增减而变化的。（√）

143. 领型的结构设计与人的脸型变化没有关系。（×）

144. 艺术性的服装其主要作用是引导服装市场的消费导向，推动服装的流行潮流，弘扬和传播服装文化。（√）

145. 在《服装号型男子》GB/T 1335.1—2008附录C中，有这样一组数据：Y形在全国各类体形中占20.98%，Y体形与胸围覆盖率表中165/92Y的覆盖率为3.34%，如果要生产200件上衣投入各地市场，165/92Y号型应生产2件。（×）

146. 通常我们所说的服装三要素是色彩、款式和质地，其中织物的质地美及纹饰美影响现代服装的新颖和舒适，是构成服装艺术性和实用性的关键因素。（√）

147. 马斯洛的需要层次理论中，最基础的是安全需要。（×）

148. 裤后裆斜线起翘高度一般要随腰围和后片臀围的差数加大而变高，减少而变低。（√）

149. 裤立裆深线中包含着臀凸量。（×）

150. 在裤口量（大、小）设计中，最小裤口尺寸的确定以脚腕围为基准，从穿脱结构来考虑，一般是脚腕加10cm为最小裤口尺寸。（√）

151. 在裤子纸样中，前裤口宽应与后裤口宽保持一致。（×）

152. 在体形中，有翘臀与低臀之别，应用在纸样设计中裤后线设计起翘量时，翘臀起翘量应低于低臀起翘量。（×）

153. 在服装制图中，原身出袖结构设计的依据是此时袖山高为零，袖窿作用随之消失。（√）

154. 撇胸的结构设计只在胸部合体的平整造型中使用，撇胸量的设计量，是通过胸省分解得到的。（√）

155. 紧身裙中后身中线断缝的目的是取得视觉平衡，增加结构变化，可以不做。（×）

156. 建立服装流行趋势的观念是推动服装发展的关键。（√）

157. 广告能使商品知名度大大提高，从而提高商品的心理附加值。（√）

158. 服装市场的预测主要是长期市场预测。（×）

159. 袖型按其变化形态可分为装袖、插肩袖、连身袖和装连袖四种。（×）

160. 分割是产生美的比例的基础。（×）

161. 在形式美的法则中，平衡就是对称形式。（×）

162. 真丝里料一般只用于高档的丝绸和纯毛服装。（√）

163. 服装推板放码的过程实际上也是制版的过程。（√）

164. 在服装工业生产中，一般都是先制作样板后裁剪，而通常把制样板称为打样板。（√）

165. 目前我国立体裁剪普遍使用的是标准型号的人体模型。（√）

166. 立体裁剪时，基础线的作用是补正人体模型。（×）

167. 前领窝线必须通过第七颈椎。（×）

168. 原型立体构成时，前、后身的布料纵方向为颈肩点到腰围线的长度，横方向为胸围的1/4。（×）

169. 原型立体构成时，所需前、后身的布料纵、横方向均用撕裂即可获得正确布纹，即经纬丝缕互相垂直。（×）

170. 褶皱方式可根据款式需要制作成规则的褶和不规则的裥。（×）

171. 荷叶边装饰一般用在服装的领、肩、袖、裙摆、胸部、背部等部位。（√）

172. 每一裁片最多可允许两处疵点。（×）

173. 任何面料均可做旗袍。（×）

174. 裁剪时，可以不考虑面料的色差和疵点。（×）

175. 燕尾服实际上是由晨礼服演变而来的。（×）

176. 只要燕尾服穿着合体，可以不考虑其他质量问题。（×）

177. 毛皮服装只能采用机缝缝纫。（×）

178. 生产管理包括提高产品的质量、降低成本、提高生产率。（×）

179. 服装企业的技术管理，是指对企业内部的全部技术活动进行管理。（√）

180. 部颁标准又称专业标准。（√）

181. 服装成品主要部位的规格上衣一般要列出三大控制部位：衣长、袖长、胸围。（×）

182. 在批量生产前，必须进行样衣的制作、试样和修正，直至其完全符合设计要求。（√）

183. 产品的技术文件即是该产品的工艺规程。（×）

184. 立体裁剪所需材料有牛皮纸、白平布或坯布、棉花、胶带纸、衣料等。（√）

185. 样板放缝的多少与部位、款式、缝份结构、裁片的形状、原料的质地有关。（√）

186. 制作样板时，不能加上原料的缩率和缝缩率。（×）

187. 防寒保暖用服装的面料大都为紧密结构组织物。（√）

188. 原型立体构成时，所需布料的纱向规定经纬丝缕可以偏纱约1cm。（×）

189. 样板推档是以某一规格的样板为基础,进行有规律的扩大或缩小的样板制作方法。( √ )

190. 高档时装用色特点要注意流行色、时髦。( √ )

191. 哗叽是粗纺毛织物中历史较长的品种,常作呢绒的代名称。( × )

192. 织锦缎为斜纹提化组织,是丝织物中的高档产品。( × )

193. 人造丝织物是由粘胶长丝纺织而成的,分有光、半光、无光三种。( √ )

194. 锦纶织物耐磨性很好,仅次于羊毛织物。( × )

195. 常见的服装裘皮有貂皮、狼皮、牛皮、猪皮、鹿皮。( × )

196. 牛皮革组织紧密。粒面细致、拉力强、有弹性、厚薄均匀。( √ )

197. 一般来说,鲜色与弱色组合时,鲜色面积大,弱色面积小,易取得平衡。( × )

198. 在服饰配色中,分割方法多用在对比太强或太弱的色彩之间,起调和作用。( √ )

199. 色彩的呼应要注意面积的大小、位置的疏密、布局的聚散,使之既多样又统一。( √ )

200. 服装色彩的设计必须依据消费者的心理要求,例如玫红、橙黄等强调热情、充实、华丽的色彩,对于文静、内向的女性会有较大的吸引力。( × )

201. 服饰色彩设计必须考虑肤色与服饰色彩的协调关系,鲜艳色能使肤色显得含蓄、微妙,灰色使肤色色调鲜明、有生气。( √ )

202. 一件双排扣大衣,如果在胸部装饰有两个贴袋,不但不能把该种大衣本身所具有的挺括、典雅的外观美充分表现出来,反而破坏了它的美观。( √ )

203. 现代时装设计最求个性化和趣味化,因而常采用对称的形式,使轮廓造型或局部装饰不落俗套,饶有新意。( × )

204. 在服装设计时,运用的变化手段很多,常见的有:省道的转换与分割,不同原材料的搭配与利用,部位的转化,外形轮廓的变化,装饰手法的变化。( × )

205. 服装美学中的比例关系通常有四种形式:自然比例、黄金比例、渐变比例和无规则比例。( × )

206. 强调即是以相对集中地突出主题为主要目的,运用加强手段能使旁观者的视线一开始就注目在服装的主要部分,即穿着的最美处,然后渐渐地使视线扩展。( √ )

207. 旋律是节奏的结构基础,这是造型艺术中节奏的最基本的表现。( × )

208. 旋律是指有节奏的连续运动作用于人的听觉而形成的不同韵律感,在服装设计上运用的旋律的概念主要指服装各种工艺线和色彩有规律的组织节奏变化。( √ )

209. 大头针别法的原则是:直线部分间隔较密,曲线部分间隔稍宽,有些地方采用斜针固定。( × )

210. 进行立体裁剪的剪刀主要是刀尖比较细小锋利的剪刀,刀尖锋利易于打剪口修省道。( √ )

211. 腰围线是腰部最细部位的水平线,标定时,可先从模型后中线处开始,从此处与地面平行环绕模型一周作标记。( √ )

212. 手臂是进行立体裁剪的重要工具,它是衣袖制作的重要依据。( √ )

213. 胸部的体形修正的主要方法是采用胸垫,胸垫的边缘要逐渐自然变薄以符合人体的胸部造型。( √ )

214. 结构线的部位、形态、数量的改变会引起服装造型的变化。( √ )

215. 立体结构的服装在人体四周都有一定空隙,具有多方位运动性。( √ )

216. 驳口线处挂面起壳的原因是挂面里口没有归足,里外匀层势过份。( √ )

217. 袖山线太浅引起袖子山头有直褶。( √ )

218. 喇叭裙的波浪是否均匀与工艺要求无关。( × )

219. 提花锦缎面料在熨烫时应垫上毛巾,以免将提花织纹压平。( √ )

220. 在裁剪高档轻薄面料时,应用大头针将其钉在裁剪台板上。( √ )

221. 轻薄透明面料的服装可用拉链来强调装饰效果。( × )

222. 金属线织物的服装在钉纽孔时,可采用包缝。( × )

223. 镶边装饰的装饰布主要用斜纹布条。( × )

224. 装饰褶和刺绣是一样的,是以布为主体的装饰工艺。( × )

225. 人类为了适应自然环境而保护自己,并且为了满足自己的需求,作为显示身份或社会地位的手段而穿用服装。( √ )

226. 服装的装饰性是服装成立的基础,是服装这种状态赖以生存的依据,一种服装形态,如果装饰性差,那就有被淘汰的危险。( × )

227. "标准"是指产品设计制作过程中必须遵循的各种规

范，服装标准包含技术标准、号型标准、款式标准、艺术标准等内容。（ √ ）

228．服装艺术标准主要注重功能性与审美性和谐统一，无论是传统服装还是新潮服装，它们都必须遵循相同的艺术规律。（ × ）

229．灵感的突发性是指灵感突然出现在设计者的脑子里，而这种现象是无缘无故产生的没有任何必然性。（ × ）

230．服装设计的前提条件是衣着对象、衣着场合、衣着时间、衣着目的，只有当设计范围明确后，才能进行构思设计。（ √ ）

231．服装设计与纯艺术性的绘画或文学创作一样，是对客观事物与社会生活进行观察体验、分析、研究，然后对素材加以选择提炼加工塑造出艺术形象。（ × ）

232．在设计稿中，人物造型应在所有的设计程序之前来完成，一般是完成现实生活中的服装模特儿形象。（ × ）

233．造型图是用单线展开的形式表现，不强调人物的着装效果，要求服装各部位比例正确甚至直接标注成品尺寸。（ √ ）

234．装饰设计在茄克衫设计中是一个十分重要的手段，一些新潮风格的茄克衫，在装饰设计上更可别出心裁，以取得独特的服饰效果。（ √ ）

235．日常西装的款式造型与结构基本上已定型，即以剪缉省道等手法构成合体的衣身和袖型，并采用装袖和驳领。（ √ ）

236．西便装是应着男士们不注重礼仪和衣着场合，而注重舒适与随意的情况而产生的。（ × ）

237．在基本衣片的前衣片立体裁剪时，当布料上的标定线与人体模型的相应标定线对合，并且领围线处布料与模型贴合时，将布料从肩部向袖窿及胁部自然平顺地推抚，着时在腰部会产生很多松份，我们把这些松份作为腰部的胸省来处理。（ √ ）

238．在斜裙的立体裁剪中，布料的准备是使用整幅布料，将布料按45°角对折，沿折线取裙长，并放缝头再将布料相裁。（ √ ）

239．在直身裙的立体裁剪中，布料长度为所设计的裙衣再加放4cm缝头，即裙摆的缝头。（ × ）

240．无带胸衣式连衣裙属上下组合结构连衣裙，因此，在人体模型上先标示出上下分界线。（ √ ）

241．参照国家标准，男子晚礼服外观质量要求前身应胸部挺括、对称，面、里、衬服贴，省道顺直。（ √ ）

242．参照国家标准，男子晚礼服外观质量要求领子平服，领窝圆顺，左右领尖可允许略有些翘。（ × ）

243．在制作自由结构礼服的前片时，首先固定胸高，在肩部提出一个活褶，使布料能沿两边胁缝的自然尺寸。（ √ ）

244．参照国家有关经、纬纱向技术规定，袋盖与大身纱向一致，斜料左右对称。（ √ ）

245．在表示腰围线时，自由结构式礼服的腰围线要比正规腰围线高一些。（ √ ）

246．在制作组合式衣服的前上衣片时，为了使衣片上斜口穿着时不易变形，沿布料的经纱作前衣片上缘斜口。（ × ）

247．参照国家标准，男子晚礼服干洗后合格品的起级差指标为不小于2。（ √ ）

248．参照国家标准，缝制男子晚礼服要求各部位线路顺直，整齐牢固、平复、服、美观，30针内只允许出现1个单跳针。（ × ）

249．包缝机一级保养的部位主要有：运转部分，上、下刀，弯钩针、润滑、电器等部位。（ × ）

250．设备改进和改装原设备不用的附件应销毁。（ × ）

251．一般设备的小改小革，可与设备大修理同时进行，做到修理与改革相结合，提高其使用性能。（ √ ）

252．设备更新是为了调整设备结构，提高设备精度，适应产品的发展需要，提高质量和经济效益。（ √ ）

253．在服装企业生产过程中，一切原辅材料、裁片、半成品、成品、包装材料等，有的可以落地堆放，有的必须上架或放在整洁的盛具内。（ × ）

254．在服装企业生产中，不断加强和改善安全设施，认真做好防暑抗寒和其他劳动保护工作，是实现文明的基本条件。（ √ ）

255．产品生命周期即产品在市场上的行销期，也就是从产品投产市场起一直到被淘汰为止的全过程。（ √ ）

256．正确制订价格对于促进生产、指导消费、扩大销售、调节社会经济具有十分重要的作用。（  ）

257．弯形的刀背缝是公主线。（ × ）

258．吃势是某部位应收缩的一定尺寸。（ √ ）

259．省就是裥。（ × ）

260．裁片划片时应先划主件、大件，后划附件、小件。（ √ ）

261．裁片的纱向是以裁片的丝缕要求而定的。（ √ ）

262．省缝的位置、大小都是固定的。（ × ）

263．服装有五种裁剪法。（ × ）

264．常用的服装面料有六大类。（ √ ）
265．胸围加放量的多少与被测者穿衣多少及款式变化有关。（ √ ）
266．化纤面料不缩水。（ √ ）
267．连翻领的领面用直丝绺布料制作。（ × ）
268．裁袖片时，袖山应留有一定的吃势。（ √ ）
269．止口是上衣前门挂面。（ × ）
270．测体的顺序是从左至右、从前到后、从上到下。（ √ ）
271．特体裁剪和正常体形裁剪方法一样。（ × ）
272．服装成衣表面色差标准应低于4级。（ √ ）
273．2尺4寸折合公制是90cm。（ × ）
274．服装有多种裁剪法，其中比例裁剪出的衣服最合体。（ × ）
275．制作服装时的"拔"、"归"工艺适合于各种面料服装。（ × ）
276．制作男上衣时，门襟应是右片。（ × ）
277．衣片门襟止口不直，出现叠盖过多的现象称豁止口。（ × ）
278．衣片门襟止口不直，出现重叠过少的现象称搞止口。（ × ）
279．为防止缉线的始末两端脱线，开缝需打结。（ × ）打回针。（ √ ）
280．与布边平行的纱向为经纱，与布边垂直的纱向为纬纱。（ √ ）
281．与布边平行的纱向为纬纱，与布边垂直的纱向为经纱。（ × ）
282．做西服用的全毛黑炭衬不缩水。（ × ）
283．驳头是指西服和大衣的前领与前门上段往外反出的部位。（ √ ）
284．服装划片裁剪时，遇有色织、格料纬斜率不能大于3%，前身不倒翘。（ √ ）
285．常用面料的简易识别方法是感官识别法和燃烧识别法。（ √ ）
286．新服装号型国家标准依据人体的净胸围与净腰围的差数，将体形分为四类。（ √ ）
287．色彩浅明度越高，色彩深明度越低。（ √ ）
288．一般情况下，高明度色给人以轻松柔软的感觉，低明度色给人以沉重和坚定的感觉。（ √ ）
289．在为瘦体形的人设计服装时，所选用的面料最好是挺括或柔软的面料。（ × ）
290．溜肩体的服装要达到正常体形状态，就必须下降肩坡高度，袖隆深往上提，领根处稍向外移。（ × ）
291．掌握好服装外形的变化，就等于把握住了服装的流行时尚。（ √ ）
292．双绉的布面有长的丝条凸纹。（ √ ）
293．礼服呢是精纺毛织物中经纬纱密度最大的品种。（ √ ）
294．驼丝锦的一个特点是反面比正面更具有光泽。（ √ ）
295．金丝绒面料没有倒顺毛方向之分。（ × ）
296．九霞缎的花纹大多为圆圈形的"万、寿、富"古代字体。（ √ ）
297．库锦是一种缎地提花丝织物。（ √ ）
298．人造毛皮的防风性比天然毛皮的防风性差。（ √ ）
299．裘皮既可做面料，又可做里料与絮料。（ √ ）
300．原型裁剪法是先以人体测量的数据加上固定的放松量为依据，制作出原型纸样，再对原型纸样进行变化的方法。（ √ ）
301．排料的顺序是先主后次、先外后里、先大后小、大小相套、凹凸平衡、横线相平。（ √ ）
302．改用门幅的换算公式为：
改用门幅用料数＝（原用门幅 × 原用料数）÷改用门幅。（ √ ）
303．算料时，一般格子料应另加5cm。（ × ）
304．裁剪前，必须烫平、归正原料的丝绺。（ √ ）
305．服装制图比例是指制图时，图形的尺寸与服装部件(衣片)的实际尺寸之比。（ √ ）
306．使用倒顺毛的面料，要求全身顺向一致。（ √ ）
307．茄克衫多用在休闲场合，所用面料有一定限制。（ × ）
308．面料的弹性是影响缝口强度的主要因素。（ × ）
309．服饰是第一印象的色彩。（ √ ）
310．收省与开刀的作用是不同的。（ × ）
311．量体所得的数据都是净体尺寸。（ √ ）
312．量体得到的所有尺寸必须在加放后才能裁制服装。（ × ）
313．裁剪前，必须烫平、归正原料的丝绺。（ √ ）
314．为胖体形人设计服装时，颜色的使用以深色为佳。（ √ ）
315．上衣胸围的成品尺寸，是用软尺在人体胸部最丰满

处围量一周取得的。（×）

316．为了裁出更合格的服装，目测时要做好两步：观察人体的正侧面弧线状态；观察正常体和非正常体。（√）

317．成品服装后领向上爬，后领脚外露，这种现象俗称爬领。（√）

318．为增加吸湿性差的涤纶面料的熨烫效果，最有效的方法是延长熨烫时间。（×）

319．量体所得的数据再加上放松量后的尺寸称为成品尺寸。（√）

320．特殊体形的测量，只是在一般测体的基础上，再针对特殊部位补充测量。（√）

321．″O″形腿穿上正常规格的裤子，下档缝显短而吊起。（×）

322．″服装号型系列″适用的体形特征是人体各部位发育正常的体形。（√）

323．拼接部分没有严格的丝绺规定,直对直或直对横都行。（×）

324．合理套排是指在保证衣片数量的前提下，节约用料的套排画样。（×）

325．天然和人造纤维织物不能通过单纯的热定型方法，使其达到永久性定型。（√）

326．同一个彩色,当它渗入白色时,明度提高,渗入黑色时，明度降低。（√）

327．服装的基本功能主要有实用装饰性和社会性等。（√）

328．服装的流行是千变万化的，但它的基本造型离不开人体，必须以人体的穿着舒适、美观、实用为原则。（√）

329．茄克衫的特点是上部宽松舒适而便于动作，下部紧凑贴体行动利落。（√）

330．茄克衫的结构设计极富变化，集中表现有肩、裥、门襟、腰克夫、分割剪切以及领子形态等方面。（×）

331．西装属于三开身结构，其胸宽、背宽、袖窿宽三者之和应等于1/2胸围。（√）

332．大衣与上衣的区别主要在于它的长度。（√）

333．前、后袖窿宽的分配数值，决定前后衣片侧缝线的位置。（×）

334．O形腿调节体形，应把裤子做成小脚裤。（×）

335．粗纺毛织物色泽鲜明,纹路清晰,手感柔软,外观挺括。（×）

336．骆驼绒是直接从驼毛中选出来的绒毛，可直接絮衣服。（√）

337．服装的花边边饰一般限于镶缝在服装的边缘处。（×）

338．茄克衫一般选用丰厚挺括的毛料，如华达呢、凉爽呢等。（×）

339．轮廓线的作用是从造型美出发，把衣服分割成几个部分，然后缝制成衣，以求整体美观。（×）

340．口袋的外形与服装的外形成反比，衣长则短、衣短则长。（×）

341．织补是指对原料的缺经继纬和粗纱等疵点，进行织补和修正等工作。（√）

342．在大衣的缝制过程中，缉摆缝的方法是先将前后衣片面子正面合叠，前后摆缝上下缝头和腰节对准线钉，两片之间松紧一致，然后沿摆缝缉明线0.9cm。（√）

343．根据国家标准，在精梳毛织物男西服的质检中，若出现袖长左右对比互差大于0.7cm，则应判定为重缺陷。（×）

344．根据国家标准有关对条对格的规定，面料有明显条、格在1.0cm以上的女大衣，要求大袋与前身为条料对条，格料对格，互差不大于0.3cm。（√）

345．根据国家标准，缝制连衣裙要求距60cm目测，对称部位基本一致。（√）

346．在技术标准中一般上衣至少要列出衣长、胸围、领大、袖长和肩宽等五个部位的规格；裤子至少要列出裤长、腰围、臀围三个主要部位的规格。（√）

347．在使用有明显条格的面料制作高档西服时，面料的对条对格应达到规定的要求。（√）

## 二、选择题

1．上下装配套穿用的服装是（C）。
A 连衣裙    B 连衣    C 套装    D 茄克衫

2．袖与肩相连的袖型是（C）。
A 连袖    B 二片袖    C 插肩袖    D 一片袖

3．用于精做有夹里的女式西装或大衣的下摆贴边的针法是（A）。
A 三角针    B 纳针    C 回针    D 长短绗针

4．用于临时固定的针法是（D）。
A 扎针    B 暗针    C 打线钉    D 短绗针

5．两层衣片平缝后，毛缝单边坐倒，正面压缉一道明线，此缝型是（C）。
　　A 分压缝　　B 倒缝　　C 坐缉缝　　D 来去缝
6．打线钉一般采用（B）线。
　　A 腊光线　　B 白棉线　　C 涤纶线　　D 白丝线
7．袋子缝制时，中间要剪开口的是（C）。
　　A 贴袋　　B 风琴袋　　C 双唇袋　　D 斜插袋
8．缝型中（C）是正面可见一道线，反面可见两道线。
　　A 闷缝　　B 搭接缝　　C 内包缝　　D 外包缝
9．扣压缝缉明线为（B）cm。
　　A 0.2　　B 0.1　　C 0.3　　D 0.5
10．西服裙的腰头应做成（A）。
　　A 装腰　　B 连腰　　C 装腰、连腰均可　　D 高腰
11．西服裙开门拉链处在裙片的（D）。
　　A 左侧　　B 右侧　　C 前片居中　　D 后片居中
12．下列不属于粘合衬粘合三要素的是(C)。
　　A 粘合温度　　B 粘合压力　　C 粘合时间　　D 粘合湿度
13．领子与领窝缝合处在（B）。
　　A 领上口　　B 领下口　　C 领里口　　D 领外口
14．用于装饰布条与面料对拼的一种工艺是（C）。
　　A 滚　　B 嵌　　C 镶　　D 宕
15．裤缉后省时，由＿＿缉至＿＿，＿＿留线头4cm。（C）
　　A 省尖 省根 省尖　B 省尖 省根 省根　C 省根 省尖 省尖
16．女西裤左右袋口刮平后正面缉（A）cm 止口线。
　　A 0.5　　B 0.1　　C 0.6　　D 0.8
17．有窝势的部位要用熨斗的（C）去熨烫。
　　A 中间　　B 后座部位　　C 左右侧　　D 熨斗尖
18．男西裤前片在归拔过程中，后裆缝中段略＿＿，脚口＿＿。（C）
　　A 归直 拔开　B 归直 归进　C 拔开 归拢　D 归拢 拔开
19．对西服裙腰头的质量要求叙述错误的是（A）。
　　A 腰口略松开　　B 腰头宽窄一致　　C 腰头无涟形　　D 腰头顺直
20．粘烫粘合衬时，熨斗每压烫一次在所接触部位停留时间应控制在（C）。
　　A 1～2分钟　　B 1～2s　　C 4～10s　　D 4～10分钟
21．在归拔中，下列部位需拔开的是（A）。
　　A 后窿门横丝处　　B 后裆缝中段　　C 后脚口低落处　　D 后窿门以下10cm处
22．烫斜裙下摆采用的是（C）。
　　A 直扣缝　　B 方形扣缝　　C 弧形扣缝　　D 圆形扣缝

23．粘合温度根据各类粘合衬的热熔胶熔点不同，掌握在（A）℃左右。
　　A 120～160　B 100～120　C 80～160　D 90～100
24．熨烫下裆缝、袖底缝等部位使用的技法是（B）。
　　A 平分缝　　B 伸分缝　　C 缩分缝　　D 一般分缝
25．西裤开后袋时，为防止袋口豁开应注意（D）。
　　A 上袋布略紧　　B 上袋布略松　　C 下袋布略松　　D 上下袋布比齐
26．女衬衫袖衩缉线＿＿cm，开叉转弯处缝头＿＿cm。(A)
　　A 0.5 0.4　B 0.3 0.6　C 0.6 0.5　D 0.6 0.3
27．落贴的无领无袖连衣裙，贴的处理方法是(D)。
　　A 平缝　　B 滚包缝　　C 闷缝　　D 坐缉缝
28．压缉领面要离领里脚＿＿cm，不能超过＿＿cm，不能缉牢领里脚。（B）
　　A 0.1 0.3　B 0.2 0.3　C 0.1 0.2　D 0.5 1
29．一般女装扣眼都开在（A）边。
　　A 右边　　B 左边　　C 左或右都可以　　D 里襟这一边
30．合缉肩缝时，后片要放松势，松势的位置在（A）。
　　A 1/3里肩处　　B 1/2里肩处　　C 1/3外肩处
31．袖底＿＿缝对齐，缉线＿＿cm。（B）
　　A 做 0.8～1　B 十字 0.8～1　C 做 1～2　D 十字 1～2
32．高档西裤的前后裆缝条格对差不大于（A）cm。
　　A 0.3　　B 0.4　　C 0.2　　D 0.5
33．常用装袖克夫的缝型是（B）。
　　A 包边缝　　B 咬缝　　C 暗包缝　　D 分压缝
34．导致衣片正面渗胶的主要原因是（A）。
　　A 温度过高　　B 手工熨烫　　C 压力太小　　D 时间过短
35．女西服裙的工艺流程中，在装拉链之后的工艺是(B)。
　　A 前后收省　　B 做腰头　　C 作缝制标记　　D 拷边
36．西服装领工艺最后要将串口（B）。
　　A 车缉明线　　B 三角针绷牢　　C 拱暗针一道
37．下列服装中用到锁竖眼的是（D）。
　　A 西裙　　B A字裙　　C 牛仔裤　　D 男西裤
38．牛仔裤为了加固裤浪采用（A），西裤则采用（D）。
　　A 坐缉缝　　B 滚包缝　　C 闷缝　　D 分压缝
39．通常服装中相对省、褶的倒向是（B）的，前后幅的倒向则（A）。
　　A 相反　　B 一致　　C 外侧　　D 中间
40．月亮袋、直插袋、斜插袋都属于（B）。

A 贴袋　　　B 插袋　　　C 开袋　　　D 双唇

41．男西裤作对位标记的方法是（D）。

A 画粉印　B 打剪口　　C 钻孔　　D 打线钉

42．男唐装的盘扣，用（C）对。

A 7　　　　B 8　　　　C 6　　　　D 5

43．男衬衫袖口开衩，通常是（A）。

A 三尖袖衩　B R 侧衩　C 平顶衩　D 直衩

44．通常上下级领，领座眼的方向是（B）。

A 竖向　　B 横向　　　C 斜向　　D 纵向

45．工人吊带裤的开口位在（D）。

A 前中　　B 后中　　　C 一侧　　D 左右两侧

46．有公主线连衣裙在右侧开口装（C）。

A 闭尾拉链　　B 开尾拉链　　C 隐形拉链

47．扁机领半胸筒针织T恤领圈止口处理采用（A）压止口。

A 人字带　B 棉绳　　　C 膊头绳　D 尼龙绳

48．男女衬衫钉纽上下呈一条（C）。

A 弧线　　B 交叉线　　C 直线　　D 斜线

49．有里马甲前中全开口，钉单排（D）纽。

A 2粒　　B 3粒　　　C 4粒　　D 5粒

50．运动裤的腰头，为了方便调节松紧程度，除了穿橡筋还可在腰头内穿（D）。

A 膊头绳　B 织带　　　C 牵带　　D 棉绳

51．车斜开袋，袋口位车线要求二线（A）。

A 平行且等长　　B 平行不等长

C 等长不平行　　D 不平行也不等长

52．运动服裤子腰围的度法可多种，不对的为（D）。

A 浪下1度　　B 浪底度

C 浪下3度　　D 浪下30cm度

53．男女西装上袖不可偏移的是（B）。

A 袖山中点　　B 夹底对位记号　　C 缝骨

54．男西装袖口车真袖衩，钉（C）纽。

A 1粒　　B 2粒　　　C 3粒　　D 4粒

55．西装里布腋下片缝合时，二层缝份一起烫倒，要留（A）眼皮。

A 0.3cm　　B 0.1cm　　C 0.5cm

56．西装前幅面布与挂面缝合时，修剪缝份后二层（C）烫。

A 朝面布一侧　B 朝里布一侧　　C 分开

57．西装肩缝处装垫肩，应将垫肩对折后，中点对准肩缝（B）处。

A 偏前1cm　B 偏后1cm　　C 中间

58．男衬衫后幅中间有一个（A）。

A 工字褶　　B 活褶　　　C 风琴褶

59．有利马甲胸部车的是（A）。

A 手巾袋　　B 斜开袋　　C 贴袋

60．女西裙的后开衩是（A）。

A 真衩　　　B 真假衩　　C 假衩

61．手针工艺不是制作服装的一项（D）工艺。

A 传统　　B 基础　　　C 辅助　　D 主要

62．手缝针法种类较多，按线迹方法可分为（A）等。

A 三角针　B 平针　　　C 回针　　D 斜针

63．不属于衬衫袖开衩缝制方法的是（B）。

A 大小袖开衩的方法　　B 真假衩的方法

C 垫布开衩的方法　　　D 加袖开衩条的方法

64．在缝制加工过程中，针织衣片在长度和宽度方向会发生一定程度的回缩，其回缩量与其裁片长度之比为（D）。

A 缝制整烫率　　　B 工艺吃缩率

C 缝制工艺吃势率　D 缝制工艺回缩率

65．关于永久性定型机理说法不正确的是（D）。

A 永久性定型是同纤维中的晶体的熔融联系在一起的

B 其不能叠加于暂时性定型之上

C 其可使服装获得洗后可穿性

D 任何织物面料都可以通过高温热定型达到其效果

66．在前衣片的推门中，胸高点的驳头线处应（D）。

A 拔开　　B 推开　　　C 烫薄　　D 归拢

67．前衣片里子前边必须与（A）的里口长度、弯度吻合。

A 挂面　　B 门襟　　　C 里襟　　D 衣面

68．精做毛料男西装时，为表示裁片各部缝头大小和配件装置部件，采用作标记的方法是（D）。

A 划粉线　B 剪刀　　　C 钻眼　　D 打线钉

69．连衣裙领面缝份折卷，缉明线（B）cm。

A 0.5　　　B 0.3　　　　C 0.8　　　D 1

70．男茄克衫缝合夹里肩缝，袖子、摆缝，袖底缝时采用的缝型是（C）。

A 分开缝　B 内包缝　　C 坐倒缝　D 外包缝

71．男西装整烫的步骤是基本固定的，其中第二大步骤是（A）。

A 烫腰里袋布　　　　B 烫裤脚

C 烫下档缝前后烫迹线　D 烫袋口腰口

72．男西装归拔肩头部位时，拔烫前横开领向（C）方向抹大0.5或0.8cm。

A 内肩　　　B 驳头线　　　C 外肩　　　D 领口

73. 男大衣整烫中，要注意大衣胸部的造型是（D）。

A 散圆形　　B 突圆形　　C 平展形　　D 椭圆形

74. 在男西装的缝制过程中，钉纽扣套线一般采用（C），这种方法的钉纽线不易磨断。

A 十字形　　B X 字形　　C "=" 号形　　D 口字形

75. 根据国家标准，在连衣裙的质检中，若出现熨烫不平或有死褶现象，则应判定为（B）。

A 允许　　B 轻缺陷　　C 重缺陷　　D 严重缺陷

76. 根据国家标准，女连衣裙在二部位浅油纱的允许程度为（B）。

A＜1.5cm　　B＜2.5cm　　C＜3.5cm　　D＜4cm

77. 根据国家标准，成品男西服衣长允许偏差程度为（A）。

A±1.0cm　　B±0.5cm　　C±0.8cm　　D±1.2cm

78. 根据国家标准有关对条对格规定，面料有明显条、格在 1.0cm 以上的连衣裙，左右前身应（A）。

A 条料顺直，格料对横，互差不大于 0.3cm
B 条料顺直，格料对横，互差不大于 0.4cm
C 条料顺直，格料对横，互差不大于 0.5cm
D 条料顺直，格料对横，互差不大于 0.2cm

79. 根据国家标准，在缝制精梳毛织物男西服时，手工针针距密度为（C）。

A 不少于 8 针 /3cm　　B 不少于 9 针 /3cm
C 不少于 7 针 /3cm　　D 不少于 10 针 /3cm

80. 根据国家标准，缝制连衣裙要求各部位（D）内不得有两处单跳针和连续跳针。

A 20cm　　B 25cm　　C 35cm　　D 30cm

81. （D）是对那些尚未颁布或者不需要颁布国家标准和部标准的产品，由企业自行规定并经上级主管部门批准的技术标准。

A 国家标准　B 工艺装备标准　C 部标准　D 企业标准

82. 平缝广泛使用于服装各个部位的缝制，以下（A）不用。

A 拼接橡筋　　B 上衣的肩缝、侧缝
C 袖子的内外缝　　D 裤子的侧缝、下档缝

83. （B）不是坐缉缝的作用。

A 加固　　B 固定缝份　　C 使缝份平整　　D 装饰

84. 缝制时为了保证车缝效果，通常我们会先作上对位记号，不对的方法是（D）。

A 钻孔　　B 打剪口　　C 画粉印　　D 假缝

85. 搭接缝多用在（B）。

A 加固前后浪　B 拼接衬布　C 缉脚口　D 缝合侧缝

86. （A）不是常用的手针工具。

A 衣车　　B 手缝针　　C 剪刀　　D 顶针

87. 服装缝制时必须加放缝份，缝份的其他叫法有（D）。

A 缝料　　B 缝骨　　C 缝边　　D 止口

88. 缝边的处理方法主要包括两类：合缝和（D）。

A 弧线合缝　B 直线合缝　C 合缝　D 底摆弧线合缝

89. （D）不是常见的直线合缝处理方法。

A 特种机缝　　B 锁边缝
C 劈烫缭缝法　　D 三折边后车明线

90. 底摆的缝边处理方法有（B）和弧线合缝的处理方法。

A 薄型面料的底摆处理方法　B 直线合缝的处理方法
C 弧度较大的底摆处理方法　D 有里布的底摆处理方法

91. 缝制半胸筒不需要有（B）裁片。

A 前幅×1　　B 后幅×1　　C 筒及筒贴各×1

92. 女衬衫缝制 R 侧衩，需要的裁片有：（D）和袖片。

A 前幅　　B 后幅　　C 领子　　D 衩条

93. 以下底摆处理方法采用三折边的有：（D）。

A 半胸筒针织 T 恤　B 西裙　C 男西裤　D 牛仔裤

94. 侧缝、袖底缝不是连起来一次车缝完成的有：（D）。

A 半胸筒针织 T 恤　B 女衬衣　C 男衬衣　D 西装

95. 为了使男衬衫领子定型效果好，可以烫（B）。

A 烫石　　B 领衬　　C 黑炭衬　　D 插竹

96. 袖长的度量方法，通常有三种：（D）。

A 后中沿边度至袖口　　B 颈侧沿边度至袖口
C 肩端点度至袖口　　D 后中至袖口直度

97. 通常运动服的领子可有翻领和（D）两种用法。

A 翻驳领　　B 水兵领　　C 上下级领　　D 立领

98. 袖子按结构可分为装袖、连袖、插肩袖、（C）。

A 泡泡袖　　B 七分袖　　C 无袖　　D 鸡翼袖

99. 有里马甲上胸袋的名称是（C）。

A 双唇袋　　B D 袋　　C 手巾袋　　D 斜插袋

100. 运动裤腰头通常（B）。

A 装耳仔　　B 装橡皮筋　　C 装拉链　　D 装腰带

101. T 恤正面，在侧缝上车有唛头称（B）。

A 主唛　　B 侧唛　　C 绣花唛　　D 成分唛

102. 下列服装中车有活褶的是（B）。

A 半胸筒针织 T 恤　B 男衬衫　C 运动服　D 旗袍

103. 有里马甲不用敷牵带的位置（D）。

A 领口　　B 搭门　　C 底摆　　D 侧缝

104. 缝制贴袋作对位标记的方法有（ D ）。
A 打线钉　B 打剪口　C 打眼刀　D 钻孔
105. 运动服车斜开袋（ B ）必须烫朴。
A 前幅全部　B 袋唇　C 袋口位　D 挂面
106. 女衬衫的领子可称为（ B ）。
A 立领　B 翻领　C 翻驳领　D 青果领
107. 衬衫袖口的介英也称：（ A ）。
A 袖克夫　B 袖片　C 育克　D 担干
108. 运动服在缝制过程中用到了平缝、扣压缝、搭接缝、（ D ）等缝型。
A 来去缝　B 分压缝　C 滚包缝　D 内包缝
109. 有里马甲锁5只横眼，注意尾巴（ A ）稍翘一点。
A 向上　B 向下　C 向左　D 向右
110. （ A ）属于开袋。
A 斜向箱形袋　B 弯袋　C 斜插袋　D 直插袋
111. 连袖袖长的量度方法一般不用（ A ）量。
A 肩端点度至袖口　B 颈侧点度至袖口
C 后中沿边度至袖口
112. 车D袋，要求二道袋口线（ C ）。
A 平行　B 等长　C 平行可不等长　D 打牢回针
113. 有里马甲面布的收省方法是（ C ）。
A 缉省朝一边倒省份　B 垫布法　C 剪开分烫省份
114. 工人裤上有（ A ）没车明线。
A 内侧缝　B 前后浪　C 贴袋　D 护胸
115. 以下（ A ）车有贴袋。
A 运动短裤　B 西裤　C 西裙　D 女衬衫
116. 缲针一般分明缲针、暗缲针和（ D ）。
A 立三角针　B 简单三角针　C 三角针　D 三角缲针
117. 五袋牛仔裤上车有贴袋和（ D ）。
A 唇袋　B 手巾袋　C 贴袋　D 弯袋
118. 分压缝没有（ D ）的作用。
A 使缝份平整　B 装饰　C 加固　D 抽褶
119. 牛仔裤里的表袋也称（ A ）。
A 袋中袋　B 月亮袋　C 弧形插袋　D 斜插袋
120. 脚口用三角针缲缝处理的有（ A ）。
A 西裙　B 工人裤　C 衬衫　D 裙裤
121. （ D ）开口位装拉链，并装1粒纽。
A 衬衫　B 西装　C 圆领T恤　D 牛仔裤
122. 裤片拔裆时，需要用到（ A ）的熨烫方法使平面织物热塑变形，从而使缝制的西裤更加符合人体体形。
A 归拔　B 丝绺归直　C 喷水盖布
123. 礼服的款式多种多样，大多都是紧身的，为了达到收身的效果不可（ D ）。
A 收腰省　B 收胸省　C 分割公主线　D 车褶
124. （ B ）的领子是立领。
A 男女衬衫　B 男女唐装　C 有里马甲　D 牛仔机恤
125. 旗袍为了达到合体的效果，收有腰省、胸省、（ C ）。
A 夹圈省　B 侧缝省　C 肩省　D 肚省
126. 旗袍上没有滚边的部位是（ B ）。
A 领子　B 小襟　C 领圈大襟　D 底摆衩位
127. 有里布西装面布省的处理方法有：垫布法和（ B ）。
A 省份一边倒压烫法　B 剪开分烫法　C 移省法
128. 精做男西装，面里缝份不需要固定在一起的有（ C ）。
A 后领圈　B 大小袖片　C 侧缝　D 袖口
129. 文胸上需要的材料相当繁杂，一般情况下都不需要有（ D ）。
A 主面料　B 缝线　C 橡皮筋　D 树脂衬
130. （ D ）不属于文胸罩杯分类。
A 全罩杯　B 3/4罩杯　C 1/2罩杯　D 1/4罩杯
131. 精做男西装要覆胸衬，胸衬的组成材料不需有（ B ）。
A 有纺衬　B 无纺衬　C 腈纶棉　D 黑炭衬
132. 为保证烫朴的效果，熨烫时不需要（ A ）。
A 用蒸汽　B 温度适当高一点
C 时间略长一点　D 压力加大一点
133. 西裤成品的裤袋位应高低、大小一致,互差不大于（A）。
A 0.5cm　B 0.3cm　C 0.4cm　D 0.2cm
134. 熨烫混纺面料的服装时，熨斗的温度应控制在（ D ）。
A 150～170℃　B 80～100℃
C 110～140℃　D 130～150℃
135. 男西服的工艺流程中，敷牵带的上一道工序是（ B ）。
A 开手巾袋　B 开大袋　C 开里袋　D 做后衩
136. 西服裙装拉链时沿门襟格贴边线粘牵带一根是为了（ C ）。
A 增加厚度　B 便于缉线　C 防止还口　D 保护拉链
137. 缝合西裤侧缝时，前后裤片上下层应（ A ）。
A 松紧一致　B 前片略松　C 后片略紧　D 后片略松
138. 中档西服对条对格规定，袖与前身格料对横。互差不大于（ A ）。
A 0.6cm　B 0.4cm　C 0.5cm　D 0.3cm

139．西服分烫前衣片省缝时，在腰节处丝绺应向止口推出（A）。
A 0.6～0.8 cm　　B 0.5～0.7cm
C 0.8～0.9 cm　　D 0.5～1cm

140．在裤片后窿门横线绺处常采用的熨烫工艺是（C）
A 推烫　　B 归烫　　C 拔开　　D 平烫

141．男衬衫卷底边制作工艺属于八类缝纫形式中的（B）。
A 第七类缝型　　B 第六类缝型
C 第五类缝型　　D 第四类缝型

142．明缉成单线常用于茄克衫的缝型是（C）。
A 包边缝　　B 明包缝　　C 暗包缝　　D 来去缝

143．两层衣片平缝后，毛缝向两边分开的机缝缝型是（C）。
A 分缉缝　　B 坐缉缝　　C 分缝　　D 压缉缝

144．下列选项不属于缝纫形式的形成要素的是（D）。
A 线迹　　B 缝迹　　C 针迹　　D 缝纫设备

145．装西服裙拉链时先将拉链定位在里襟上，然后将右后片开门处折转，靠近拉链齿边上约离开拉链中心（A）cm，压到0.1cm上口。
A 0.4～0.5　B 0.8～0.9　C 1.5～1.8　D 2～2.5

146．装男西裤门襟拉链时将拉链拉开，左面拉链的正面与门襟贴边正面相叠，拉链齿上端离开门襟止口（B）cm，下端离开门襟止口0.8cm。
A 2　　B 1　　C 3　　D 4

147．在做男衬衫翻领时，为了减少领角厚度，可在（A）剪去一角。
A 领头处　　B 领中部　　C 领上边处　　D 领下边处

148．缝合衬衫摆缝和袖底缝时，（B）是从袖口向下摆方向缝合。
A 左身　　B 右身　　C 左、右身　　D 前身

149．在做女上装领子时，领面的（C）要粘上粘合衬。
A 四周　　B 正面　　C 反面　　D 领角

150．制作女衬衫时如果袖克夫用夹缉方法，反面坐缝不能超过（D）。
A 1cm　　B 2cm　　C 0.8cm　　D 0.3cm

151．在制作茄克衫装登闩时将登闩夹里与下列（A）相叠，缉线0.8cm。
A 大身正面　　B 大身反面　　C 登闩正面　　D 登闩反面

152．开男西服手巾袋袋口时，袋口两端剪成（B），注意不能剪断缉线。
A 长方形　　B 三角形　　C 菱形　　D 梯形

153．前后不匀称的特体，如下的（C）即是。
A 端肩　　B X形腿　　C 驼背　　D 粗短颈

154．对挺胸体，要注意测量（D）。
A 胸围　　B 前身长　　C 乳间距　　D 前后腰节长

155．挺胸体胸部前挺、后背平坦，其着装弊病之一是(A)。
A 搅止口　　B 豁止口　　C 前领绷紧　　D 后颈空松

156．对阴阳条格的排画与倒顺毛面料相同，切不可（D）。
A 顺向一致　　B 直条左右对称
C 断开和合铺　　D 横条上下背向

157．机针工作时的支撑点，通过它把针安装在缝纫机上并固定位置的构件是（B）。
A 针杆　　B 针柄　　C 曲挡　　D 针尖

158．缝纫线的用量是由许多因素决定的，而（C）则不属于这些因素之类。
A 面料厚度　　B 面料软硬　　C 面料用料量　　D 线迹种类

159．为防止面料损伤，对于耐热性差的化纤面料在缝制时应（D）。
A 提高车速　　B 选用针孔大的针板
C 选用细机针　　D 适当降低车速

160．袢带是服装部件之一，袢的缝制方法有多种，不属于其中的是（D）。
A 合缝法　　B 缭缝法　　C 翻缝法　　D 嵌缝法

161．缝制针织服装时要采用与缝料抗伸性相适应的弹性缝线和（B）。
A 弹性辅料　　B 线迹结构　　C 机织辅料　　D 机针型号

162．将衣片某部位熨烫后伸展拉长的熨烫工艺形式是（B）。
A 归　　B 拔　　C 推　　D 烫直

163．在标准色相环中，（C）的纯度最高。
A 黄色　　B 绿色　　C 红色　　D 橙色

164．同样的衣服甲穿好看，乙穿就不一定好看，这就说明了（A）是服装设计时不可忽视的一个重要条件。
A 对象　　B 款式　　C 材料　　D 色彩

165．电剪刀一级保养：设备运转750h后进行一次一级保养，（B），首先切断电源然后再进行保养。
A 由操作工人负责　　B 以操作工人为主，维修工人配合
C 以维修工人为主，操作工人配合　　D 由维修工人负责

166．平缝机二级保养的送布结构保养，主要内容是检查修复、调整、（B）。
A 压脚　　B 送布牙　　C 机针　　D 针杆

167．对缝制结束的成品进行熨烫，主要用于羊毛衫、兔

毛衫等长纤维服装熨烫的熨烫机是（C）。
A 中间熨烫机    B 成品熨烫机
C 人形熨烫机    D 真实抽湿蒸汽烫台

168．带刀式裁剪机有这样一个特点：裁剪时对裁料沿台面向带刀推进，台面不动，适应裁剪（B）。
A 衣身大片    B 领子、口袋等小料    C 断料    D 厚里面料

169．男大衣后衣片上平线比前衣片高约3cm，而女大衣前后衣片上平线基本平齐，两者不同的根本原因是(D)。
A 男女大衣长度不同    B 男女大衣基本造型不同
C 男女大衣适体程度不同    D 男女前后腰节差不同

170．肩斜线抬高后不会影响(B)。
A 前、后领圈线的圆顺    B 肩宽的尺寸
C 袖山高    D 袖窿弧线

171．女西装配里时，衣身底边(D)。
A 与面子等长    B 短进3～4cm
C 长出1.5～2cm    D 短进1.5～2cm

172．连衣裙前夹里如有弧形刀背缝的缝合，缝份处理为(C)。
A 包缝平烫    B 滚边烫    C 坐倒扣烫    D 分缝拉烫

173．精做西服定型的关键工艺是(B)。
A 定衬    B 烫衬    C 缉衬头    D 缉胸衬

174．男西装前片推门过程中，在胸围线处归烫驳口线，丝绺向（A）处推归、推顺。
A 胸省省尖    B 驳头止口    C 腰节    D 前肩

175．在男西裤后片的归拔处理时，后窿门横丝绺要求(D)。
A 归拢    B 推进    C 推出    D 拔开

176．女性驼背体的修正方法，(D)会效果相反。
A 加大胸背差    B 放大后胸围
C 减小前胸围    D 减小背宽

177．修正凸臀体纸型，应注意（C）。
A 减短后缝    B 厚省量减小    C 加大后龙门    D 减小前龙门

178．驼背凸腹体上衣的修正方法，(D)是错误的。
A 肚省加大做成锥形    B 后背加宽画弧线
C 后身上部稍加长    D 袖子不需要改变

179．毛织物吸湿性强，湿态时其强度将(A)。
A 减弱    B 增强    C 不变    D 时减时增

180．异型纤维是模拟天然纤维的(C)结构生产的化学纤维。
A 长度    B 粗细    C 横截面    D 外观

181．一般里料的色泽与面料的色泽要(D)。
A 深一些    B 浅一些    C 相反    D 相似

182．羽绒填料一般是指(D)。
A 鸭绒    B 鹅绒    C 鸡毛    D A、B、C三者综合

183．一般在家用缝纫机上使用的缝纫线有(B)。
A 宝塔形棉线    B 轴栅棉线    C 绣花线    D 金银线

184．花边用于做衣服的镶边，现在所用的花边大多属于(C)。
A 棉织品    B 丝织品    C 化学纤维织品    D 毛织品

185．幼儿外套应选用下列（A）面料最合适。
A 棉织物    B 毛织物    C 丝织物    D 化纤织物

186．某女性穿一套大红色衣裙，着红色皮鞋，为取得和谐，配以白色抽纱的外衣，这种色彩搭配方法称为（C）。
A 块面拼接法    B 过渡衔接法    C 缓冲淡化法    D 统一融合法

187．1955年由欧洲时装设计大师(B)首创的"A"形线，以细腰大裙的外形轮廓充分展示了女性的曲线美，在当时的服装界名噪一时，被称为"巴黎深得众望的线条"。
A 夏奈尔    B 迪奥    C 皮尔·卡丹    D 伊夫·圣·洛朗

188．A形主要强调款式下摆的宽大程度、(A)多用这一造型。
A 礼服类    B 外套类    C 职业服类    D 休闲类

189．下列哪种腰节线的变化能拉长下肢的视错现象(A)。
A 提高腰线    B 放低腰线    C 腰线装饰    D 腰线斜开

190．服装结构线即是指体现在服装的各个拼接部位，构成服装整体形态的线，主要包括(A)。
A 省道线    B 轮廓线    C 底边线    D 侧缝线

191．(B)在一件服装上，虽然占的面积不大，仅是一个肩部，然而它的设计是否合理，不仅关系到整体的平衡和对称，而且关系到上肢能否活动自如。
A 领子    B 袖子    C 绷扣    D 口袋

192．在收片上面按规格剪挖山袋口，利用镶边，加袋盖和扎线制作的口袋是(B)。
A 贴袋    B 挖袋    C 插袋    D 侧袋

193．下列(C)工艺形式是我国传统服饰工艺之一。
A 褶裥    B 抽褶    C 绣花    D 折裥

194．在做滴袖衬时，袖口贴边和袖衬一起滴寨牢，再把袖衬用(D)好，正面盖水布烫皱。
A 纳针纳    B 撩针    C 平绕针绕    D 三角针绷

195．在西服领制作过程中，领面一般用(A)。

A 横料　　B 竖料　　C 斜料　　D 可横可竖

196．根据国家标准，在连衣裙的质检中，若出现熨烫不平或有死褶现象，则应判定为(B)。

A 允许　　B 轻缺陷　　C 重缺陷　　D 严重缺陷

197．根据国家标准，精毛织物男西服摆缝色差应(B)。

A 高于4级　B 不低于4级　C 不低于2级　D 高于2级

198．根据国家标准，精梳毛织物女人衣干洗后衣长的缩率指标为(B)。

A 0.8%　　B 1%　　C 1.5%　　D 0.5%

199．根据国家标准，成品男西服衣长允许偏差程度为(A)。

A ±1.0cm　B 0.4~0.5cm　C ±0.8cm　D ±1.2cm

200．根据国家标准有关对条对格规定，面料有明显条、格在1.0cm以上的女大衣应(D)。

A 条格料左右对称，互差不大于0.1cm

B 条格料左右对称，互差不大于0.3cm

C 条格料左右对称，互差不大于0.4cm

D 条格料左右对称，互差不大于0.2cm

201．根据国家标准，在缝制精梳毛织物男西服时，手工针针距密度为(C)。

A 不少于8针/13cm　　B 不少于9针/3cm

C 不少于7针/3cm　　D 不少于10针/3cm

202．(B)是指国家有关部门对某一大类产品或特定产品的造型款式、规格尺寸、技术要求、质量标准以及检验、包装、运输等方面所作的统一规定。

A 基础标准　B 产品标准　C 工艺标准　D 零部件标准

203．下列(D)不属于技术档案的基本任务。

A 收集和整理具有保存价值的技术文件

B 对企业生产技术活动进行研究和分析

C 编制索引

D 组织生产过程

204．在服装工业生产方面(A)需要参照历史的经验和各方面的信息才能作出正确的决策。

A 原辅材料质量　B 原辅材料物理化学性能

C 产品用料定额　D 产品质量控制

205．工艺文件的适应性是指制订工艺文件必须符合市场经济及(A)，脱离实际的工艺文件是难以取得预期效果的。

A 本企业实际情况　B 市场销售情况

C 市场竞争情况　D 订货情况

206．对服装生产企业来说，通常采用工时定额和产量定额两种形式，产量定额多为(C)生产所采用。

A 小批量　　B 中批量　　C 大批量　　D 单件

207．在执行劳动定额管理中，要加强定额的(A)，建立必要的台账，为今后修订定额积累数据。

A 统计分析　　B 检查　　C 变更　　D 修改

208．在劳动定额的管理体系中，车间设(B)，以便承上启下，沟通情况。

A 专职定额员　B 兼职定额员

C 定额联络员　D 定额管理员

209．(B)是消费主体把潜在购买力变为现实力的重要条件，因而也是构成市场的基本要素。

A 购买力　　B 购买欲望　　C 消费主体　　D 社会组织

210．(A)属于受社会的影响而产生的购买动机。

A 求新　　B 实惠　　C 感情　　D 文化程度

211．有的消费者在购买商品时受感情性动机影响较少，他们喜欢根据自己的经验和所掌握的商品知识以及有关市场信息，经过周密的分析和思考，才去购买，这种类型的消费者属于(B)。

A 习惯型　　B 理智型　　C 价格型　　D 冲动型

212．最初的缝纫机发明者是（A）。

A 托玛斯·塞因特　　B 托玛斯·斯顿

C 杰姆斯·亨达逊　　D 约翰·阿选姆斯·多基

213．穿于人体起保护作用和装饰作用的制品称为（A）。

A 服装　　B 服饰　　C 时装　　D 成衣

214．设计服装胸围放松度以（B）为依据。

A 自由设计量　B 穿着舒适度　C 基本呼吸量　D 客户需要

215．一般情况下，得到保证最基本的舒适性而不影响正常呼吸和日常基本活动的计算胸围的方法是（D）。

A 净胸围+10cm　　B 净胸围×10%

C 净胸围×20%　　D 净胸围+（12%~16%）净胸围

216．在纸样设计缩图时，我们应用比例尺进行测量，常用的有1/4、1/5和1/6的比例尺。如我们做78cm的衣长，用1/5的比例尺应找到的刻度数是（D）。

A 15.6cm　　B 7.8cm　　C 8.7cm　　D 78cm

217．技术美与自然美、艺术美在本质上是相通的。技术美是美的本质体现，从本质上出发，技术美有（A）和（B）特征。

A 由于功能美的存在，物质产品才呈现出特有的技术美，功能美是技术美的第一特征

B 技术美不是一成不变的某一模式，流动性的时代美是技术美的又一特征

C 实用价值是技术美的客体对象中最基本的价值

D 技术美的明显特征是形式与功能的统一

218．在国际上一般制图是先画后片再画前片，这样体现了一定的准确性。体现在肩宽计算上，这种准确性的根据是（B、D）

A 后片容易画，这样可减少误差的出现

B 肩宽测量是从后身量得，以后身画的肩点宽度容易正确

C 由于文化背景及体形的区别

D 后片肩部有肩胛省，做合体服装时要对肩部进行处理；肩宽与胸宽相互影响，在平面处理时，要考虑三维空间的效果。

219．下面是推板工艺的描述，正确的是（B、C、D）。

A 推板实际是某条线的增长和缩短

B 推板不仅仅是线的增长和缩短，而且是一个平面面积的增长或缩短

C 常用的坐标推板，实际是平面面积的增长或缩短，所以坐标轴的选择至关重要

D 推板中每档的增加量或减少量，通常以国标为依据，推板的过程实际也是打板的过程

220．下面的表述，正确的是（D）。

A 所谓的童装设计就是成人服装尺寸的缩板

B 任何三至五套服装组合在一起都可称为一个系列

C 所谓的服装设计只要进行款型与色彩自由搭配不拘形式，只要充分体现形式美的法则，并不必考虑服装结构的合理性及各种辅料的配合，因为这是裁剪师所做的事情

D 系列服装的设计关键是款型变化和色彩变化，款型变化大时，一般寻找色彩上的统一，反之，亦然

221．下面是关于裤型腰位与省道处理的分析，错误的是（D）。

A 裤子腰位变化有三种，高腰、中腰和低腰

B 所谓的高腰裤，虽然比一般裤型腰位高，但腰线并未改变，所以结构上腰部有菱形省，强调臀部流线造型

C 低腰裤设计时应考虑臀腰差减少量，省道处理充分利用"遇缝转省"原理，因此可以无省形式出现

D 筒裤一般属中腰位设计，不可能选择高腰或低腰结构

222．下面是工业生产用样板的分类，正确的是（A、B、C）。

A 裁剪排料画皮使用的裁剪样板

B 纽扣、省位、领子净板的对位样板

C 缝制中所用，扣烫贴袋的袋样的工艺样板

223．衣服的爬领现象在裁剪时的表现是（A）。

A 裁剪时上领的弯度不足或下领的弯度太大

B 缝合上下领时，上领的领口松度不够，太紧

C 在缝合时上下领之间做缝宽窄不一致

224．羊毛纤维含量为（C）以上，其余加固纤维为锦纶、涤纶时，可标记为纯毛精梳面料。

A 90%  B 93%  C 95%  D 98%

225．在设计生产电工类职业服时，首先应考虑面料的（B）性。

A 保温  B 导电  C 酸  D 强力

226．服装流行可分为（C）个阶段，形成一个由小到大、由窄到广的推波助澜的循环模式。

A 3  B 2  C 5

227．短体形人穿的上衣、下装（B）明显的色彩界限。

A 要有  B 不要有  C 可以有

228．（C）是永恒的流行色。它可以单独使用，互为主辅套用，也可以同任何色彩相配。

A 中性色  B 三原色  C 黑白

229．（B）的比例关系决定着服装设计的比例。

A 服装  B 人体  C 分割

230．（A）给人稳定感、庄重感和怀旧感。

A 对称  B 均衡  C 平衡

231．（C）是加强相关因素之间互相照应、相互联系的一种手法。

A 统一  B 比例  C 呼应

232．让同样或近似的图形、同样或近似的色彩、同样或近似的材料、同样或近似的工艺造型在一件或一套服装中有秩序地不断反复出现，能使服装产生（B）的美感。

A 呼应  B 节奏  C 平衡

233．选配不同质感的面料时，要注意根据其（C）特点来进行合理搭配。

A 织物结构  B 外观  C 厚薄  D 色彩

234．在样板放缝中，一般后裤片后裆缝上部放（C）缝份。

A 1cm  B 1.5cm  C 2～3cm  D 5～6cm

235．原型立体构成时，所需布料可以（A）。

A 经纬丝缕互相垂直  B 经纬丝缕可以偏纱约1cm  C 任其自然

236．旗袍服装的面料适宜选用（B）等高档服装面料。

A 毛纺、化纤  B 真丝或纺真丝绸缎  C 涤棉、涤卡  D 平纹绒、呢绒

237．5.4系列的旗袍胸围的公差范围是（B）。

A ±1.5cm  B ±2cm  C ±3cm  D ±2.5cm

238．按领与颈部的结合状态，领型可分为（A、B）。

A 关门领　B 开门领　C 中式领　D 西式领

239. 燕尾服面料一般选用（A）。

A 黑色礼服呢　B 人造纤维织物　C 素软缎　D 金丝绒

240. 衣料造型能力的质地属性有（A、B）。

A 手感　B 厚度　C 色彩　D 花纹

241. 棉哔叽的经向密度（B）纬向密度。

A 大于　B 约等于　C 小于　D 无关

242. 原色夏布是以（A）为原料的。

A 苎麻　B 黄麻　C 亚麻　D 棉

243. 华达呢属精纺斜纹毛织物，其斜纹呈（C）。

A 30°　B 45°　C 63°　D 75°

244. 最轻薄即超薄型，状似透明的蝉翼的面料，属丝织物的（A）品种。

A 绉类　B 绸类　C 纺类　D 缎类

245. 节奏，是服饰配色的原则之一，如一条半截长裙，在染色上由暗色逐渐地转变成亮色，这种设计法则叫（A）的节奏。

A 渐变　B 单一重复　C 动感　D 交替反复

246. 在服饰配色中，分割是常用的法则之一。其中最常用的分割色是（B）。

A 红、黄　B 黑、白、灰　C 红、绿　D 蓝、绿

247. 在服饰配色中，为取得和谐统一，可在参加配色的所有色彩中同时加白或同时加黑，这种方法称为（B）统调。

A 色相　B 明度　C 纯度　D 面积

248. 一般来说，农村妇女喜欢穿色彩（A）的服装。

A 鲜艳　B 雅致　C 含蓄　D 华丽

249. 对于臀大的女性，在服饰色彩设计上可采用（A），以达到臀部缩小的视错效果。

A 上装亮色、下装暗色　B 上装暗色、下装亮色
C 上、下装均亮色　D 上、下装均暗色

250. 服饰色彩设计应充分考虑着装者的环境因素。因此，铁道修理工工作服的色彩以（A）为宜。

A 橙色　B 白色　C 绿色　D 紫色

251. 孤立地评价一颗纽扣，是不完整的，因为同一颗纽扣，用在这件衣服上是美的，但换在另一件衣服上就可能不美，这主要体现了服装的（B）。

A 统一性　B 变化性　C 不确定性　D 流行性

252. 在服装设计中，对称形式主要被用来设计（D），以及中老年人的服装，使之具有严肃、庄重和平衡感。

A 茄克衫　B 礼服　C 连衣裙　D 职业服

253. 服装上的（B）是指在一件服装或一套服装结构中，其面积的划分、衣裤长短的安排、零部件的数量等在人们的思想中达到最协调的适中。

A 整体美　B 比例美　C 装饰美　D 协调美

254. 在服装设计中，常常有意加强重点部分而减弱其非重点部分的这种手法叫（C）。

A 比例三分割　B 对称与平衡　C 强调与削弱　D 形状与视错

255. 在服装构成中，门襟纽扣的排列和百褶裙的褶裥形式即是（C）。

A 等级性重复　B 渐变性重复　C 有规律重复　D 无规律重复

256. 视错是通过人的肉眼直观物体所产生的错误判断的生理和心理现象，而（B）是视错现象产生的原因之一。

A 运动　B 形态　C 肌理　D 排列方式

257. 在立体裁剪中为了准确地确定（A），调整并确定袖窿的宽松量均需要在人体模型上装上手臂模型。

A 肩线　B 胸围线　C 肘线　D 侧缝线

258. 臀围线的标定是在臀部最丰满处的水平线，一般在腰围线下（D）处。

A 10～11　B 11～13　C 13～15　D 17～20

259. 款式的（B）是指从效果图上可直接观察到的款式结构。

A 透视结构　B 平视结构　C 结构分解　D 功能属性

260. 领离脖现象产生的原因之一是（D）。

A 后领深太小　B 领脚太宽　C 领面太高　D 后领深太大

261. 吊袖山头产生的原因是（B）。

A 袖山弧线比袖窿弧线长　B 袖山弧线比袖窿弧线短
C 袖山弧线尚圆顺　D 袖肥太小

262. 后裆下垂可采用的方法之一为（B）。

A 增加后翘　B 降低后翘
C 前上裆减短　D 增加后裆缝斜度

263. 直裙的测腰口如无起翘，则会出现（A）的弊病。

A 腰口在测缝处凹进　B 腰缝起皱
C 腰口在测缝处突出　D 腰缝还口

264. 长毛绒面料若是深色时，应采用（D）方向。

A 顺毛　B 顺毛和倒毛　C 顺毛或倒毛　D 倒毛

265. 服装的装饰性来源于服用者本能的（D），无论是原始人还是现代的文明人都有一种想把自己打扮得美的这种本能。

A 保护自己　B 标识自己　C 追求异性　D 对美的追求

266. 服装的款式标准主要体现在（A）。

A 线条和零部件　B 造型　C 材料选择　D 工艺合理

267．服装的季节信息分析主要是指（A）。

A 气候适应　B 时间适应　C 场合适应　D 体形适应

268．有些内容是无法用图表达的，像设计主题、工艺要求、材料要求、规格尺寸等内容，只能用（B）。

A 实物表达　B 文字表达　C 图片表达　D 操作示范

269．男子的礼服西服是在正式社交场合穿的社交服，白天穿的礼服主要是（C）。

A 西服套装　B 燕尾服　C 晨礼服　D 西便装

270．套装一般为春、秋季穿着的女装，多采用（A）。

A 花呢　B 化纤面料　C 涤棉布　D 丝绸

271．在基本衣片的前衣片立体裁剪时，前中心线的标定一般距布边（D）、胸围线的位置根据模型胸围线的位置确定。

A 2～3　B 3～4　C 4～5　D 5～6

272．立翻领是由（A）组成的。

A 立领和翻领　B 坦领和荡领
C 立领和平领　D 立领和坦领

273．运用特殊的服装结构以及强烈的造型对比表达某种时尚和设计意念，是礼服与时装的共同特征，因此礼服也称为（B）服装。

A 实用性　B 创意性　C 功能　D 休闲性

274．参照国家标准，在进行男子晚礼服的质检时，若出现袖长左右对比互差大于1.0的现象，则应判定为（C）。

A 允许　B 轻缺陷　C 重缺陷　D 严重缺陷

275．参照国家有关色差规定，男子晚礼服摆缝色差应（D）。

A 高于5级　B 不低于5级　C 高于4级　D 不低于4级

276．服装企业的新产品开发的内容，从狭义上讲是单指（D）。

A 服装的色彩设计　B 服装面料的选择
C 服装的工艺设计　D 服装的造型设计

277．开发新产品要保证企业获得比原有产品更多的利润，这是企业开发新产品的（B）。

A 基本要求　B 基本出发点　C 必要条件　D 目标

278．纵观整个世界，对服饰流行的流向影响较大的城市之一是（C）。

A 上海　B 东京　C 米兰　D 罗马

279．在服饰流行和传播过程中，（A）起着重要的导向作用。

A 产品质量　B 人为宣传　C 人际交往　D 个人爱好

280．耸立的绒毛平绒表面有，属于（C）组织结构。

A 缎纹起毛　B 斜纹起毛　C 平纹起毛　D 变化起毛

281．男装用（B）作补正标记。

A 白棉线　B 画粉　C 大头针　D 彩色笔

282．在服饰配色中强调是常用的法则之一。一般情况下，每套款式的强调部位以（C）为宜。

A 3～4个　B 4～5个　C 1～2个　D 5～6个

283．一般来说，城市知识女性喜穿色彩（B）的服装。

A 鲜艳　B 雅致　C 华丽　D 新潮

284．对于腰粗的女性，若作收腰处理，则腰部色彩应选用（B）色为宜。

A 鲜艳　B 近似　C 高纯度　D 高明度

285．服饰色彩设计应充分考虑着装者的环境因素。因此，炼钢工人工作服的色彩以（B）为宜。

A 黑色　B 白色　C 深灰色　D 朱红色

286．在服装设计中，对称形式主要被用来设计（D），以及中老年人的服装，使之具有严肃、庄重和平衡感。

A 茄克衫　B 礼服　C 连衣裙　D 职业服

287．（A）效果图又称设计图，注重结构和工艺处理形式的表达。

A 工艺型　B 具实型　C 夸张型　D 艺术型

288．后裆下垂可采用的方法之一为（B）。

A 增加后翘　B 降低后翘
C 前上裆减短　D 增加后裆缝斜度

289．百褶裙的褶子张开的原因主要是（D）。

A 腰围不够　B 下摆不够　C 褶量不够　D 臀围不够

290．剪纽扣袢布，其宽度一般为（A）。

A 2　B 1.6　C 2.5　D 0.5

291．要制作出具有浮雕效果的装饰褶需采用的技法是（B）。

A 抽缩方法　B 叠加方法　C 分离方法　D 缝缀技法

292．嵌线布的宽度约在（C）之间。

A 1　B 4～5　C 2～2.5　D 1～1.5

293．（D）是服装的物质载体，是赖以体现设计思想的物质基础和服装制作的客观对象。

A 人　B 设计　C 面料　D 材料

294．服装的款式标准主要体现在（A）。

A 线条和零部件　B 造型　C 材料选择　D 工艺合理

295．我国消费群体大致有五种类型：（B）对服装流行起到一种巨大的推动作用，是服装流行的生力军。

A 先导型　B 时兴型　C 传统型　D 实惠型

296. 考察消费者的心理要求的调查方式主要是（D）。
A 电话调查   B 电子邮件调查   C 询问调查   D 直接观察

297. 由于画面是二维空间、不可能在一个人物上表现出完整的服装造型，因此，完成人物着装以后，必须画出服装的（D）。
A 结构图   B 排料图   C 裁剪图   D 背视图

298. 一般男衬衫的轮廓造型已形成了一定的格式和规范，多为端庄合体的（D）轮廓。
A X型   B V型   C T型   D A型

299. 喇叭裤、直筒裤、锥形裤等不同裤子的流行，主要是因（C）而引起的。
A 结构   B 用途   C 造型   D 材料

300. 茄克衫的肩部常采用（D）的设计手法，使其显得较为宽阔，以体现男性的健美体魄和英武气概。
A 分割   B 节奏   C 对称   D 夸张

301. 下列的（D）属于外套的种类。
A 连衣裙   B 裤   C 裙   D 大衣

302. 套装的设计注重于轮廓线的清晰、优美和挺拔，同时要认真考虑省道、剪缉线、褶叠线等内结构线的（B）。
A 装饰性   B 合理性   C 简单性   D 实用性

303. 在基本的衣片的立体裁剪中，前后衣片肩线的固定，通常采用（C）来固定。
A 抓合固定法   B 藏针固定法
C 盖别固定法   D 重叠固定法

304. 参照国家有关色差规定，男子晚礼服袖缝色差应（B）。
A 高于4级   B 不低于4级
C 高于5级   D 不低于5级

305. 对圆卷料包装的原料，我们一般采用（C）方法来复合其数量。
A 称重量   B 人工复核   C 量布机复核   D 计算层数

306. 售出使用时极易发现或产生的疵点，而且不能修补回复至正常的服装上的这种类型的疵点属于（B）。
A 致命疵点   B 严重疵点
C 校疵点   D 无关紧要的疵点

307. 服装企业的新产品开发的内容，从狭义上讲是单指（D）。
A 服装的结构设计   B 服装的面料选择
C 服装的工艺设计   D 服装的造型设计

308. 产品价格的变动会影响产品（A），但其对价格变动的反应不同。
A 需求量   B 生产   C 使用价值   D 利润

309. 市场或顾客是集中的或仅有少数顾客，则可（C）。
A 采取传统的分配路线   B 采取间接销售渠道   C 直接销售   D 中间商销售

310. 服饰流行预测的依据之一是（D）。
A 设计师的灵感   B 个人爱好
C 循环规律   D 演变规律

311. 滚条、牙边、辫袢用（A）。
A 斜丝绺   B 横丝绺   C 直丝绺

312. 裁剪制图中用（H）代表臀围，用（W）代表腰围。
A   B M   H W

313. 绒面布料要求全身毛丝顺向一致，灯芯绒以（B），平绒以（A）丝绒以（A）为佳。
A 顺毛   B 倒毛

314. 一般上衣明口袋用（B）缝。
A 勾压缝   B 扣压缝   C 来去缝

315. 目前服装最合体的裁剪方法是（C）。
A 原型   B 比例   C 立体

316. 真丝绸的缩水率一般经向是（A），纬向是（D）。
A 5%   B 3%   C 8%   D 2%

317. 面料（A）、（D）属精纺。面料（B）、（C）属粗纺。
A 华达呢   B 大衣呢   C 唛尔登   D 涤毛花呢

318. 制作毛料西服时，袖山需有吃势（B）。
A 3～5cm   B 5～8cm   C 9～11cm

319. 省道有（B）种形状。
A 3种   B 4种   C 5种   D 2种

320. 常用的服装里料是（B）、（D）。
A 棉布   B 羽纱   C 涤夫绸   D 美丽绸

321. 服装裁剪中扣位用（B）表示。
A ＋   B ⊙

322. 一般男西裤在净臀围的基础上加放（A）。
A 10～16cm   B 7～10cm   C 14～18cm

323. 做西服在男净胸围基础上加放（B），女西服加放（B）。
A 4～16cm   B 14～18cm   C 10～14cm   D 6～20cm

324. 衬布在服装上起（B）作用。
A 装饰   B 骨架   C 牢固

325. 女装腋下省是用（B）。
A 钉形省   B 锥形省   C 变形省

326. 在做男裤时，裤后片绺（C）。
A 裥   B 钉形省   C 锥形省

327. 做硬领男衬衣时,领子需加（D）。

A 棉衬　　　B 毛衬　　　C 粘合衬　　　D 树脂衬

328. 根据国家标准,做出的成衣规格上衣长允许偏差（A）cm,胸围（B）cm,圆袖长（D）cm,裤长（C）cm,臀围（B）cm。

A ±1　　B ±2　　C ±0.8　　D ±1.5　　E ±2.5

329. 色彩的轻重感和软硬感主要是由色彩的（B）决定的。

A 色相　　　B 明度　　　C 纯度　　　D 色调

330. 粉绿色的上衣配墨绿色的大摆裙属于（A）。

A 类似色调和　B 异音调和　C 对比色调和　D 明度对比

331. 在为胖体形人设计服装时,颜色的使用以（A）为佳。

A 深色　　　B 浅色　　　C 中性色　　　D 暖色

332. 在为瘦体形人设计服装时,在面料色彩的选择上通常采用（C）。

A 深色　B 浅色　C 明度高和有光泽的颜色　D 冷色

333. （A）决定着服装造型的主要特征。

A 外形　　　B 领形　　　C 袖形　　　D 门襟形

334. （B）主要通过修饰肩部,夸张下摆而形成上窄下宽的效果。

A Y形　　　B V形　　　C S形　　　D A形

335. 最适宜表现女性人体美的外形是（C）。

A X形　　　B A形　　　C S形　　　D Y形

336. 精纺毛织物中,最重的品种是（B）。

A 礼服呢　　B 马裤呢　　C 驼丝锦　　D 唛尔登

337. 乔其纱在织造时,采用的经纬纱线是（A）。

A 强捻桑丝　　B 桑丝　　C 强捻棉纱　　D 棉纱

338. 乔其纱不具有的外观是（D）。

A 细微的皱纹　B 明显的纱孔　C 稀薄透明　D 轻微的凸条

339. 下列面料中,与乔其纱最为相似的是（A）。

A 金丝绒　　B 立绒　　C 平绒　　D 乔其绒

340. 下列裘皮中,属高级毛皮的是（A）。

A 黄鼬皮　　B 羔羊皮　　C 兔皮　　D 狗皮

341. 美丽绸的缩水率大约为（B）。

A 10%　　　B 5%　　　C 2%　　　D 不缩水

342. 羽纱是棉与另一种纤维的交织物,这种纤维是（D）。

A 麻　　　B 毛　　　C 涤纶　　　D 粘胶人造丝

343. 黑炭衬又称（B）。

A 马尾衬　B 毛鬃衬　C 法西衬　D 涂有黑炭粉的衬

344. 水洗毛料时,应选用的洗涤剂是（B）。

A 碱性洗涤剂　　　　B 中性洗涤剂

C 含漂白粉的洗涤剂　D 上述 A、B、C 均可选用

345. 标准体形分类代号是（B）。

A Y　　　B A　　　C B　　　D C

346. 粘合衬在一定的（A、B、C）下,可与面料粘合到一起。

A 温度　　　B 压力　　　C 时间　　　D 方法

347. 使用直刀式裁剪机时,应将变压器放在（A、B）处。

A 通风　　　B 干燥　　　C 不通风　　　D 不干燥

348. 服装裁剪可分为（A、B）几种方法。

A 单件量体裁衣　　　B 工业批量生产裁剪

C 电裁剪　　　　　　D 一顺风裁剪

349. 连省成缝主要有衣缝和分割线两种形式,其中（D）是衣缝。

A 高背缝　　B 公主缝　　C 刀背缝　　D 背缝

350. 在做西装裙、旗袍时,对凸臀体应加量（B）。

A 后腰节至裆底的距离　　B 后腰节至臀围线的距离

C 臀围线至裆底的距离　　D 腹围线至臀围线的距离

351. 挺胸体胸部前挺、后背平坦,其着装弊病之一是（A）。

A 搅止口　　B 豁止口　　C 前领绷紧　　D 后颈空松

352. 为了避免工艺文件出错,工艺文件必须详细说明本工艺文件的（A）,包括产品款式的全称、型号、色号、规格、销售地区的订货单编号。

A 适用范围　　B 内容　　C 规格要求　　D 制订依据

353. 一身高为160cm,净胸围为82cm的女子,胸腰差在18～14cm之间,在服装上标明号型应为（C）。

A 160/82B　B 160/82C　C 160/82C　D 160/82Y

354. 西装衣长的比值设计以号为依据,为（C）。

A 3/5号　　B 1.5/5号　　C 2/5号　　D 2.5/5号

355. 按有关技术规定,茄克衫的领里允许（D）。

A 三拼二接　B 二拼一接　C 五拼四接　D 四拼三接

356. 对花是指面料上的花型图案在成衣后,（B）花型应保持完整。

A 前襟　　B 主要的组合部位　　C 背缝　　D 袖中线

357. 服装设计的总目的,主要包括以下几个方面的思考:服装穿着的（D）及穿着的目的等因素,同时还有加工条件,对市场的销售情况,人们消费心理及流行趋势的分析等诸多方面的问题。

A 对象　　　B 时间　　　C 场合　　　D 要求

358. 服装可分为H型、A型、Y型、X型等,这主要是从（B）来分类的。

A 着装状态　　B 外形　　C 着装方式　　D 覆盖状态

359. 服装设计是设计者运用服装的（D）规律,对创作构

思进行组织、加工、提炼、创造的全过程。

A 材料美　　B 结构美　　C 艺术美　　D 形式美

360．工艺文件是根据工艺方案和有关技术资料编制的，下列（D）文件不属于编制工艺文件的依据。

A 产品订货要求　　B 技术标准　　C 机器设备明细表　　D 工艺规程

361．服装设计的旋律与音乐旋律不同，它是一种可见的旋律，能使人派生出一种优美的旋律感，典型式主要有（A）。

A 形状旋律　　B 色彩旋律　　C 结构旋律　　D 材料旋律

362．利用（B）进行服装分割造型，能起到夸张和修饰作用，如横格线使瘦者显得宽阔些、竖线条能让胖者显得苗条些。

A 对称　　B 视错　　C 比例　　D 节奏

363．扁领（披肩领）的领座高只有1cm左右，单独制图时，应加大（D）。

A 领前端翘势　　B 领面宽度　　C 领子长度　　D 领底线凹势

364．袖窿结构中不包括（A）。

A 肩宽　　B 袖窿深　　C 袖窿宽　　D 冲肩

365．在（B）上不宜打褶。

A 茄克衫　　B 西装　　C 猎装　　D 工作服

366．上衣的垂直分割线中，（D）最具功能性。

A 背缝　　B 侧缝　　C 肋缝　　D 公主线

367．西服裙制图时的臀腰差是指（C）。

A H—W　　B H—W/2　　C H—W/4　　D H—W/8

368．男大衣整烫后，对胸部的外观要求是（C）。

A 长短一致　　B 顺直　　C 饱满　　D 方登

369．女性驼背体的修正方法，(D)会效果相反。

A 加大胸背差　　B 放大后胸围　　C 减小前胸围　　D 减小背宽

370．凸腹体上衣的修正，(C)是正确的。

A 加大胸省　　B 减小撇门　　C 加肚省　　D 减小腰省

371．O形腿基图剪开位置，在（A）。

A 中裆线　　B 臀围线　　C 横裆线　　D 烫迹线

372．洗涤毛织物时应选用（B）洗涤剂。

A 酸性　　B 中性　　C 碱性　　D 酸性或碱性

373．下列里料适合真丝服装的有（C）。

A 羽纱　　B 软缎　　C 洋纺　　D 市布

374．填料中，太空棉的保暖程度比鸭绒要（B）。

A 小　　B 大　　C 相似　　D 不可比较

375．（B）特点为肩部、腰部、下摆的宽窄基本一致，富于轻松、自然、舒适之感。

A A型　　B H型　　C Y型　　D V型

376．下列哪种腰节线的变化，能拉长下肢的视错现象(A)。

A 提高腰线　　B 放低腰线　　C 腰线装饰　　D 腰线斜开

377．服装结构线即是指体现在服装的各个拼接部位，构成服装整体形态的线，主要包括（A）。

A 省道线　　B 轮廓线　　C 底边线　　D 侧缝线

378．领型与（B）的关系就像花与叶的关系一样，直接起到衬托作用。

A 后背　　B 脸部　　C 前胸　　D 肩部

379．领型的设计对脸型美起烘托和调节作用，如颈短而粗，脸庞大而圆的人，应选用（A）。

A 无领　　B 高领　　C 方领　　D 圆领

380．工艺文件所用的全部术语名称必须规范执行（C）规定的统一用语。

A 服装号型系列　　B 服装鞋帽标准　　C 服装术语标准　　D 服装技术标准

381．插袋一般是在（B）上制作的口袋。

A 衣身　　B 侧缝　　C 腹部　　D 胯部

382．（C）是指肩部与袖子是相连的，由于袖窿开得较深，有时甚至直开领线处，因此整个肩部即被袖子覆盖。

A 装袖　　B 平袖　　C 插肩袖　　D 连裁袖

383．根据国家标准，精梳毛织物男西服在1部位条痕（折痕）的允许程度为（A）。

A 不允许　　B 1.0～2.0cm不明显　　C 2.0～3.0cm不明显　　D 0.5cm不明显

384．根据国家标准有关经、纬向的技术规定，男西服领面（B）。

A 纬纱倾斜不大于0.2cm，条格料不允斜

B 纬纱倾斜不大于0.5cm，条格料不允斜

C 纬纱倾斜不大于0.3cm，条格料不允斜

D 纬纱倾斜不大于0.4cm，条格料不允斜

## 三、问答题

1．制作唐装时领和肩缝处为什么会打褶？

答：肩缝打褶问题的出现不是因为做唐装的关系，而是肩缝没做好。前后肩缝缝合时后片里肩1/3处应该放松量0.3cm，中间一段放0.2cm。缝合时前肩缝放在上面，后肩缝放在下面，将松量向里推进。因为有领子的衣服出现打褶现象，被翻下的领子盖上，问题暴露不明显，而唐装是立领问题就完全被暴露了。只要将肩缝缝合正确，问题就解决了，同时还要注意装领

时领圈不要拉松。

2. 制作袖窿省的衣服时，套头的领口为什么会出现松荡？

答：原因有两个方面：①前横开领比后横开领大。②前肩太斜。套头的领圈前横开领应该比后横开领小。人体从颈侧到肩峰位后面的弧长比前面长，因此前横开领一般小0.5cm左右。顺肩线下落前3cm，后3.5cm。前肩斜确定22°、后肩斜确定18°。若肩较平或要上垫肩就先将肩斜抬高。

3. 女装后片为什么比前片高出0.7~1cm，有时为什么前片高？

答：前腰长为颈侧点到WL，后腰长为后颈侧点到WL。胸省量是由于女性胸高背平的体形特征而形成的。

挺胸体FWL大于BWL为0.7cm，而平胸体小于0.7cm。如挺胸体高前后腰长差为1cm时，胸省量就是3.2cm。前后颈侧点的差为1cm。如果小于这些量，叠门两组扣之间就会豁开。如平胸体高前后腰长差为0.3cm时，胸省量就是2.5cm，前后颈侧点差为0.3cm。

因此胸省量大小是根据体形胸高变化而变化的，不可以用定数来确定。图中后片BL，袖窿深线是一条线，而前片袖窿深线与BL是两条线，两线之间就是胸省量。因为裁剪图是一个平面，而人体是一个复杂性的曲面体，当平面的布料覆在曲面的人体上，前BL以上会出现浮余量，这就是胸省量。这些量可随分割线的变化转移。

4. 如何掌握袖山的吃势？袖子与袖窿刀眼怎么对刀眼？

答：袖山吃势松量应以面料的厚薄确定。女装取2~3cm左右，薄料少一些、厚料多一些。装袖刀眼与衣身合对，一般确定袖山、前胸宽位、后背宽位。袖山刀眼前后各2cm处不放松量，再向下8~10cm处，袖子放松量1cm左右。并根据面料的厚薄灵活掌握，袖底位下面略松。

5. 上衣什么情况要劈门，怎样确定？劈门大或小会出现什么问题？

答：服装上衣除衬衫外都应该高劈门。劈门是指叠门线（即前中心线）上端偏进的量，一般劈至胸围线高，随穿衣厚度而增加。为使门里襟从上至下叠合平服、顺直，外衣要设劈门。劈门的大小要因体形、款式而定。一般上衣高为1~1.2cm、大衣设为1.5~2cm。在领口处先确定劈门，再确定前后横开领，两者没有关系。

如劈门太大，门里襟下端会出现豁开。

劈门太小，门里襟下端会现重叠过多，使门里襟止口线不顺直。

6. 如何确定筒裤、喇叭裤、老板裤的脚口放松量？

答：脚口放松量与裤形、人的足部大小、鞋形、流行等密切相关，下面以女裤为例。

基本型（原型）女西裤脚口是女裤脚口设计的一个重要依据。基本型女西裤上下巾体，为满足穿着基本需求，脚口按足跟围＋8-10cm=18~20cm

女性足长22~24cm，直筒裤给人的感觉是上下差不多大，其脚口尺寸应与足长相等或稍大，因此穿着非常方便。

现在流行的喇叭裤，脚口与尖头皮鞋的流行有关，尖头皮鞋较长，喇叭裤采用30cm的脚口正好罩住。

老板裤裤型上部肥大，脚口很小（小于基型脚口2~3cm），突出了上下对比，现在该类裤型已不再流行。

流行具有周期性，每一个轮回周期都会引起尺寸变化，绝不会是上一次的简单重复，因此在确定脚口大小时要与基型、足、鞋形、裤形等展开比较分析，得出结果。

7. 后裤片的困势（上裆处）用公式（H-W）/8是根据什么原理？

答：这一公式是根据该部位人体的臀腰落差的形态比例以及西裤结构类型而设定的。除此之外，上裆线困势还能应用角度来设计。

人体臀裂线倾斜度在9°~14°之间，西裤后上裆线因势与之相对应，为方便起见，制图中以直角之比15：X（X=2~4）来表示这一度数。一般来说，臀腰落差小的肥胖型平臀体形西裤的X值就小些，翘臀细腰型的X值要增大，适中的比例是15：3即11°使用率是最高。

西裤结构类型会也会引起X值变动，如宽松型腰头装松紧带的X值就小些，巾体形牛仔裤因腰省量减少，X值就增大。

当遇到以公式计算后上裆线困势的图例而对此又不太理解时，可以用角度法进行检测。

8. 上衣在前袖窿处起翘1.5cm有什么道理？

答：这个虽是针对比例裁剪，答案却要从原型裁剪中找。原型裁剪的首要问题是处理胸省。前袖窿起翘是因胸省而起。

胸省因胸高而产生，可移而不可消，在应用设计中，胸省要根据结构需要而转移，有一类转移在表面上能看得见：省缝、褶裥和开刀线等，而表面上无省、褶、裥、开刀等现象的女装，其胸省则属于另一类形式："隐形"转移。这批服装完成得很不容易，故写下来供同行参考，避免同行朋友工作中走弯路。

9. 服装工业样板与单裁单做样板制作的差别。

答：不管是工业样板还是单裁单做样板制作都需以准确的结构设计为前提。单裁单做样板由于多为单人操作，因此有时使用净样，直接在布面画净样，放毛缝、裁剪，考虑单件裁剪，布面对折，样板通常对称的只做一半即可。而工业样板要考虑批量制作，样板师与裁剪师信息交流，样板上所有的符号、标注必须规范完整，样板必须全部为展开（如后中不开缝的后片，必须作展开），对称的也要出两片样板（如左右袖等）。面料、里料、衬料样板齐全，必要时需净样工艺样板作指导（如扣位板等）。工业样板可用于单件制作，单裁单做样板不能用于大货生产。

10. 服装样板制作的流程和主要工作内容。

答：标准样板是用于裁制衣片的正式样板，必须在投产前与生产通知单的规格进行对照，确认按设计图设计的标准样板有无错误。

服装样板制作的流程包括：①服装效果审视与分析，包括对廓型、细部特征、工艺特征等的分析；②选择号型，进行部位规格设计并进行服装制图；③在此基础上，作出周边放量、定位、文字标记等，形成一定形状的样板；④样衣审视评价与修改：审视根据标准板作出的样衣是否可满足设计效果要求，合体程度要求是否符合标准；⑤在标准基准样板基础上，根据规格要求，确定推档基准、各部位档差分布，进行服装样板推档；⑥服装样板检验：各控制部位及细部规格是否符合预定规格；各相关部位是否相吻合；数量是否相配，角度组合后曲线是否光滑；各部位的对位刀眼是否正确及齐全，布纹方向是否标明。同时还需进行翻卷、折破等破损现象的检查。

11. 服装工业样板的种类（裁剪样板和工艺样板的种类）。

答：服装样板可分为裁剪用样板和工艺样板两大类。裁剪用样板主要适于大批量生产的排料、画样等工序的样板。

（1）裁剪样板又可分为面料样板、里料样板和衬料样板。有些特殊款式如脱卸式带内胆的服装就会有内胆样板；有些特殊部位如服装的某部位需绣花处理就会有未绣花前的辅助样板等。

（2）在成批生产的成衣工业中，为使每批产品保持各部位规格准确，对一些关键部位及主要部位的外观及规格尺寸进行衡量和控制的样板称为工艺样板。手工操作越多，需要的工艺样板越多；机械化、自动化程度越高，则需工艺样板越少。

工艺样板主要用于缝制过程中对裁片或半成品进行修正、定型、定位和定量等的样板，按不同用途可分为：修正样板、定型样板、定位样板等。修正样板，多为毛样板，主要在缝制车间校对、修正裁片的规格时使用。定型样板是保证某些关键部位的外形和规格符合标准而采用的用于定型的样板，主要用于衣领、衣袋等零部件。定型样板以净样居多。定型样板按不同的需要又可分为画线定型板、缉线定型板、扣边定型板三类。定位样板是为了保证某些重要位置的对称性和一致性而采用的用于定位的样板。主要用于不宜钻眼定位的衣料或某些高档产品。

12. 纸样制作的绘制符号及生产符号。

答：(1) 注寸代号

在服装结构设计中，根据不同的使用场合，需要做出不同的纸样：毛样、净样、放大样、缩小样等。其中，在缩小样制图过程中，必须在相关重要部位标示具体尺寸或尺寸公式。尺寸公式使用注寸代号来表示人体各部位的符号。通常用英文单词的第一个字母来表示。如长度代号为"L"（length），胸围代号为"B"（bust）。

(2) 绘制符号

在服装结构设计过程中会出现许多线条，这其中不仅有制图过程中的横向、纵向基础线，而且有服装与零部件的轮廓线、尺寸标示线、特殊工艺线（如缝纫明线）等。要使纸样清晰明确，就必须用不同的形式对各种线条加以区分。

在结构设计过程中，除了注寸代号与线条示意之外，还有一些基本的制图符号。充分掌握这些制图与生产符号，将有助于我们指导与组织生产，提高产品质量。

13. 在服装制版中，确定缝份宽度的依据。

答：在服装制版中，确定缝份控制量的依据可从以下几方面考虑：

（1）缝份的控制量与缝型及操作方法有关，在服装缝纫制作中，缝型各不相同，服装缝纫的操作方法也不尽相同（如分开缝、来去缝、外包缝、内包缝、拉驳缝等）。

（2）缝份的控制量与裁片的部位有关，缝份的控制量应根据裁片不同部位的不同需求量来确定。如上装的背缝和裙装的后中缝应宽于一般缝份，一般为1.5~2cm，主要是为了缝份部位的平服。再如有些部位需装拉链，装拉链部位应比一般缝份稍宽，以利于缝制。

（3）缝份的控制量与裁片的形状有关，缝份的控制量应根据裁片的不同形状的不同需求量来确定。一般来说裁片的直线部位与弧线部位相比，弧线部位的缝份相对要窄一些。

（4）缝份的控制量与衣料的质地性能有关。衣料的质地有厚有薄、有松有紧，应根据衣料的质地性能来确定缝份的控制量。如质地疏松的衣料在裁剪及缝纫时容易脱散，因此缝份的控制量应大些；质地紧密的衣料则按常规处理。

14. 服装材料的缩水率和热缩率对样板制作的影响。

答：(1) 缩水率：指的是织物的纤维在完全浸泡湿润后，给予充分吸湿而产生的收缩程度。

(2) 热缩率：衣料在缝纫和熨烫的过程中会产生收缩现象，尤其是高温熨烫时，直丝方向容易收缩；缝纫时，横丝方向因折转而产生坐势等。

在服装样板制作的过程中，为了保证成品规格的正确性，需预放一定的缩率。具体操作时，应在正式投产前，先测试一下面料的缩率，然后根据测试的结果，按比例加放样板。同时，当衣料有一定的厚度时，应考虑围度的缝份折转产生的坐势，加放一定的量，以保证围度规格的正确性。

缩率和样板修正：S>0，缩短；S<0，伸长。

15. 国家标准对男女服装人体体形的分类及其定义。

答：根据我国的实际情况，服装号型的划分既要有利于生产和销售，又要显示体形差别。考虑到我国幅员广大，人体体形差别比较大，另外少年与成年人的差别到一定年龄后表现出来的体形差别可以通过体形进行区别。目前，针对男性与女性各制定一个标准，每个标准都分为四种体形（其中儿童服装号型无体形之分）。以胸围与腰围差为体形划分的依据，从大到小的顺序依次命名为Y、A、B、C形。A型是人数最多的普通人的体形，B型与C型表示稍胖和相当胖人的体形，而Y型则是中腰较小的人的体形。

在规格基础上，由四种体形分类代号表示体形的适应范围。根据胸腰差量确定四种体形代号。

16. 服装号型系列的构成与定义。

答：《服装号型》中的号指人体的身高，表示服装长度设计、生产和选购的参数；型指的是人体的胸围或腰围，是服装围度设计、生产和选购的参数。在规格基础上，由四种体形分类代号表示体形的适应范围，其中儿童服装号型无体形之分。

综合号、型及体形分类，我们就可以确定不同规格的全部信息。例如：女子上装160/84A代表的是该服装适合于身高158～162cm，胸围在82～85cm之间，胸腰差在18～14cm的女子穿着；女子下装160/68A代表的该服装适合于身高158～162cm，腰围在67～69cm之间，胸腰差在18～14cm的女子穿着。

《服装号型》中系列的划分是以中间体为标准的，各数值向两边递增或递减。5.4系列用于男子、女子成人服装。指身高以5cm分档，胸围、腰围以4cm分档。5.2系列用于男子、女子成人服装的下装。指身高以5cm分档，腰围以2cm分档。7.4与7.3系列，10.4与10.3系列，5.4与5.3系列主要用于童装。7.4与7.3系列用于身高52～80cm的婴儿，指高以7cm分档，胸围以4cm分档，腰围以3cm分档；10.4与10.3系列用于身高80～130cm的儿童，指身高以10cm分档，胸围以4cm分档，腰围以3cm分档；5.4与5.3系列用于身高135～155cm的女童及身高135～160cm的男童，指身高以5cm分档，胸围以4cm分档，腰围以3cm分档。

号型系列不仅反映了不同身高、胸围及腰围人体各测量部位的分档系数，实际上也相应规定了服装成品规格的分档系数。

17. 服装控制部位规格设计的依据。

答：对成衣的规格设计，实际上就是对规定的各个控制部位的规格设计。在设计规格时，应根据自己所居住地区的实际情况及布料、款式、季节等因素，设计出既有自身特点、又符合服装流行趋势的各类服装规格系列。

在控制部件的参考规格中，所有数值均是各类体形的中间体控制部位数值，在制订规格时，可按分档数值设计成规格系列表，对于B、C体形服装，放松量可适当放大些。对于上、下装配套服装，5.4系列上衣宜配5.2系列裤子。

以下为各款式的设计依据参考

(1) 女化纤衬衫(5.4系列)：衣长＝号×40%+2，胸围＝型+15，长袖长＝号×30%+5，总肩宽＝总肩宽（净体）+1.2，短袖长＝号×20%-12，领围＝颈围+2.6。

(2) 女连衣裙(5.4系列)：衣长＝号×60%+12，胸围＝型+12，长袖长＝号×30%+7，总肩宽＝总肩宽（净体）+1.2，短袖长＝号×20%-12，腰节长＝号×10%+24。

(3) 女西装裙(5.4系列)：裙长＝号×60%-36，腰围＝型+1。

(4) 女毛呢短大衣(5.4系列)：衣长＝号×40%+10，胸围＝型+22，袖长＝号×30%+7.5，总肩宽＝总肩宽（净体）+3。

(5) 女化纤茄克衫(5.4系列)：衣长＝号×40%+2，胸围＝型+22，袖长＝号×30%+5.5，总肩宽＝总肩宽（净体）+4，领围＝颈围+7.8。

(6) 女毛呢时装外套(5.4系列)：衣长＝号×40%+14，胸围＝型+20，袖长＝号×30%+7.5，总肩宽＝总肩宽（净体）+3。

(7) 女毛呢长大衣(5.4系列)：衣长＝号×60%+14，胸围＝型+24，袖长＝号×30%+8.5，总肩宽＝总肩宽（净体）+3。

(8) 女毛呢西服(5.4系列)：衣长＝号×40%+4，胸围＝型+16，袖长＝号×30%+6，总肩宽＝总肩宽（净体）+1。

(9) 男化纤衬衫(5.4系列)：衣长＝号×40%+4，胸围＝型+20，长袖长＝号×30%+7，总肩宽＝总肩宽（净体）+1.6，短袖长＝号×20%-12，领围＝颈围+2。

(10) 男化纤茄克衫(5.4系列)：衣长＝号×40%+2，胸围＝型+26，袖长＝号×30%+7，总肩宽＝总肩宽（净体）+3.8，领围＝颈围+7.8。

(11) 男长大衣（5.4系列）：衣长＝号×60%+14，胸围＝型+30，总肩宽＝总肩宽（净体）+3，袖长＝号×30%+12。

(12) 男毛呢短大衣（5.4系列）：衣长＝号×60%-17，胸围＝型+27，袖长＝号×30%+11，总肩宽＝总肩宽（净体）+3。

(13) 男毛呢中山装（5.4系列）：衣长＝号×40%+6，胸围＝型+20，袖长＝号×30%+9，总肩宽＝总肩宽（净体）+1.6，领围＝颈围+4。

18. 已知服装控制部位的设计公式，计算服装控制部位的尺寸。

答：如女化纤衬衫（5.4系列）：衣长＝号×40%+2，胸围＝型+15，长袖长＝号×30%+5，总肩宽＝总肩宽（净体）+1.2，短袖长＝号×20%-12，领围＝颈围+2.6。

选160/84A，查出相应的净体尺寸（总肩宽、颈围），则各控制部位尺寸可参照上述公式计算得出。

19. 已知服装规格档差和比例分配系数，计算推档数值。

答：已知规格档差，则根据控制部位公式的系数进行推档数值的计算。如袖窿深的档差为0.6cm，袖山高＝袖窿深×0.8，则袖山高的档差为0.6×0.8=0.48cm。前肩宽＝S/2-0.5，肩宽档差为1.2cm，则前肩宽档差为1.2/2＝0.6cm。

20. 制作西服和西裤样板需要的规格尺寸。

答：制作西服样板所需的规格尺寸包括：衣长、肩宽、胸围、领围、袖长；制作西裤样板所需的规格尺寸包括：裤长、腰围、臀围、上档、下口大、腰头宽。

21. 男西装、西裤样板的推档基准线。

答：男西装

(1) 前片、侧片：以胸围线与胸宽线为横纵基准线，两线交点为基准点。

(2) 后片：以胸围线与后中线为横纵基准线，两线交点为基准点。

(3) 袖片：大袖片以袖山深线与大袖前袖缝线为横纵基准线，两线交点为基准点；

小袖片以袖山深线与小袖前袖缝线为横纵基准线，两线交点为基准点。

男西裤

(1) 前裤片：以横档线与挺缝线为横纵基准线，两线交点为基准点。

(2) 后裤片：以横档线与挺缝线为横纵基准线，两线交点为基准点。

22. 西服、茄克类服装二片袖的推板基准线。

答：大袖片以袖山深线与大袖前袖缝线为横纵基准线，两线交点为基准点；

小袖片以袖山深线与小袖前袖缝线为横纵基准线，两线交点为基准点。

23. 颈根围、胸围、腰围、臀围、背宽、前身长、背长、乳下度、袖长的测量方法。

答：进行服装结构设计时，常用部位尺寸测量方法如下所示：

(1) 颈根围（$N$）：过前颈点（FNP）、侧颈点（SNP）、后颈点（BNP）用软尺绕量一周的长度。

(2) 胸围（$B$）：过乳点（BP）水平沿胸廓绕量一周的长度。

(3) 腰围（$W$）：在腰部最细部位水平绕量一周的长度。

(4) 臀围（$H$）：在臀部最丰满处水平绕量一周的长度。

(5) 后背宽：沿后背表面从右侧腋窝量至左侧腋窝的距离。

(6) 袖长：自肩点，经过肘点量至腕骨突点。

(7) 乳下度：自侧颈点至乳点测量。

(8) 背长：沿后中线从后颈点（第七颈椎）至腰线间随背形测量。

(9) 前身长：以乳点为基点向上延伸至肩线（约斜肩1/2），向下延伸至腰线为前身长。

24. 样板上需要标注的内容。

答：样板上需要标注的内容包括：定位标记与文字标记。

定位标记可标明服装各部位的宽窄、大小和位置，在缝制过程中起指导作用。定位标记的形式主要有眼刀（剪口）和钻眼（点眼）等。定位标记使用的主要部位是缝份和贴边的宽窄，收省、折裥、细褶和开衩的位置，裁片的组合部位，零部件与衣片、裤片、裙片装配的对刀位置，裁片对条、对格的位置，纽位以及根据款式需要，需作相应标记的部位。

文字标记可标明样板类别、数量和位置等，在裁剪和缝制中起提示作用。文字标记的形式主要有文字、数字和符号等。具体内容包括产品的型号、产品的规格、样板的类别、析板所对应的裁片位置及数量、样板的丝缕等。

25. 裙子结构变化的基本手法。

答：可参照下列要点图示分析论述。

纵向分割：以原型裙为基础，分析省位、省量；在此基础上合并一省，剪切、拉展，裙摆量加大，腰部曲线弯曲；继续合并省量，腰部做无省结构，剪切、拉展，腰曲线进一步弯曲，裙摆量继续加大；在此基础上，通过剪切拉展，增加装饰摆量，腰部曲线继续弯曲。

横向分割：考虑省尖位置，进行横向分割，合并省量做育克设计，育克相拼位置作褶裥设计等，多节裙设计，考虑比例平衡。

分割与褶裥的综合设计。

26．裤子的分类和结构特点。

答：裤子以裤长分类，有长裤、中裤、短裤等；以穿着对象分，有男裤、女裤、童裤等；按腰位不同可分为高腰裤、中腰裤、低腰裤、装腰型裤、连腰型裤等；按造型可分为直筒型裤（H型）、喇叭型裤（正梯形）、锥形裤（倒梯形）、马裤（菱形）等。加入褶裥、分割、育克等形式，使裤子款式更加丰富。

裤装的基本结构由裤、臀长（高）、直裆长（高）、中裆高、腰围、臀围、横裆围、中裆围和脚口围构成。裤装结构中，其结构变化的关键是臀围。因此，就结构特点而言，裤装可分为紧身型、适身型和松身型。它们之间的区别在于臀围放松量的控制，其表现形式为腰部褶裥的多少。紧身型裤的典型款式为牛仔裤等；适身型裤的典型款式为普通西裤（直筒裤）等；松身型裤的典型款式为多裥裤等。

27．服装样板制作需要的人体基本尺寸。

答：根据服装的不同，制作样板时需要的人体基本尺寸也有所不同。最基本的尺寸为：身高、胸围、腰围。在制作具体的样板时，除了这三项尺寸以外还需要有颈椎点高、坐姿颈椎点高、全臂长、腰围高、颈围、臀围、总肩宽等尺寸。

28．常用的省道转移方法。

答：省道转移指的是将一个省道部分量或全部量转移到同一衣片的其他部位，而不影响服装的尺寸与造型。省道的转移方法主要有以下几种：

(1)剪开法：在原型基础上，确定新的省缝并由此剪开，再折叠原省道，使剪开的部位自然打开，打开的量就是新省道的大小。

(2)旋转法：确定新的省缝位置，以省端点为中心转移原型，将原省道量转移到新的部位。

(3)平移法：适合省道作上下、左右的平移。

29．纸样中袖山弧线与袖窿弧长的关系。

答：衣身的袖窿是要与袖子的袖山装缝的，因此这两者在长度上应该是一致的，但这并不表示袖山弧长要与袖窿弧长完全等长，而是要比袖窿弧长略长一些，二者的差数就是装袖时袖山的吃势量。吃势量的存在，使得袖形更加饱满。吃势量随衣袖的宽松程度、装袖角度、布料性质等有所不同。如当装袖角度小，衣袖相对宽松时，袖山吃势量相对较小。同一款式，全毛类面料较化纤类面料的吃势量大。

30．在服装制版中切口记号种类和作用。

答：服装制版中切口有定位记号和对位记号两种，用来表示缝份的位置、部件缝合的位置、不同部件拼合时的对齐关系等。

31．圆裙纸样的底摆边的处理。

答：对于整圆裙，由于不同方向丝缕的作用，可能在斜丝部位的布料会比实际长，因此设计时，需根据面料的弹性、织物密度等因素作消减处理。

32．服装样板设计松量与服装款式的关系。

答：不同的服装款式应该考虑不同的设计松量以满足穿着需要。另外，还要考虑服装材料和人体运动的需要。

33．服装样板制作完成后需要进行检验的主要项目。

答：服装样板制作完成后需要对以下主要项目进行检验：

（1）样板的款式、型号、规格、数量与图稿、实物、工艺单相符；

（2）样板的缝份、贴边和缩率加放符合工艺要求；

（3）各部件的结构组合恰当；

（4）定位和文字标记准确，齐全；

（5）弧形圆顺、刀口顺直；

（6）整体结构，各部位的比例关系符合款式。

34．服装样板复核的方法。

答：（1）目测法，样板边缘轮廓是否光滑、顺直；弧线是否圆顺；领圈、袖窿、裤窿门等部位的形状是否准确。

（2）测量，用软尺及直尺测量样板的规格。

（3）用样板相互核对，拼接部位尺寸是否一致，拼接部位曲线是否圆顺、顺接。

35．男西裤前后裤片样板的省量分配。

答：男西裤的基本型样板的前裤片有一个平行褶，一个锥形褶，前片臀围和前片腰围的差数需要全部分配在这两个褶上面，一般为平均分配。后裤片上有两个省，大小均可以取1.5cm。

36．领子的基本类型。

答：衣领是设计师普遍关注的服装部位之一，它的款式、造型、结构等都要受到流行及个人因素的影响。衣领变化多样，但依习惯来看衣领都是由领片与领口（窝）两部分构成；常见的衣领结构基本可归为无领、立领、翻折领、变化领这四种类型的范畴。

(1) 无领

无领，又称领口领、领线领，它是由领线形状直接构成衣领的造型。

(2) 立领

立领的设计一般以颈部为依据，领片分为领座与翻领两部分，且这两部分是分离的，需要经过组装缝合成形。按有无翻领可分为单立领和翻立领两种。其中单立领只有领座没有翻领，同时单立领也可以与衣身直接相连形成连立领形式；翻立领则包括了领座与翻领两部分，而且一般翻领宽都大于或等于领座宽。

(3) 翻折领

翻折领的设计一般是以颈部与衣身前后片为依据，领片分为领座与翻领两部分，但与立领不同的是这两部分是连成一体的。常见的女式衬衫领、海军领、翻驳领等都属于翻折领。

(4) 变形花式领

变形花式领的设计是以衣身的款式变化为依据，将波浪、结带、垂褶等变化与衣身组合在一起设计而成。

37. 服装人体的控制部位。

答：服装人体的控制部位是指在设计服装规格时必须依据的主要部位，这些部位的尺寸决定了服装的尺寸。

长度方面有身高、颈椎点高、坐姿颈椎点高、全臂长、腰围高；围度方面有胸围、腰围、颈围、臂围、总肩宽。

服装规格中的衣长、胸围、领围、袖长、总肩宽、裤长、腰围、臀围等，就是根据款式设计的特点和要求，用控制部分的数值加上不同的放松量而制成的。

服装号型给服装规格设计提供了可靠的依据。服装号型，并不是服装成品的尺寸，而是人体的尺寸。服装的规格设计就是以服装号型为依据，根据服装款式、体形等因素，加放不同的放松量来制订出服装规格，满足市场的需求。

38. 样板推档基准点和公共线。

答：服装推档基准点是服装样板推档中各档规格的重叠点，可以是推档图中的任何一点。基准点的确定直接影响到服装样板推档的推移方向，是确定推档公共线的前提条件。

服装推档公共线是服装样板推档中各档规格的重叠线。公共线的确定直接影响到服装样板推档的推移方向，基准点确定以后才能够确定公共线。

39. 服装CAD的主要功能。

答：目前，服装CAD系统的主要功能有：

(1) 样板设计功能，根据某个服装型号的尺寸，利用计算机设计该服装的各种净、毛样衣片。

(2) 样板放码功能，在样片设计的基础上，根据各个型号的尺寸，以自动或者人机交互方式进行放码，形成各型号的一系列样片。

(3) 排料功能，将设计好的样片，在计算机上以自动或者人机交互方式进行排料操作，形成符合生产要求的排料图。

(4) 款式设计功能，在计算机上进行服装款式设计，包括服装款式、颜色、面料图案等各个元素的配合。

(5) 三维试衣功能，将平面样片在计算机上进行模拟缝合，形成立体服装模拟图。

(6) 其他，如服装生产工艺单管理。

40. 服装CAD的交互式排料和自动排料优缺点。

答：(1) 服装CAD的自动排料优点：速度快；缺点：面料利用率比较低。适合服装生产估料。

(2) 服装CAD的交互式排料的优点：面料利用率高，能够合理地安排各个裁片，包括裁片的旋转、翻转、轻微旋转、强制重叠等处理方式。缺点：速度比较慢。

41. 服装CAD的发展趋势

答：服装CAD在今后的发展有几个方面：

(1) 网络化。服装CAD开发商、经销商和用户通过网络相互联系，共享资源，互通有无，并可针对一些问题相互讨论，相互学习。

(2) 智能化。给定服装各部位尺寸数据，按照一定款式模型，系统自动生成样板图。

(3) 三维立体化。根据平面样板生成三维服装图、在人体上进行立体裁剪并自动生成样板图。

(4) 标准化。目前服装CAD没有一个统一的标准，都是各自为政。以后随着服装CAD系统逐步成熟，应该进行标准化建设，使得各个CAD系统能够统一输入输出格式，有利于企业的管理。

(5) 其他。服装CAD与服装生产能够数据共享，逐步走向服装生产自动化。

42. 样板制作完成以后，应该针对以下几个方面进行校对：

答：(1) 各控制部位及细部规格是否符合预定规格；

(2) 各需要拼合的相关部位是否相吻合；

(3) 拼合角度组合后曲线是否光滑；

(4) 样板的数量是否齐全；

(5) 各部位的对位刀眼是否正确及齐全；

(6) 样板放缝、标注、推档基准点和推档方向标注是否准确清晰；

(7) 布纹方向是否标明。

43. 缝份和折边的加放。

答：(1) 缝份量

缝份的控制量与缝型及操作方法有关。样板上缝份量的确定应该结合男式衬衫在缝纫制作中各拼接处采用的缝型（如分开缝、来去缝、外包缝、内包缝等）进行。

缝份的控制量与裁片的形状有关。缝份的控制量应根据裁片的不同形状的不同需求量来确定。一般来说裁片的直线部位与弧线部位相比，弧线部位的缝份相对要窄一些。

缝份的控制量与衣料的质地性能有关。如质地疏松的衣料在裁剪及缝纫时容易脱散，因此缝份的控制量应大些；质地紧密的衣料则按常规处理。薄型面料缝份量较小，厚型面料较大。

弯绱缝较小，放缝拐角的处理要相对注意，准确灵活地控制缝份量，保证服装缝制加工的便利和服装外观的平服。

（2）折边

在服装的边缘部位，如门襟、底边、袖口、袋口等的折边等处根据需要留出适当的余量。

44. 样板的标注。

答：样板上需要标注的内容包括：定位标记与文字标记。

样板上的定位标记可作为推板、排料、划样和缝制过程等的指导。根据标记的位置不同，样板上常用的定位标记有两种形式：剪口和打孔。在一些高档产品中为保证精确，也有用辅助样板来进行局部定位的。定位标记使用的主要部位是缝份和贴边的宽窄，收省、折裥、细褶和开衩的位置，裁片的组合部位，零部件与衣片、裤片、裙片装配的对刀位置，裁片对条、对格的位置，纽位以及根据款式需要，需作相应标记的部位。

在样板上需要作出袖窿与袖身的吻合标记、侧缝上的对刀记号等定位记号；以说明缝份、折边等宽度的放缝标记；以及省道、褶裥形状与位置，袋位、开口位置等。

样板上的文字标记可标明样板类别、数量和位置等，在裁剪和缝制中起提示作用。文字标记的形式主要有文字、数字和符号等。具体内容包括产品的型号、产品的规格、样板的类别、样板所对应的裁片位置及数量、样板的裁剪丝缕等，需要利用衣料光边等做的部件还需另外在边位注明。

45. 推档点和推档方向的标示

答：可以是推档图中的任何一点。基准点的确定直接影响到服装样板推档的推移方向。服装推档公共线是服装样板推档中各档规格的重叠线。公共线直接影响到服装样板推档的推移方向，基准点确定以后才能够确定公共线。

各推档点推档数值分以下几种情况：

与服装规格的档差相同。

与标准样板的数值相同（推档数值为0）。

根据计算结果确定： 推档数值＝比例系数 × 相关部位档差。

## 四、注寸代号

| 序号 | 部位名称 | 注寸代号 | 序号 | 部位名称 | 注寸代号 |
| --- | --- | --- | --- | --- | --- |
| 1 | 衣长 | L | 11 | 肩点 | SP |
| 2 | 裤长 | L | 12 | 胸点 | BP |
| 3 | 裙长 | L | 13 | 前颈点 | FNP |
| 4 | 袖长 | SL | 14 | 后颈点 | BNP |
| 5 | 胸围 | B | 15 | 侧颈点 | SNP |
| 6 | 臀围 | H | 16 | 胸围线 | BL |
| 7 | 腰围 | W | 17 | 腰围线 | WL |
| 8 | 肩宽 | S | 18 | 臀围线 | HL |
| 9 | 领围 | N | 19 | 中臀围线 | MHL |
| 10 | 袖窿弧长 | AH | 20 | 肘线 | EL |

## 五、部分织物缩水率

| — | 经向 | 纬向 | — | 经向 | 纬向 |
| --- | --- | --- | --- | --- | --- |
| 精纺呢绒 | 3.5～4cm | 3.5～4cm | 丝绸 | 5cm | 2cm |
| 粗纺呢绒 | 4.5～5cm | 4.5～5cm | 精纺化纤 | 2～4.5cm | 1.5～4cm |
| 化纤仿丝 | 2～8cm | 2～3cm | — | — | — |

## 六、我国服装号型标准对人体的划分标准

| 体形分类代号 | — | Y | A | B | C |
|---|---|---|---|---|---|
| 胸、腰围之差 男子 | — | 22～17cm | 16～12cm | 11～7cm | 6～2cm |
| 胸、腰围之差 女子 | — | 24～19cm | 18～14cm | 13～9cm | 8～4cm |
| 体形特征 | — | 宽肩细腰、属扁圆形体态 | 正常，属扁圆形体态 | 偏胖，属圆柱形体态 | 胖，属圆柱形体态 |

## 七、服装样板设计松量与服装款式的关系

| 服装 | 领围 | 胸围 | 服装 | 腰围 | 臀围 |
|---|---|---|---|---|---|
| 男衬衫 | 2～3cm | 15～25cm | 男裤 | 2～3cm | 10～12cm |
| 男夹克 | 4～5cm | 20～30cm | 女裤 | 1～2cm | 8～10cm |
| 男中山装 | 4～5cm | 20～28cm | 女裙 | 1～2cm | 4～6cm |
| 男西装 | 4～5cm | 18～26cm | 女外套 | 3～4cm | 12～18cm |
| 男大衣 | 5～6cm | 25～30cm | 女西服 | 3～4cm | 12～18cm |
| 女衬衫 | 2～3cm | 10～20cm | 女大衣 | 4～5cm | 20～25cm |
| 女连衣裙 | 2～3cm | 6～10cm | — | — | — |

## 八、服装推档常用公共线

| 上装 | 衣片 | 纵向 | 前后中心线、胸背宽线 |
|---|---|---|---|
| | | 横向 | 上平线、袖窿深线、衣长线 |
| | 袖片 | 纵向 | 袖中线、前袖窿线 |
| | | 横向 | 上平线、袖山高线 |
| | 衣领 | 纵向 | 领中线 |
| | | 横向 | 领宽线 |
| 下装 | 裤装 | 纵向 | 前后挺缝线、侧缝直线 |
| | | 横向 | 上平线、直裆高线、裤长线 |
| | 裙装 | 纵向 | 前后中线、侧缝线 |
| | | 横向 | 上平线、臀高线 |

## 九、推档基准线

| 衣片 | 纵向 | 前后中心线、胸背宽线 |
|---|---|---|
| | 横向 | 上平线、袖窿深线、衣长线 |
| 袖片 | 纵向 | 袖中线、前袖窿线 |
| | 横向 | 上平线、袖山高线 |
| 衣领 | 纵向 | 领中线 |
| | 横向 | 领宽线 |

# 参考文献

[1] 王秀彦. 服装制作工艺学 [M]. 大连：东北财经大学出版社，1994.

[2] 全国职业高中服装类专业教材编写组. 服装缝制工艺（服装类专业）[M]. 北京：高等教育出版社，1995.

[3] 张明德. 服装制作实习 [M]. 北京：高等教育出版社，2000.

[4] 包昌法. 服装缝纫工艺基础与缝纫机使用 [M]. 北京：中国纺织大学出版社，2000.

[5] 潘凝. 服装手工工艺 [M]. 北京：高等教育出版社，2003.

[6] 姚再生. 成衣工艺与制作 [M]. 北京：高等教育出版社，2003.

[7] 张明德. 服装缝制工艺 [M]. 第3版. 北京：高等教育出版社，2005.

[8] 张卫，陆路，俞能林. 服装生产管理与工艺技术 [M]. 合肥：安徽人民出版社，2006.

[9] 刘运生. 服装缝制工艺习题集 [M]. 北京：高等教育出版社，2007.

[10] 童晓晖. 服装生产工艺学 [M]. 上海：东华大学出版社，2008.

[11] 涂燕萍，闵悦. 服装缝制工艺学 [M]. 北京：北京理工大学出版社，2010.

[12] 孙兆全. 成衣纸样与服装缝制工艺第2版. 北京：中国纺织出版社，2010.

[13] 张祖芳. 服装成衣工艺. 上海：上海人美出版社，2010.